本书为国家自然科学基金面上项目“空间距离、同业模仿与环境信息披露机会主义行为：动因、实现路径与经济后果”的研究成果（项目批准号：71572189）

空间距离、同业模仿与环境信息披露机会主义行为研究

Research on Spatial Distance, Industry Imitation & Opportunistic Behavior of Environmental Information Disclosure

姚 圣◎著

中国经济出版社
CHINA ECONOMIC PUBLISHING HOUSE
·北 京·

图书在版编目（CIP）数据

空间距离、同业模仿与环境信息披露机会主义行为研究/姚圣著 . --北京：中国经济出版社，2020. 9

ISBN 978-7-5136-6236-9

Ⅰ. ①空… Ⅱ. ①姚… Ⅲ. ①企业—环境信息—信息管理—研究—中国 Ⅳ. ①X322. 2

中国版本图书馆 CIP 数据核字（2020）第 124758 号

责任编辑　葛　晶
责任印制　马小宾
封面设计　任燕飞

出版发行　中国经济出版社
印 刷 者　北京九州迅驰传媒文化有限公司
经 销 者　各地新华书店
开　　本　710mm×1000mm　1/16
印　　张　15. 75
字　　数　254 千字
版　　次　2020 年 9 月第 1 版
印　　次　2020 年 9 月第 1 次
定　　价　68. 00 元
广告经营许可证　京西工商广字第 8179 号

中国经济出版社 **网址** www. economyph. com **社址** 北京市东城区安定门外大街 58 号 **邮编** 100011
本版图书如存在印装质量问题，请与本社销售中心联系调换（联系电话：010-57512564）

目 录

1 导 论

1.1 研究问题

环境信息披露是继命令与控制监管（如废水排放标准、环境质量标准）和基于市场的环境监管（环境税、总量控制下的排放控制与交易）之后的第三种环境监管模式（Tietenberg，1998），在实现政府、企业与社会公众协同环境治理方面被寄予了很高的期望。政府通过汇总与分析企业环境信息披露数据，能够准确了解总体环境状况，有助于转变经济发展模式，促进产业调整，进而为更好地保护环境做出正确的决策，实现社会整体的可持续发展。企业利益相关者、社会公众与媒体通过获取企业环境信息，能够有效监督与规范企业环境违法违规行为，进而约束企业的环境不友好行为。党的十八届三中全会指出，“应及时公布环境信息，健全举报制度，加强社会监督”，将环境信息披露与公开提高到了十分重要的位置。十二届全国人大三次会议特别强调，“应加大信息公开，让所有的污染源排放暴露在阳光下，要让我们每一个人成为污染排放的监督者，动员全社会力量一起来形成共治污染与雾霾的局面”。党的十九大报告也明确指出，未来需要构建政府为主导、企业为主体、社会组织和公众共同参与的环境治理体系，提高污染排放标准，强化排污者责任，健全环保信用评价、信息强制性披露、严惩重罚等制度。然而，如果环境信息被企业有选择地披露，或企业管理层存在环境信息披露机会主义行为（Environmental Information Disclosure Opportunism，EIDO），那么这样预期的监管作用就难以实现。

由于我国政府采取的是限定性的、列举性的环境信息公开原则，政府所公开的环境信息通常具有选择性和不全面性（赵正群等，2013）。同时，未对所有企业的环境信息作出强制性披露的要求。2008 年颁行的《环境信息公开办法（试行）》（后文简称《办法》）对污染物排放超过国家或者地方排放标准，或者污染物排放总量超过地方人民政府核定的排放总量控制指标的污染严重的企业强制要求进行披露：主要污染物的名称、排放方式、排放浓度和总量、超标、超总量情况；企业环保设施的建设和运行情况；环境污染事故应急预案。而对这些企业以外的主体，均是鼓励自愿公开企业环境信息。由于没有明确环境信息披露的内容、形式与要求，企业管理层在环境信息披露方面存在一定的选择性。不少企业故意隐瞒环境信息，或者迟报环境信息，视国家相关法律、法规为儿戏（胡静等，2011）。2010 年紫金矿业污染事件和 2012 年山西苯胺泄漏事件中出现的瞒报与迟报现象就充分说明了这一点。这两个事件可能只是“冰山一角”，但企业在环境信息披露方面存在的机会主义行为并没有得到足够的重视。

目前，我国企业环境信息披露现状突出表现为两个特点：①上市公司本身不愿意披露相对敏感的信息。复旦大学环境经济研究中心研究结果显示，在环境信息披露满分 100 分的情况下，环境信息披露的得分主要集中在 0~50 分。其中：得分在 25~50 分的企业最多，占到 44.6%；甚至低于 10 分的企业就达 7 家。这说明，有接近一半的样本企业在环境信息披露上做得不好不坏。虽然进行了一定程度的披露，但只是泛泛而谈、含糊其词。另外，《中国上市公司环境责任信息披露评价报告（2017 年度）》显示，即便企业主动披露信息，往往也是在关键地方“躲着走”。例如，涉及污染物具体排放情况披露较少，企业会用“努力实施节能减排指标”等模棱两可的文字表达，但到底减排了多少污染物，采取了哪些措施等“干货”却只字不提。不少企业的环境信息公开有选择性，报喜不报忧。发布正面消息时积极又全面，但却隐瞒了接受处罚等负面消息。②上市公司进行环境信息披露的成本收益不对等。虽然我国法律法规有明确的要求（对多数企业不是强制要求），但很多上市企业仍不愿公开其环境信息，认为公开环境信息对自己并无益处，至少在短期内是不确定的，还可能授人以柄。《中国上市公司环境责任信息披露评价报告（2017 年度）》显示，有些企业在环保方面本身做得不错，污染物排放标准甚至远高于国家标准，却不愿将信息公之于众。究其原因是企业主怕担风险。“环保法虽然明确要求公开环境信息，但具体实施中如何公开、公开哪些内容等，尚缺乏明确的标准以及必要的指导性、强制性。很多企业觉得披露了没奖励，不披露也没惩罚，干脆就多一事不如少一事，不公开了。”

对比财务信息，环境信息具有更为典型的概率禀赋特征，不但事前难以观察且事后也难以验证（Beyer et al.，2010），管理层更具有自由裁量披露（Discretionary-based Disclosure）的倾向。但这种环境信息披露机会主义行为并不是任意发生的，需要具备一定的动机和实现条件才能达到。特别是在外部披露压力增大的情况下，企业出于成本与收益的衡量，在具备动机和条件的情况下很可能对环境信息进行机会主义披露。从治理的角度看，只有确定机会主义披露动机和实现路径才能获得规范该行为的应对措施，提升企业环境信息披露质量。导致管理层环境信息机会主义披露行为的原因具有系统的复杂性，既有政府规制的原因，又有企业管理层自身目标选择的原因，还有行业与企业自身特征方面的原因。这些影响因素相互作用，动态影响着管理层环境信息披露的决策行为，只有找到其中关键性的影响因素并进行深入研究，才能将其他因素有效地串联起来，合理地解释管理层的机会主义披露行为动机和实现路径。

现有文献对此已有一定的研究。基于合法性理论，已有研究认为外部公共压力是影响企业管理层环境信息披露行为的主要外部因素。企业管理层通过调整环境信息披露过程中的披露水平、内容与质量来应对公共压力（Patten，1992；Neu et al.，1998；Aerts and Cormier，2009）。公共压力可能来自作用于所有企业的环境法律法规，也可能来自作用于部分企业的环境事件与媒体监督。在内部影响因素方面，已有研究主要集中在对企业规模和所属行业的影响研究，认为越是大规模企业受到外部关注越大，越会自愿披露更多的环境信息（Hackston and Milne，1996；Gray et al.，2001；Cormier and Gordon，2001），并且越是环境敏感行业受到外界的关注也越大，管理层通常会披露更多的环境信息（Gray et al.，2001；Boesso and Kumar，2007）。特别是在行业影响方面，Aerts 等（2006）突破了行业本身属性的研究，研究了来自企业外部同行业中其他企业的影响，即强调了同业模仿对管理层机会行为的影响。我国学者沈洪涛、苏亮德（2012）基于同样的研究思路，研究了同业均值对管理层环境信息披露行为的影响，得到了相同的研究结论。上述研究基本是基于合法性压力展开的，在一定程度上诠释了外部压力直接或者间接影响管理层环境信息披露行为的机理，但以内部影响因素为主的研究仍存在着一些问题没有得到有效解决。主要表现在三个方面。

（1）现有多数研究基于截面数据进行研究，难以解决其中的内生性问题。虽然部分研究以环境事件发生为背景来解决这个问题（Darrell and Schwartz，1997；Deegan et al.，2000），但始终没有得到令人满意的“天然实验”背景，主要原因是环境事件的影响范围较小，且能够被大家所知的事件也较少。一般情况下，更多的环境事件无法被披露出来。因此，在研究样本容量的限制下，已有文献的研究结论也并不一致。

（2）现有研究没有关注到公共压力的传导效力差异问题。已有研究的前提是公共压力对所有企业的影响是同样力度的，但实际情况并非如此。空间距离的差异可能导致在同样的系统公共压力下，企业实际受到的环境信息披露压力不同，进而管理层得到 EIDO 的操作空间也不一样。特别是在地域辽阔的国家，企业分布较为分散，这样，由距离所导致的公共压力差异就成了影响管理层 EIDO 决策的重要因素。但已有文献对此研究较少，这也是导致现有研究结论不一致的重要原因。

（3）现有研究忽视了行业性集体应对公共压力行为和个体应对行为的协调影响。现有多数文献关注的行业因素主要是样本企业本身的行业属性，虽然也有文献（Aerts et al.，2006；沈洪涛、苏亮德，2012）关注到了样本企业所属行业内其他企业的影响，但同样未细化这种影响的差异性。实际上，在其他影响因素既定的情况下，行业内部既竞争又学习的辩证统一的状态对企业管理层环境信息披露行为具有深刻的影响，且行业的趋同性与个体的差异性的相互协调共同作用于管理层对环境信息披露战略的选择。

为了解决上述问题，本研究将从三个方面进行改进。

（1）选择《办法》的颁行作为公共压力变化的参照。2008 年 5 月 1 日，我国第一部关于环境信息公开的部门法规《环境信息公开办法（试行）》颁布并实施，被认为具有环境信息披露的里程碑意义。该办法较为详细地规定了环境保护行政部门公开政府环境信息的行为和企业公开环境信息的要求，是我国环境信息公开的主要法律依据，标志着我国较全面的环境信息依法公开新阶段的开始。在我国，政府是推动环境治理的主要主体，因此政府可以通过颁布国家层面法律和部门层面的政策法规给企业施加巨大的压力。该办法的颁行使得企业所面临的外部公共压力发生了巨大的改变，也因此给我们提供了对管理层环境信息披露行为研究的“天然实验”背景，通过对比办法颁行前后管理层环境信息披露行为的变化，能够有效地解决内生性问题。

（2）使用空间距离作为管理层应对公共压力作用效力的重要途径。不管信息技术多么发达，距离仍然会影响信息成本（John et al.，2011）。对监管者而言，监督成本也会随着距离的增加而增加（Lerner，1995），因而地理距离容易诱发信息不对称（Loughran，2008）。我国幅员辽阔，在同一个地区的企业分布较为分散，与政府监管部门的空间距离跨度很大，在环境监管的可达性方面存在较大障碍，以致在监管效力方面也存在较大差异。因此，管理层利用空间距离的优势进行环境信息机会主义披露行为的可能性较大。本研究将通过研究空间距离对企业环境信息披露水平与质量的线性与非线性的影响，确定距离政府监管部门较远企业的环境信息机会主义披露行为的实现路径。

（3）使用行业模仿作为管理层应对外部不确定性（公共压力的变化）的主要途径。在我国由于缺乏像财务报告那样统一和高标准的披露规则，企业管理层对环境信息披露的方法和策略都存在一定的选择性（沈洪涛、苏亮德，2012），但这种选择性并不是随意的，还要充分考虑保持合法性。当管理层无法确定应如何进行披露才能保持合法性的时候，模仿同行企业、与同行业保持一致无疑是最好的选择。由于现有研究在同行效应与联动效应上区分不清，即很难区分最终披露结果是由同业模仿引起的还是行业本身变动引起的，内生性问题较为严重，但结合《办法》可以有效地解决这个问题。另外，已有研究未充分考虑同业模仿与自身情况的协调性，即行业趋同与地域差异的协调。本研究将空间距离纳入研究中，能彻底解决此问题。因此，本研究以《办法》颁行作为研究背景，研究了管理层利用空间距离和同业模仿进行EIDO行为的动因、实现路径及其经济后果，为规范管理层环境信息披露行为、提高环境信息披露质量，提供理论支持和政策依据。

1.2 相关概念界定

1.2.1 空间距离

空间距离一般指的是欧氏距离（Euclidean Distance），即两点之间的直线距离。如果研究的区域较小，如一个城市或者一个县域单元，两地的坐标分别为（x_1，y_1）、（x_2，y_2），那么两地之间的距离为：$d_{12}=\sqrt{(x_1-x_2)^2+(y_1-y_2)^2}$。如果范围较大，如一个省或者一个国家，则需要使用大地距离来表示，即两地之间的圆弧长度。若两点的地理纬度坐标以弧度表示为（a，b）、（c，d），则大地距离为：$d_{12}=r a\cos[\sin b\sin d+\cos b\cos d\cos(c-a)]$，其中 r 为地球半径，约为 6367.4 千米。实际应用中常用路网距离和交通时间来表示空间距离，路网距离是基于实际路网（如公路网、铁路网）的最短路径（或最短时间、最小成本）距离（王法辉，2009）。若为每段道路赋予一定的速度，则可以计算出交通时间。

根据研究目的的需要，我们将空间距离界定为企业主要运营地到所辖地区生态环境部门的最短交通距离。在这里需要将企业分为国有控股企业和民营企业。民营企业一般不具有行政级别，因此，对这些企业而言的生态环境部门是指企业所在县的生态环境部门。但国有控股企业和生态环境部门都具有一定的行政级别，所以就存在管辖权或者执法权的问题。我们一般选择企业行政级别的上一级生态环境部门作为所辖生态环境部门，选择该企业与所辖生态环境部门的最短交通距离作为空间距离。另外，最短交通距离的计算主要借助于 GIS（Geographic Information System，地理信息系统），并辅以百度地图的数据支持。

1.2.2 同业模仿

对于同业模仿的概念我们可以分成“同业公司”和“模仿”两部分进行理解。同业公司，顾名思义是同一个行业的公司。环境信息披露的行业差异较大，所以企业之间的学习基本是基于同一行业的学习的。但并不是说同一行业中所有的企业都是某个企业学习的对象，一般而言，资产规模相接近的企业进行相互模仿的概率比较高。Albuquerque（2009）认为，同一行业内资产规模处于样本公司规模 0.75~1.25 倍的所有公司可以认定为同业公司。“模仿”一词来源于经济学中的“羊群效应”概念，用来描述经济个体的从众跟风心理。“羊群效应”一般出现在一个竞争非常激烈的行业中，而且在这个行业中有一个领先者，整个羊群会不断模仿这个“领头羊”的行为，“领头羊”

到哪里去“吃草”，其他的羊也会跟随去哪里。模仿在制度理论上被称为“制度性同形”。DiMaggio 和 Powell（1983）将制度性同形进一步划分为强制性同形、规范性同形和模仿性同形三种类型，并认为模仿性同形源于对不确定性进行合乎公认的反应，当一个组织对外部不确定性难以把握的时候，很可能会以其他组织作为参照模型来建立自己的制度结构。Aerts 等（2006）认为模仿行为在企业环境信息披露中起着重要的作用，并符合模仿性同形的制度理论解释。但在环境信息披露方面，限于财力与技术能力，一般企业很可能采用防御性策略，即“频率模仿”，也就是企业的模仿行为受到其他组织采纳过同样行为的“频率”的影响，原因是采用这种做法的组织越多，越说明这一行为被普遍接受的事实（Haunschild and Miner，1997）。因此，本研究认为，同业模仿是指某一个企业对同业公司的频率效仿行为。由于我国对企业环境信息披露以鼓励性披露为主，并对披露的内容、形式与程度都没有强制性的要求，因此，很多企业都可能选择模仿同行业中与自身情况差不多的企业。

1.2.3 公共压力

现有国内外研究并未对公共压力进行明确的定义。Darrell 和 Schwartz（1997）从外部压力来源的角度来界定公共压力，认为外部公共压力的增加可能来自社会公众本身的不满意，或新的政治行动实施，或监管力度的增加。该定义是通过列举式的方式来界定的。实际上，公共压力的概念来源于合法性理论（Legitimacy Theory），该理论认为企业与社会之间存在着“社会契约”。社会赋予企业的经营正当性，而企业则通过生产经营向社会提供产品和服务，并履行社会责任。在环境信息披露方面，社会期望的提高和企业自身环境状况下滑都可能形成外部的压力。因此，本研究将公共压力定义为企业所面临的源于社会期望提高或企业环境状况下滑的外部压力。现有研究对外部公共压力的具体方式进行了一定的分类，一般包括：①新法律法规的颁布（Patten，2002）；②环境事件的发生（Darrell and Schwartz，1997）；③媒体的曝光（Brown and Deegan，1998）。

结合我国的具体制度背景，我国的公共压力可能有不同于国外的表现形式。我国环境规制的主体是中央政府和各级地方政府，在环境信息披露的监管方面也是如此。政府通过颁行相关法律法规对企业的环境信息披露行为进行规范与约束，以期提升环境信息质量和决策相关性。《环境信息公开办法（试行）》是我国专门针对行政机构与企业的环境信息公开颁布的法规，对企业环境信息披露行为具有直接的影响，对企业管理层而言，这是他们所面临的公共压力巨大变化。因此，本研究将该办法作为研究企业外部公共压力变化的主要参照。相较于其他公共压力，该办法独有的特征是：①针对性强。它是专门针对企业环境信息披露的法规，对企业管理层的环境信息披露决策具有直接的影响效应。②影响范围广泛、效力强大。在行政主导的大环境下，行政主管部门颁行的法律法规对国内所有企业都具有影响，而该办法一经实施就具有强大的影响效力。③所产生的公共压力较之以往差异显著。该办法对企业环境信息披露作出了严格的规定，其中对重污染行业以及存在超标排放的企业提出了强制性披露要求，较之以往具有显著的规制压力差异，给本研究提供了良好的研究背景。

1.2.4 环境信息披露机会主义

企业管理层的环境信息披露机会主义行为来源于生态机会主义行为。由于人的有限理性和信息不对称，人不可能对复杂和不确定的环境一览无余，不可能获得关于环境现在和将来变化的所有信息，也就不可能对其进行全面有效的监控。所以，企业管理层就可能利用如环境信息不对称等有利的信息条件，向生态环境部门或其他利益关系人隐瞒相关的环境信息，从而逃避生态环境部门的监管，欺骗他人而获得私利，这被称为生态机会主义（胡静等，2011）。环境信息披露机会主义行为（EIDO）是企业管理层的生态机会主义在环境信息披露上的具体体现。由于环境信息的可验证困难性以及我国在环境信息披露规范方面没有强制性，企业管理层具有较大的空间对环境信息进行机会主义披露，突出表现为环境信息披露战略及具体披露内容、方式的选择性。

首先，在环境信息披露战略上，多数企业管理层具有最小化环境信息披露的倾向。由于我国企业环境信息披露不是强制性的，且缺少严格的披露规范，再加上环境信息披露的成本较为明显但收益却是不确定的，企业管理层只作出满足要求而非全面完整的环境信息披露行为。

其次，在环境信息披露内容上，企业管理层在以文字披露为主的软性环境信息披露与以数据披露为主的硬性环境信息披露之间进行一定的选择。在印象管理理论的指导下，企业管理层会将软性与硬性环境信息披露进行一定的组合，以期达到最好的环境信息披露效果，即既能达到良好的印象管理，又能使企业环境信息披露净效应最大化。

最后，在环境信息披露方式上，企业管理层会充分考虑到环境信息披露的显著性、数量性与时间性。对于同一个环境信息披露事项，企业管理层可以选择在财务报表位置披露还是在年报其他位置披露（显著性）、选择数量性披露还是文字描述性披露（数量性）、选择及时披露环境信息还是延迟披露环境信息（时间性）。

1.3 研究内容与研究目标

1.3.1 研究内容

本研究将基于现有研究成果中以 GIS 系统和行业环境信息披露数据确定空间距离和行业模仿变量，[①] 在《办法》实施的巨大公共压力变化背景下，研究空间距离（*Distance*）和行业模仿（*Imitation*）对管理层环境信息披露机会主义行为（EIDO）的影响机理、实现路径和经济后果，并以此构建“空间距离—行业模仿”二维环境信息披露行为监测机制，来监督与规范企业环境信息披露行为，提升环境信息披露质量和环境整体质量。依据 EIDO 的影响动因、实现路径、经济后果和应对政策，本研究可以划分为四个模块（见图 1-1）。

① 已有研究主要通过企业内部变量，包括公司规模、所属行业性质、公司治理等变量来研究环境信息披露影响因素。对此，本研究给予充分肯定和借鉴，亦将企业内部变量作为控制变量。

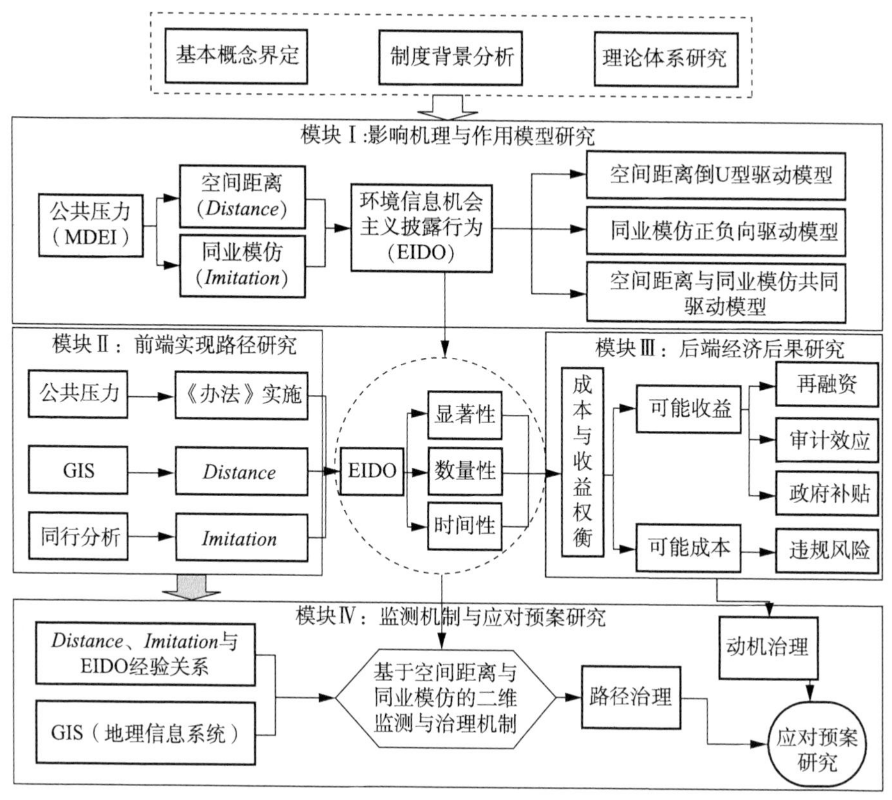

图 1-1　总体研究框架

模块Ⅰ：空间距离、同业模仿对 EIDO 的影响机理与作用模型研究

本部分主要通过构建理论模型来分析空间距离、同业模仿对 EIDO 的影响机理。主要研究内容有：

（1）基于空间距离的 EIDO 变化模型

基于《办法》颁行的背景，构建该办法颁布前后空间距离 *Distance* 与 EIDO 的一次线性模型和二次曲线模型。一次线性模型考察直线受该办法颁行影响的平移与旋转；二次曲线模型对比前后抛物线的拐点，证明在该办法颁行后拐点是否后移了，从理论上验证管理层在外部公共压力突然增加的情况下，是否存在利用空间距离进行机会主义披露的行为。

（2）基于同业模仿的 EIDO 变化模型

基于《办法》颁行的背景，分组构建正向模仿模型和负向模仿模型，验证管理层在选择正向或负向模仿时对环境信息披露水平和质量的影响差异。并在此基础上，对比该办法颁行前后正向或负向模仿曲线的变化情况，在理论上确定该办法的影响作用。

（3）基于空间距离和同业模仿的 EIDO 共同变化模型

将环境信息划分为软性环境信息和硬性环境信息，并区分 *Distance*=0 与 *Distance*>0，以及 *Imitation*=0 与 *Imitation*>0 四种搭配情况确定企业环境信息披露的效用和风险问题。最终对比四种模型的 EIDO 的变化差异，归纳规律性结论。

模块Ⅱ：基于空间距离、同业模仿的 EIDO 前端实现路径研究

本部分依据模块Ⅰ的理论成果，提出研究假设，基于空间距离和同业模仿使用上市公司的数据验证 EIDO 的实现路径、主要研究内容有：

（1）公共压力、空间距离与环境信息披露机会主义行为

一方面，研究空间距离与环境信息披露机会主义行为的线性关系。对于 EIDO，参照 Darrell 和 Schwartz（1997）、Freedman 和 Stagliano（1992）以及 Patten（1992）的做法，除了使用 *EID* 表示环境信息披露水平之外，还使用 *EID_ sig*、*EID_ amount* 和 *EID_ time* 分别表示环境信息披露的显著性、数量性和时间性。为了衡量空间距离在《办法》颁行前后对 EIDO 的影响，构建模型（1-1）进行检验。

$$EID=\alpha_0+\alpha_1 Distance+\alpha_2 MDEI+\alpha_3 DistanceMDEI+Controls+\varepsilon \qquad (1-1)$$

式中，*Distance* 表示上市公司距离所在地地方政府（或监管部门）[①] 调整后的空间距离，*MDEI* 为公共压力替代变量，属于《办法》颁行后年份取 1，其他年份取 0。其他控制变量包括最终控制人类型、净资产收益率、单位资产经营现金净流量、成长性、企业规模、负债比率、行业变量及年度变量。[②]

另一方面，研究空间距离与环境信息披露机会主义行为的非线性关系。在《办法》颁行前后分别构建二次曲线模型（1-2），并对比前后的拐点移动情况。

① 本研究对监管部门的界定主要指根据上市公司的行政级别和隶属确定的各级政府生态环境部门，以及根据上市公司的业务范围确定的其他生态环境部门，包括国家海洋行政主管部门，港务监督、渔政渔港监督、军队生态环境部门等。

② 其他方程的控制变量也基本以此为基础，依据不同被解释变量而增减不同的控制变量

$$EID=\alpha_0+\alpha_1 Distance^2+\alpha_2 Distance+Controls+\varepsilon \quad (1-2)$$

在稳健性检验中，使用 *EID_ sig*、*EID_ amount* 和 *EID_ time* 分别替代环境信息披露水平 *EID* 重新进行回归。

（2）公共压力、同业模仿与环境信息披露机会主义行为

参照 Albuquerque（2009）的方法确定同业公司，同一行业内的资产规模处于样本公司规模 0.75~1.25 倍的所有公司认定为同业公司。*Imitation* 代表同业公司平均环境信息披露水平和质量（区分显著性、数量性及时间性）。为了验证同业模仿在《办法》颁行前后对 EIDO 的影响，建立模型（1-3）进行检验。

$$EID=\alpha_0+\alpha_1 Imitation+\alpha_2 MDEI+\alpha_3 ImitationMDEI+Controls+\varepsilon \quad (1-3)$$

（3）空间距离、同业模仿与环境信息披露机会主义行为

为衡量两者的共同影响，构建模型（1-4）进行验证。

$$EID=\alpha_1+\alpha_2 Imitation+\alpha_3 Distance+Controls+\varepsilon \quad (1-4)$$

实际衡量中，区分不同距离与不同同业模仿程度的组合对环境信息披露的影响，以及对不同软硬环境信息披露组合的影响。

模块Ⅲ：基于股权再融资、政府补贴与违规风险的 EIDO 后端经济后果研究

本部分在考虑前端影响因素的情况下，分析管理层进行环境信息披露过程中的成本与收益衡量，主要目的是寻找管理层利用空间距离与同业模仿进行机会主义行为披露的动机。主要研究内容有：

（1）EIDO 可能的收益分析

管理层进行 EIDO 的收益很多，结合我国特殊的制度背景，本研究选择具有代表性的政府控制的资源进行研究。政府控制的资源主要包括股权发行可能性（*EquityIssue_ dum*）、股权募集金额（*EquityIssue*）、股权发行折价率（*Underpricing*）和政府补助（*Subsidy*）。还研究了环境信息披露对融资约束、审计费用及审计意见的影响等。

（2）EIDO 可能的成本分析

对于管理层进行 EIDO 可能的成本分析，本研究采用的是违规风险进行表示，主要衡量的是环境信息机会主义披露行为可能导致企业违规被查出的概率增加。

模块Ⅳ：基于空间距离与同业模仿的环境信息披露监测机制与应对预案研究

依据以上三个模块的研究成果，构建环境信息披露行为监测机制及应对预案。主要研究内容有：

（1）环境信息披露监测系统理论框架的构建

根据历史数据，得到《办法》颁行后的空间距离、同业模仿与EIDO之间的关系［见模型（1-5）］，然后根据当期空间距离、同业模仿的数据，以及其他控制变量，预测目标企业的环境信息披露水平与质量。

$$EID_t(EID\_sig_t,\ EID\_amount_t,\ EID\_time_t) = \alpha_0 + \alpha_1 Distance_{t-1} + \alpha_2 Imitation_{t-1} + \sum \alpha_i Control_{t-1} \tag{1-5}$$

根据GIS确定的空间距离、同业模仿数据及其他控制变量能够获得EIDO的总体走势，然后对比企业实际披露数据，就可以判断出哪些企业应成为重点监测对象，并进行严格管理。监测系统的建立以GIS为基础平台，借鉴国内外类似系统，如美国资源信息显示系统、水资源管理系统，加拿大土地信息系统，以及我国主要流域重点断面水质自动监测系统、主要城市空气质量监测系统等。这些系统都是基于地理分布而建立的，同样适用于企业管理层环境信息披露行为的监测。限于笔者对GIS的研究程度，本研究只是对环境信息披露监测系统的理论框架进行设计，不涉及具体软件的开发与应用。建立环境信息披露监测系统的目的主要是将实证研究的结果充分运用到实际上市公司环境信息披露监测上，实时监测企业真实环境信息披露与预期水平之间的差异，以此作为监管部门监督、检查的参考。环境信息披露监测系统理论框架主要包括GIS系统模块、环境信息披露数据库模块、上市公司基本情况模块以及环境信息披露监测预警模块四个模块。

（2）应对预案的制定

在对应空间距离和同业模仿建立相关法律法规的基础上，主要基于环境信息披露监测系统，对监测系统输出的结果进行分类与深入分析，总结出不同行业的环境信息披露典型问题并提出针对性应对预案，供监管部门参考。根据理论和实证研究结果，应从空间距离和同业模仿这两个环境信息披露机会主义实现路径上着手制定应对措施。

1.3.2 研究目标

通过从空间距离、同业模仿的视角研究管理层环境信息披露机会主义行为的动因、实现路径、经济后果及应对措施。本研究要达到如下研究目标：

（1）通过理论模型和经验数据得到空间距离、同业模仿对环境信息披露机会主义行为的影响机理，确定 EIDO 的实现路径

通过建立空间距离与 EIDO、同业模仿与 EIDO、空间距离和同业模仿共同影响模型，从数理上确定空间距离和同业模仿对 EIDO 的影响规律，并使用经验数据进行验证，为后续治理 EIDO 的实现路径提供理论支持和经验证据。最终确定企业管理层在不同空间距离、不同方向同业模仿状态下环境信息披露行为的变化规律，得到管理层环境信息披露机会主义行为在不同空间距离、不同行业状况下的实现路径。

（2）基于经验数据得到环境信息披露机会主义经济后果的产生机理，确定诱发 EIDO 的动机

在考虑前端影响因素的情况下，综合验证环境信息披露机会主义行为的成本与收益的衡量结果。并在此基础上，确定管理层进行环境信息披露机会主义行为的动机及其影响结果。最终综合经济后果和动机研究，总结在空间距离、同业模仿影响下，管理层在成本与收益间的权衡规律，为遏制管理层环境信息披露机会主义行为动机提供经验证据。

（3）建立环境信息披露机会主义行为监测系统的理论框架及应对预案

在理论与经验研究的基础上，构建环境信息披露机会主义行为监测系统的核心理论框架。借助于 GIS 系统构建基于空间距离和同业模仿历史数据的 EIDO 预测与监测系统。使用该系统，能够得到任何一家上市公司在任意年度的预测环境信息披露数值，特别是可以对企业未来一个年度的环境信息披露情况进行预测，并对比实际披露情况，发现并治理环境信息披露机会主义行为。除此之外，该系统还可以统计出全国总体、分地区、分行业的环境信息披露状况，有助于监管层针对不同区域、不同行业、不同空间距离的企业制定正确的应对监管措施。

1.4 研究特色与创新

1.4.1 研究特色

相比现有研究，本研究具有显著的特色。主要体现在以下三个方面：

（1）基于企业外部影响因素研究环境信息披露行为问题

现有研究对环境信息披露基于企业内部影响因素的研究较多。但就我国特有的制度背景而言，企业管理层环境信息披露行为受到外部公共压力的影响非常大。另外，企业在地理位置与所处的行业方面都存在较大的异质性，受到外部公共压力的影响作用很大，也成为企业管理层应对外部公共压力的有力武器。因此，本研究从管理层应对外部公共压力的路径出发，选择企业外部空间距离和同业模仿两个影响路径来研究外部公共压力对管理层环境信息披露机会主义行为，具有较显著的特色。

（2）基于 GIS 系统研究规范管理层机会主义行为产生的路径和对策

现有研究对空间距离变量的界定基本上采用简单的处理方法，如通过经纬度坐标计算地球距离，或通过百度或谷歌地图软件计算交通距离。虽然采用这些方法能够达到预期，但处理不够系统。因此，本研究采用 GIS 系统确定与调整空间距离变量，并建立可视化、可获得性、可参照性的信息系统理论框架来规范、监管管理层的环境信息披露行为。

（3）基于多学科交叉的研究

多数对环境信息披露的研究限于会计领域，本研究综合地理科学、信息科学、系统工程、行为科学等学科，交叉性地研究了环境信息披露机会主义行为问题，从而全面、深刻地剖析该行为产生的动因、路径及应对措施。

1.4.2 研究创新

对比现有相关研究，本研究的创新点突出地体现在以下三个方面：

（1）一定程度上解决了现有研究的内生性问题，并从公共压力作用的空间距离纵向差异性与同行模仿横向差异性方面研究了公共压力传导效力的差异性，且用经验数据证明了 EIDO 的实现路径。现有研究对公共压力及环境信息披露的内生性问题没有得到很好的解决，本研究将采用在中国具有里程碑意义的《办法》作为“天然实验”的背景，一定程度上解决了内生性问题。并在此基础上，从空间距离与同业模仿的视角解决了现有研究把公共压力影响视为同质性的问题，从企业到监管部门的空间距离及同业模仿做法的视角研究了公共压力传导效力的纵向差异性与横向趋同性，准确地解释了企业管理层进行机会主义披露行为的实现路径。同时也为监管者规范企业管理层的披露机会主义行为提供了有效的监管路径。

（2）基于空间距离与同业模仿约束视角研究了环境信息机会主义披露行为的经济后果与动机。现有研究对环境信息披露的经济后果进行了较多的研究，但基本上都是以默认环境信息披露不存在操纵作为前提的。而当这个前提不能得到满足时，研究结论可能存在不一致的情况。为此，本研究在综合考虑前端影响因素（包括公共压力、空间距离、同业模仿）的情况下，系统研究管理层环境信息披露机会主义行为的经济后果。并在此基础上，综合考虑成本收益因素研究管理层进行环境信息披露机会主义行为的动机问题，为监管层从源头上规制企业管理层的机会主义披露行为提供经验证据与政策依据。

（3）借助 GIS 系统研究了空间距离对环境信息披露机会主义行为的影响机理，并构建用于监测管理层机会主义披露行为的环境信息披露监测系统的理论框架。GIS 系统不仅能够给本研究提供研究所需的系统的空间距离信息，而且通过嵌入环境信息披露数据库模块、上市公司基本情况模块以及环境信息披露监测预警模块还可以构建环境信息披露监测系统，方便监管部门对企业环境信息披露行为的监管。现有研究对空间距离只采取了简单的处理方式，也未将 GIS 应用到环境信息披露行为的监管层面。本研究将地理科学等学科融入环境信息披露的研究中，对 EIDO 的监测系统进行了初步探讨，既丰富了现有研究，又提高了研究结论的准确性及实际应用性。

2　制度背景

2.1　我国企业环境信息披露面临的公共压力变革

环境信息披露能够让公众充分地了解、监督和评价企业的污染排放状况、污染治理情况及其造成的环境损失情况，可以提高社会公众的参与度及政府的环境决策质量。截至目前，全球已经有超过 90 个国家和地区制定了环境信息公开相关法律，20 多个国家建立了公开的污染物数据登记制度。1999 年中国首次将“国家保护和改善生活环境与生态环境，防治污染和其他公害”写入宪法。2008 年《政府信息公开条例》和《环境信息公开办法（试行）》的颁行确立了我国政府与企业环境信息公开的法律依据。

在企业环境信息披露监管制度方面，我国企业管理层经历了三个阶段的外部公共压力的变革：

第一阶段是 2000 年以前，基础环境法律制定阶段。在这个阶段，国家制定了《环境保护法》《大气污染防治法》《水污染防治法》《环境噪声污染防治法》等基本法律，但没有针对环境信息公开的相关法律法规，对企业也不要求披露环境信息。

第二阶段是 2001—2007 年，鼓励企业自愿披露环境信息阶段。在这个阶段，环境信息公开的主体是环保部门，企业需要将环境信息上报给环保部门。环保部门鼓励企业自愿对外披露环境信息，但并不强制要求对公众进行环境信息披露。2000 年，原江苏省镇江市、内蒙古呼和浩特市环保局与世界银行合作进行了“工业企业环境行为信息公开化研究”，并试点企业环境信息公开化制度。环保部门对企业环境行为进行信誉评价与公开，分别用绿色、蓝色、黄色、红色和黑色表示，并在主要媒体上公布。这项制度开启了企业环境信息披露的先河，但其主导者仍然是地方环保部门，环保部门依据所收集的环境信息对企业环境行为进行评价与公开，而对企业本身并不强制要求对外披露环境信息。当然，企业可以选择自愿披露环境信息以获取更好的评价级别。2003年，原国家环保总局与世界银行合作，在江苏、浙江、安徽、重庆、内蒙古、广西、甘肃等地开展企业环境行为评价试点工作。这次试点增强了社会公众的参与度。同年，原国家环保总局发布了《关于企业环境信息公开的公告》，要求环保部门在当地主要媒体上定期公布超标准排放污染物或超过污染物排放总量规定限额的污染严重企业名单，对列入名单的企业必须公布企业环境污染治理、环保守法和环境管理等信息。但在制定的指标体系中，尚未直接提到企业公开环境信息和承担社会责任的问题。该公告同时还指出，没有列入名单的企业可以自愿参照本规定进行环境信息公开。同样在2003年，原国家环保总局发布了《关于对申请上市的企业和申请再融资的上市企业进行环境保护核查的规定》，要求组织有关专家或委托有关机构对申请上市的企业和申请再融资的上市企业所提供的材料进行审查和现场核查，将核查结果在有关新闻媒体上公示10天。申请上市与再融资企业提供环境信息的对象是环保部门，因此这些企业也没有被强制要求对外环境信息披露。而且该规定只适用于两类企业：一是重污染行业申请上市的企业；二是申请再融资的上市企业，其再融资募集资金投资于重污染行业。对其他企业不要求进行对外披露环境信息。2005年，国务院颁布《关于落实科学发展观加强环境保护的决定》，要求企业应当公开环境信息，引导上市公司积极履行保护环境的社会责任，促进上市公司重视并改进环境保护工作，加强对上市公司环境保护工作的社会监督。2006年，深圳证券交易所发布《上市公司社会责任指引》，鼓励企业编制社会责任报告，并在报告中反映企业环境保护与可持续发展方面的贡献，但内容多侧重企业环境保护的正面信息，未涉及企业环境负债和环境成本信息。同年，中国证监会修订发布了《公开发行证券的公司信息披露相关内容与格式准则第1号——招股说明书》及《公开发行证券的公司信息披露相关内容与格式准则第9号——首次公开发行股票并上市申请文件》，要求上市公司在招股说明书等文件中披露环境安全措施与环境保护证明文件等，但对环境负债和环境成本的披露同样未做要求。在此阶段，企业被鼓励披露环境信息，但并未明确披露具体哪些环境信息。即使需要环境信息公开的企业，也只是向环保部门进行披露，并不对社会进行披露，因此社会公众同样无法深入了解企业的环境信息。

第三阶段是2008年至今，强制披露与自愿披露相结合的阶段。2008年5月1日，原国家环保总局颁布并实施了我国第一部关于环境信息公开的部门法规《环境信息公开办法（试行）》，被认为具有环境信息披露的里程碑意义。该办法较为详细地规定了环境保护行政部门公开政府环境信息的行为和企业公开环境信息的要求，是我国环境信息公开的主要法律依据，标志着我国较全面的环境信息依法公开新阶段的开始。该办法要求企业应当按照自愿公开与强制性公开相结合的原则，及时、准确地公开企业环境信息。并要求超标排污严重企业披露主要污染物的名称、排放方式、排放浓度和总量、超标、超总量情况，以及企业环保设施的建设与运行情况等信息，环保部门有权对企业公布的环境信息进行核查。依照《环境信息公开办法（试行）》规定向社会公开环境信息的企业，应当在环保部门公布名单后30日内，在所在地主要媒体上公布其环境信息，并将向社会公开的环境信息报所在地环保部门备案。同年，上海证券交易所发布了《上市公司环境信息披露指引》，原国家环保总局也发布了《关于加强上市公司环境保护监督管理工作的指导意见》。这些法规加速了我国企业环境信息披露制度的建立，因此，2008年被许多学者称为企业环境信息披露元年。2009年，中国证监会在《公开发行证券的公司信息披露内容与格式准则第29号——首次公开发行股票并在创业板上市申请文件》公告中，要求提交与环境保护相关的文件，包括生产经营和募集资金投资项目符合环境保护要求的证明文件，其中重污染行业的发行人需提供符合国家环保部门规定的证明文件。2010年，原环境保护部出台《上市公司环境信息披露指南（征求意见稿）》，明确规定：上市公司应当准确、及时、完整地向公众披露环境信息。上市公司信息披露对象不再局限于有关政府部门而扩大到公众，以满足公众的环境知情权，敦促上市公司积极履行保护环境的责任。同时要求，火电、钢铁、水泥、电解铝等16类重污染行业上市公司应当发布年度环境报告，定期披露污染物排放情况等方面的环境信息。对于非重污染行业的上市公司，则鼓励披露年度环境报告。在这个阶段，对重污染行业的企业或发生环境事件的企业实行强制性披露，对其他行业企业实行自愿披露，并对披露原则、程序、内容与方法进行了明确规定，加大了政府管理的力度及社会公众参与监督的程度。相比较于第二阶段，在第三阶段，企业管理层受到的来自政府、法律法规及社会公众的外部压力有了大幅度提高。

综上来看，我国政府对企业环境信息披露的规制是逐步加强的。特别是2008年颁行的《环境信息公开办法（试行）》以及后续深沪两市交易所出台的实施细则，都将企业环境信息披露规制提升到非常高的强度。因此，2008年《环境信息公开办法（试行）》的颁行给本研究提供了“天然”的研究背景。在此背景下，我们不但能够研究公共压力对企业环境信息披露的直接影响，还能够得到空间距离对公共压力传导效力的影响结果。如果该办法颁行前后近距离企业的环境信息披露与空间距离不存在显著关系，而远距离企业则具有显著的负向关系，那么就能够说明在外部公共压力增加的情况下，空间距离很可能成为企业进行环境信息选择性披露的依赖“工具”。

2.2 我国企业环境信息披露现状

2.2.1 环境信息披露得分计算方法

环境信息披露水平与质量是本研究的核心变量。借鉴 Wiseman（1982）、Al-Tuwaijri 等（2004）的方法，我们使用内容分析法构建了环境信息披露水平指数（*EID*）。同时，考虑到我国环境信息披露的特征，借鉴王霞等（2013）的研究，根据环境信息的评分项目分类标准和《环境信息公开办法（试行）》的具体规定，将环境信息划分为十大类。具体如表2-1所示，其中 $SCID_i$（$i=1\sim10$）代表的是每个具体项目。表2-1中的项目按照赋值的原则：如果是货币性或金额性披露，赋值3分；如果是数量性披露而非金额性披露，赋值2分；如果是一般性的文字描述，赋值1分。按照这样的赋值原则，逐项进行打分，最后汇总得到环境信息披露水平总得分。

表 2-1 环境信息披露指数的定义、分类与计算

项目	具体定义	分类
$SCID_1$	企业环保投资和环境技术开发	硬信息
$SCID_2$	与环保相关的政府拨款、财政补贴与税收减免	硬信息
$SCID_3$	企业污染物的排放及排放减轻情况	硬信息
$SCID_4$	ISO（International Organization for Standardization，国际标准化组织）环境体系认证相关信息	软信息
$SCID_5$	生态环境改善措施	软信息
$SCID_6$	政府环保政策对企业的影响	硬信息
$SCID_7$	有关环境保护的贷款	硬信息
$SCID_8$	与环保相关的法律诉讼、赔偿、罚款与奖励	硬信息
$SCID_9$	企业环境保护的理念和目标	软信息
$SCID_{10}$	其他与环境有关的收入与支出等项目	硬信息

每家企业可以通过公式（2-1）计算得到 *EID* 的得分。

$$EID_i = \sum_{j=1}^{n} SCID_{ij} \qquad (2-1)$$

为了克服评分的主观性，数据收集过程中采用双人独立评分，两名评分者给分不一致时交由第三人协调。经检验，最终评分结果的克伦巴赫 α 系数在 0.9 以上，说明具有较高的可信度。

为了识别企业环境信息披露中的机会主义披露行为，参照 Clarkson 等（2008）的方法，我们将环境信息分为软性环境信息和硬性环境信息两种。软性环境信息（*EID_ soft*）一般是指使用文字进行描述的环境信息。在表 2-1 中是第 4、5、9 项，并按照与 *EID* 同样的分值方法，使用公式（2-2）计算得到。硬性环境信息（*EID_ hard*）一般是指使用数量或金额进行描述的环境信息。在表 2-1 中是第 1、2、3、6、7、8、10 项，并按照与 *EID* 同样的分值方法，使用公式（2-3）计算得到。

$$EID\_Soft_i = \sum_{j} SCID_{ij} \quad (j = 4,\ 5,\ 9) \qquad (2-2)$$

$$EID\_Hard_i = \sum_{j} SCID_{ij} \quad (j = 1,\ 2,\ 3,\ 6,\ 7,\ 8,\ 10) \qquad (2-3)$$

通过对环境信息披露水平以及软硬环境信息披露得分的描述性统计，我们可以对我国企业环境信息披露现状有一个清楚的认识，同时也可以对企业管理层在软硬环境信息方面的选择性有一个总体的评价。

2.2.2 沪市、深市企业环境信息披露得分

本部分统计了2007—2016年沪深两市上市公司[①]环境信息披露水平得分情况。

2.2.2.1 沪市主板上市公司环境信息披露得分特征

表2-2 2007—2016年沪市主板上市公司环境信息披露平均得分 单位：分

年份	2007	2008	2009	2010	2011	2012	2013	2014	2015	2016
平均分	1.86	2.76	3.06	3.03	2.80	3.07	3.31	3.43	4.55	4.77

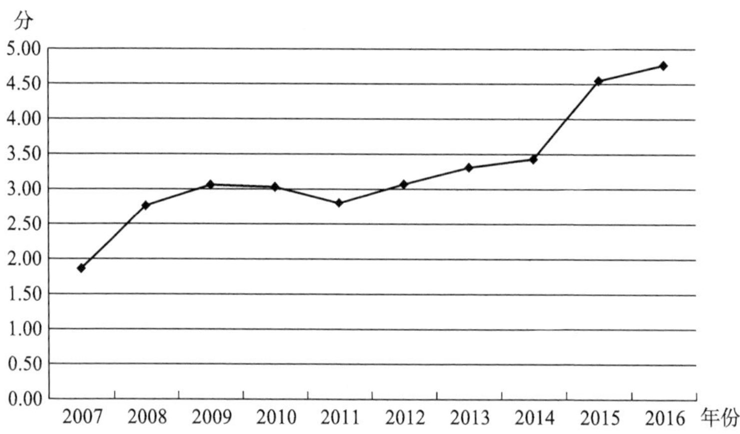

图2-1 2007—2016年沪市主板上市公司环境信息披露得分趋势

从表2-2和图2-1的结果来看，2007—2016年沪市主板上市公司*EID*平均得分总体呈上升趋势，其中2014—2015年增幅最大。

表2-3 2007—2016年沪市主板企业环境信息披露分项平均得分 单位：分

项目	$SCID_1$	$SCID_2$	$SCID_3$	$SCID_4$	$SCID_5$	$SCID_6$	$SCID_7$	$SCID_8$	$SCID_9$	$SCID_{10}$
2007	0.41	0.37	0.38	0.14	0.02	0.11	—	0.04	0.41	0.06
2008	0.51	0.52	0.65	0.14	0.30	0.07	0.02	0.05	0.30	0.20
2009	0.56	0.73	0.63	0.12	0.31	0.07	0.01	0.07	0.34	0.22

① 由于金融类上市公司与一般上市公司在环境信息披露方面存在较大的不同，因此本部分统计的上市公司数据中不包含金融类上市公司的数据。

续表

项目	$SCID_1$	$SCID_2$	$SCID_3$	$SCID_4$	$SCID_5$	$SCID_6$	$SCID_7$	$SCID_8$	$SCID_9$	$SCID_{10}$
2010	0.51	0.83	0.75	0.07	0.17	0.07	0.02	0.06	0.21	0.34
2011	0.47	0.84	0.64	0.05	0.12	0.06	0.01	0.08	0.19	0.33
2012	0.43	0.91	0.68	0.09	0.18	0.11	0.01	0.07	0.26	0.33
2013	0.43	1.08	0.66	0.08	0.22	0.12	0.01	0.09	0.26	0.35
2014	0.48	1.06	0.65	0.10	0.25	0.13	0.01	0.10	0.31	0.35
2015	0.48	1.08	0.45	0.20	0.45	0.40	0.02	0.16	0.45	0.87
2016	0.58	1.04	0.53	0.24	0.46	0.41	0.02	0.13	0.47	0.89
年均	0.49	0.84	0.60	0.12	0.25	0.16	0.01	0.09	0.32	0.39

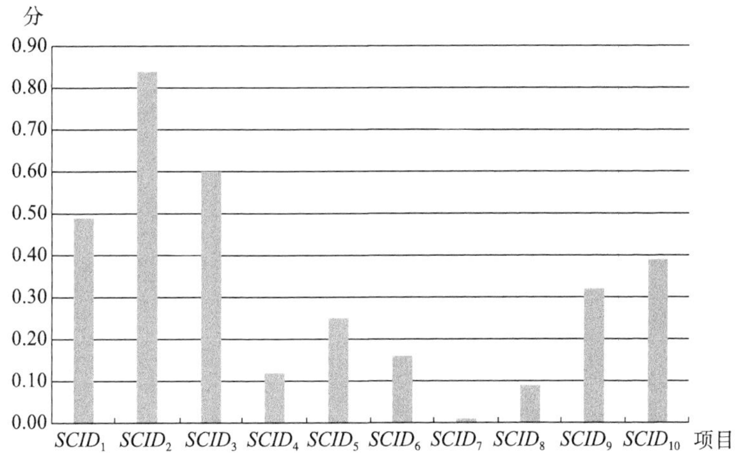

图 2-2 2007—2016 年沪市主板上市公司 *EID* 具体披露内容平均得分

从表 2-3 和图 2-2 的结果来看，“与环保相关的政府拨款、财政补贴与税收减免”等项目得分最高，“有关环境保护的贷款”项目得分最低。

2.2.2.2 深市上市公司得分特征

(1) 深市主板上市公司得分分析

表 2-4 2007—2016 年深市主板上市公司平均得分 单位：分

年份	2007	2008	2009	2010	2011	2012	2013	2014	2015	2016
平均分	2.25	2.52	2.72	2.55	2.53	3.86	2.57	3.84	3.64	3.64

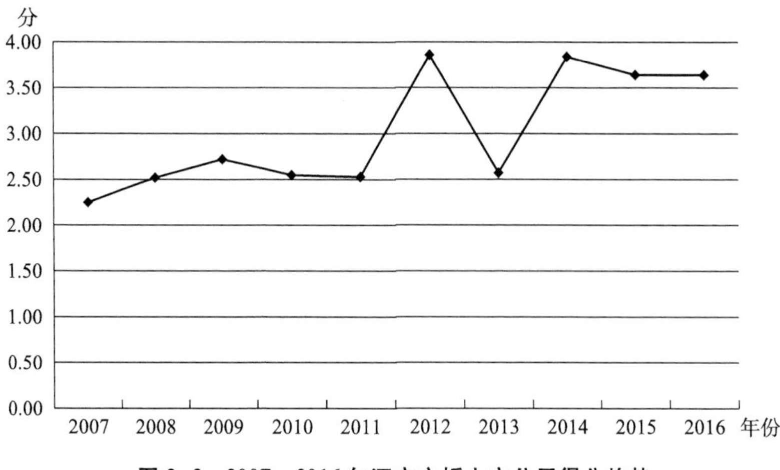

图 2-3　2007—2016 年深市主板上市公司得分趋势

从表 2-4 和图 2-3 的结果来看，深市主板上市公司的得分总体呈上升趋势，其中 2013 年得分有一定的下降，之后继续保持上升的趋势。

表 2-5　2007—2016 年深市主板企业分项平均得分　　单位：分

项目	$SCID_1$	$SCID_2$	$SCID_3$	$SCID_4$	$SCID_5$	$SCID_6$	$SCID_7$	$SCID_8$	$SCID_9$	$SCID_{10}$
2007	0.49	0.35	0.56	0.02	0.06	0.18	0.09	0.03	0.39	0.07
2008	0.56	0.58	0.48	0.05	0.02	0.11	0.07	0.03	0.53	0.10
2009	0.48	0.88	0.52	0.03	0.01	0.09	0.05	0.02	0.50	0.13
2010	0.41	0.84	0.60	0.03	0.09	0.08	0.06	0.15	0.18	0.38
2011	0.34	0.80	0.58	0.03	0.06	0.03	0.02	0.19	0.13	0.31
2012	0.37	1.11	0.65	0.11	0.08	0.06	0.01	0.44	0.58	0.44
2013	0.12	1.03	0.48	0.12	0.02	—	—	0.30	0.19	0.31
2014	0.29	1.45	0.72	0.13	0.08	0.12	—	0.27	0.41	0.37
2015	0.26	1.11	0.24	0.22	0.14	0.14	0.01	0.14	0.27	1.12
2016	0.29	1.02	0.43	0.50	0.16	0.15	—	0.16	0.21	1.26
年均	0.36	0.92	0.53	0.13	0.07	0.10	0.03	0.17	0.34	0.45

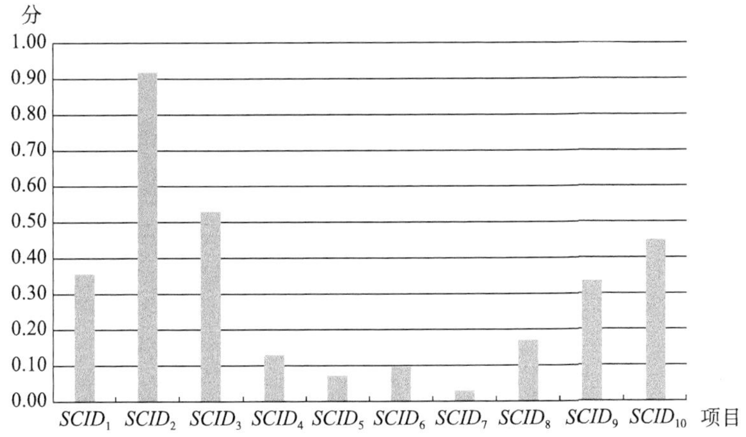

图 2-4 2007—2016 年深市主板上市公司 *EID* 具体披露内容平均得分

从表 2-5 和图 2-4 的结果来看，与沪市主板上市公司保持一致，深市主板上市公司在“与环保相关的政府拨款、财政补贴与税收减免”等项目得分最高，“有关环境保护的贷款”等项目得分最低。

（2）深市中小板上市公司得分分析

表 2-6 2007—2016 年深市中小板上市公司得分 单位：分

年份	2007	2008	2009	2010	2011	2012	2013	2014	2015	2016
平均分	1. 93	3. 00	2. 43	1. 96	2. 10	2. 96	2. 79	2. 83	4. 05	3. 77

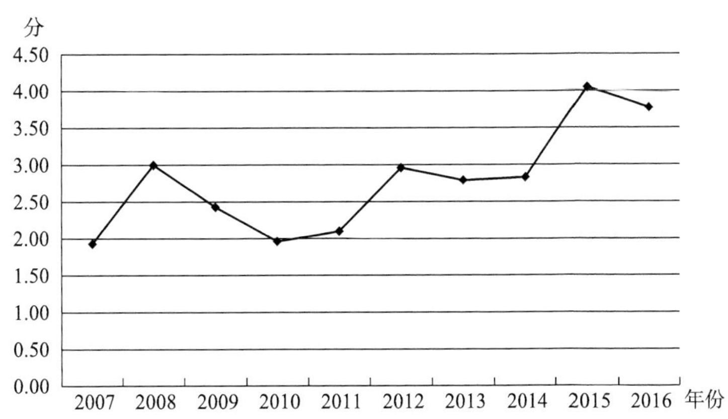

图 2-5 2007—2016 年深市中小板上市公司得分趋势

从表 2-6 和图 2-5 的结果来看，深市中小板上市公司环境信息披露得分总体呈上升趋势，其中 2008 年之后，得分值有所下降，之后基本保持上升的趋势。

表 2-7　2007—2016 年深市中小板上市公司分项平均得分

项目	$SCID_1$	$SCID_2$	$SCID_3$	$SCID_4$	$SCID_5$	$SCID_6$	$SCID_7$	$SCID_8$	$SCID_9$	$SCID_{10}$
2007	0.41	0.37	0.38	0.14	0.02	0.11	—	0.04	0.41	0.06
2008	0.44	1.01	0.46	0.07	0.02	0.26	0.04	0.02	0.56	0.12
2009	0.24	1.13	0.28	0.10	0.03	0.11	0.01	0.02	0.44	0.08
2010	0.30	0.54	0.37	0.11	0.05	0.06	0.01	0.09	0.18	0.24
2011	0.29	0.59	0.32	0.15	0.06	0.03	—	0.12	0.27	0.27
2012	0.22	0.86	0.34	0.24	0.05	0.05	0.01	0.33	0.62	0.28
2013	0.16	1.02	0.47	0.23	0.04	0.02	—	0.17	0.46	0.20
2014	0.12	1.18	0.35	0.22	0.02	0.14	—	0.20	0.40	0.20
2015	0.23	1.06	0.24	0.39	0.43	0.30	—	0.09	0.53	0.77
2016	0.30	1.10	0.36	0.58	0.45	0.24	—	0.14	0.51	0.89
年均	0.27	0.89	0.36	0.22	0.12	0.13	0.01	0.12	0.44	0.31

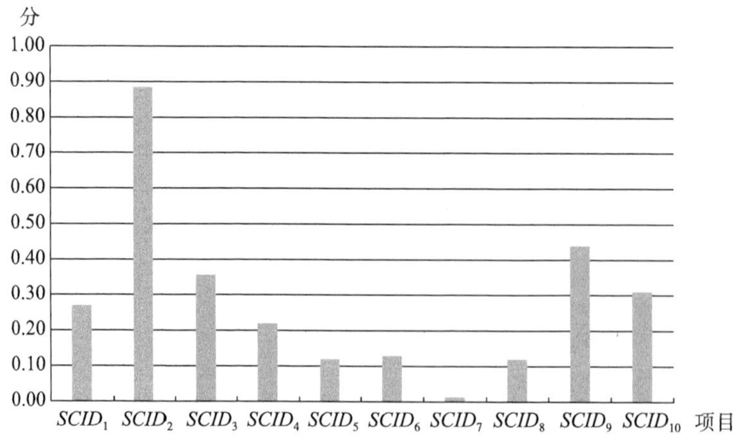

图 2-6　2007—2016 年深市中小板上市公司 *EID* 具体披露内容平均得分

从表 2-7 和图 2-6 的结果来看，深市中小板上市公司在“与环保相关的政府拨款、财政补贴与税收减免”等项目得分最高，“有关环境保护的贷款”“生态环境改善措施”及“政府环保政策对企业的影响”等项目得分最低。

（3）深市创业板上市公司得分分析

表 2-8 2007—2016 年深市创业板上市公司得分 单位：分

年份	2007	2008	2009	2010	2011	2012	2013	2014	2015	2016
平均分	—	—	0.5	1.64	1.51	1.40	1.51	1.65	2.82	3.24

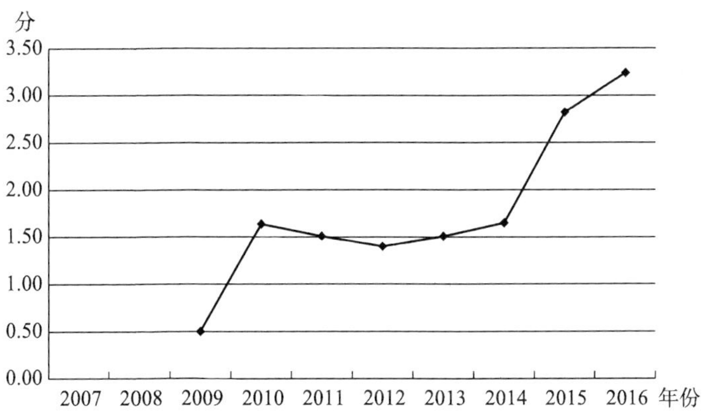

图 2-7 2007—2016 年深市创业板上市公司得分

从表 2-8 和图 2-7 的结果来看，深市中小板上市公司得分总体呈上升趋势，其中 2014 年之后得分增长较为迅速。

表 2-9 2009—2016 年深市中小板上市公司分项平均得分

项目	$SCID_1$	$SCID_2$	$SCID_3$	$SCID_4$	$SCID_5$	$SCID_6$	$SCID_7$	$SCID_8$	$SCID_9$	$SCID_{10}$
2009	0.16	0.05	0.05	0.09	0.02	0.03	0.00	0.00	0.05	0.05
2010	0.31	0.40	0.23	0.08	0.05	0.17	0.02	0.01	0.26	0.10
2011	0.22	0.42	0.18	0.09	0.05	0.13	0.00	0.03	0.21	0.18
2012	0.16	0.52	0.13	0.08	0.03	0.13	0.00	0.03	0.20	0.12
2013	0.17	0.63	0.14	0.07	0.03	0.14	0.00	0.01	0.18	0.15
2014	0.19	0.70	0.15	0.04	0.05	0.13	0.00	0.05	0.19	0.17
2015	0.26	0.69	0.17	0.21	0.09	0.35	0.01	0.11	0.44	0.46
2016	0.35	0.70	0.22	0.31	0.10	0.37	0.01	0.13	0.55	0.50
年均	0.23	0.51	0.16	0.12	0.05	0.18	0.01	0.05	0.26	0.22

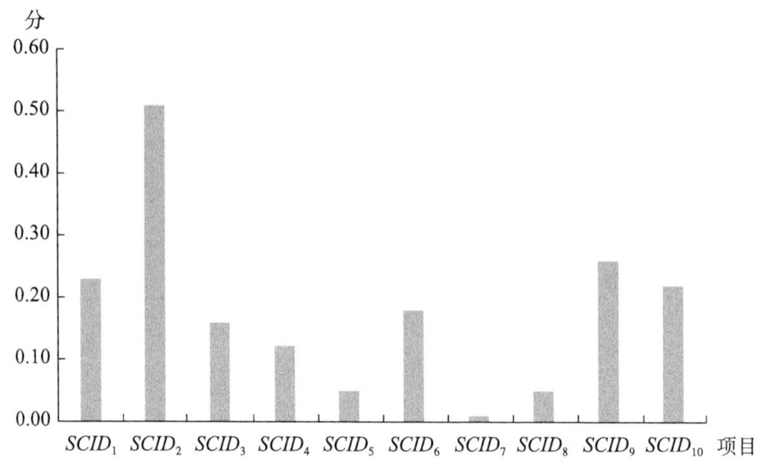

图 2-8　2007—2016 年深市创业板上市公司 *EID* 具体披露内容平均得分

从表 2-9 和图 2-8 的结果来看，深市中小板上市公司在“与环保相关的政府拨款、财政补贴与税收减免”等项目得分最高，“有关环境保护的贷款”“生态环境改善措施”及“政府环保政策对企业的影响”等项目得分最低。

2.2.3　沪市、深市企业软硬性指标得分

（1）2007—2016 年度企业环境信息披露指数软指标的总体特征

本研究主要针对符合样本要求的上市公司在 2007—2016 年的年度报告等信息展开分析，共计 22499 个软性指标数据，企业的披露质量得分平均分为 0.65 分。

表 2-10　各企业软指标得分差异汇总

企业得分（分）	企业数量（家）	占比（%）	企业得分（分）	企业数量（家）	占比（%）
0	13443	59.75	5	90	0.40
1	5538	24.61	6	52	0.23
2	2173	9.66	7	2	0.01
3	756	3.36	—	—	—
4	445	1.98	合计	22499	100

从表 2-10 总得分的分布来看，环境信息披露得分主要集中在 0、1 和 2 分，可见大部分企业在环境信息披露方面仍有较大的提升空间。

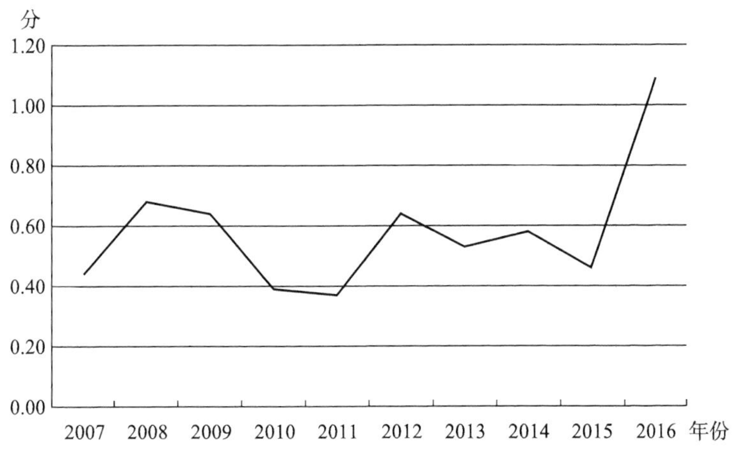

图 2-9 2007—2016 年度各企业软指标披露指数趋势

图 2-9 统计表明，2007—2016 年度各企业软指标披露质量得分自 2007 年的 0. 44 分上升为 2008 年的 0. 68 分，随后逐渐下降，于 2011 年跌至低谷 0. 37 分，随后呈波动趋势，于 2016 年达到顶峰 1. 09 分。这说明在内外各种因素的作用下，近 10 年来上市公司环境信息披露的软性指标披露程度有所改善。从分类指标来看，“企业环境保护的理念和目标”指标披露最多，“ISO 环境体系认证相关信息”和“生态环境改善措施”指标位居其次。

（2）2007—2016 年度企业环境信息披露指数硬指标的总体特征

本研究主要针对符合样本要求的上市公司在 2007—2016 年的年度报告等信息展开分析，剔除无效数据后共计 22496 个硬性指标数据，企业的披露质量得分平均分为 2. 27 分。

表 2-11 各企业硬指标得分差异汇总

企业得分（分）	企业数量（家）	占比（%）	企业得分（分）	企业数量（家）	占比（%）
0	11163	49. 62	10	194	0. 86
1	1258	5. 59	11	113	0. 50
2	515	2. 29	12	123	0. 55
3	4110	18. 27	13	58	0. 26
4	1006	4. 47	14	31	0. 14
5	480	2. 13	15	19	0. 08
6	1842	8. 19	16	6	0. 03

续表

企业得分（分）	企业数量（家）	占比（%）	企业得分（分）	企业数量（家）	占比（%）
7	588	2.61	18	2	0.01
8	334	1.48	—	—	—
9	654	2.91	合计	22496	1

从表 2-11 总得分的分布来看，环境信息披露得分主要集中在 0~9 分，多数还处于较低水平，可见大部分企业在环境信息披露方面仍有较大的提升空间。

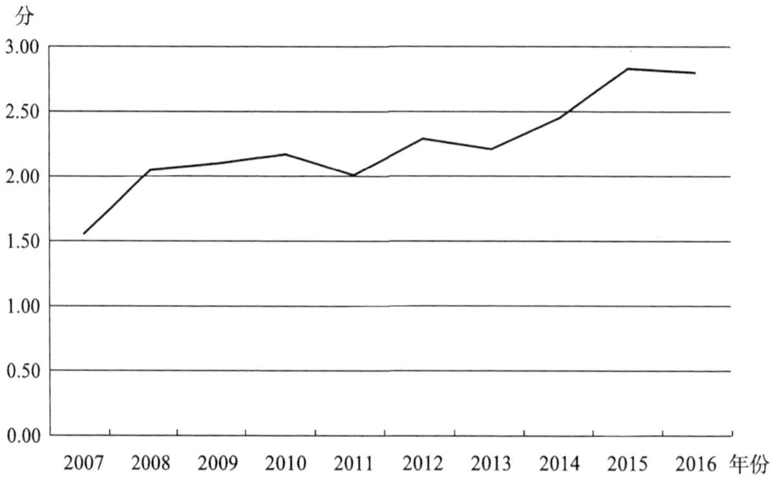

图 2-10　2007—2016 年度各企业硬指标披露指数趋势

图 2-10 的统计表明，环境信息硬指标披露质量得分在 2007—2016 年度总体呈上升趋势，由 2007 年的 1.55 分上升至 2016 年的 2.80 分。这说明在企业内外各种因素的作用下，近 10 年来上市公司环境信息披露的硬性指标信息透明度有所改善。与软指标披露指数趋势相似，在 2011 年降至低谷 2.01 分，在 2016 年达到顶峰 2.80 分。从分类指标来看，“与环保相关的政府拨款、财政补贴与税收减免”指标披露最多，“企业污染物的排放及排放减轻情况”“企业环保投资和环境技术开发”指标位居其次。

（3）2007—2016 年度软硬性指标得分特征分析

表 2-12 2007—2016 年度软性指标得分的企业分布 单位：家

年份	2007	2008	2009	2010	2011	2012	2013	2014	2015	2016
0	978	775	880	1395	1575	1228	1430	1422	1187	1522
1	326	510	554	446	500	790	715	772	470	443
2	88	120	111	98	93	259	179	241	398	539
3	34	62	70	32	29	43	43	46	187	193
4	4	16	12	4	7	14	10	13	171	179
5	2	3	2	2	1	1	3	2	32	36
6	—	—	—	—	—	—	—	—	15	34
7	—	—	1	—	—	—	—	—	—	1
合计	1432	1486	1630	1977	2205	2335	2380	2496	2460	2947

从表 2-12 得分的企业分布来看，2007 年环境信息披露的软性指标得分主要集中在 0~3 分，其中得分为 4 分的有 4 家，分别是国浩集团、广东甘化（造纸）、马钢股份（黑色金属）、广泽股份（食品制造）；得分为 5 分的有 2 家，分别是景兴纸业（造纸）、人民同泰（批发零售）。2008 年环境信息披露的软性指标得分主要集中在 0~4 分，其中得分为 5 分的有 3 家，分别是西宁特钢（黑色金属）、中国铁建（中国铁建）、潞安环能（采矿业）。2009 年环境信息披露的软性指标得分主要集中在 0~4 分，其中得分为 5 分的有 2 家，分别是安徽合力（专用设备制造）、西部矿业（采矿业）；得分为 7 分的有 1 家，为杉杉股份（电器制造）。2010 年环境信息披露的软性指标得分主要集中在0~3 分，其中得分为 4 分的有 4 家，分别是江苏索普（化学制品）、中储股份（交通物流）、上柴股份（通用设备制造）、中海油服（采矿业）；得分为 5 分的有 2 家，分别是宝信软件（信息技术）、航发动力（交运设备）。2011 年环境信息披露的软性指标得分主要集中在 0~3 分，其中得分为 4 分的有 7 家，分别是兄弟科技（化学制品）、顺灏股份（造纸）、中储股份（交通物流）、万里股份（电器制造）、航发动力（交运设备）、桐昆股份（化纤制造）、中海油服（采矿业）；得分为 5 分的有 1 家，为航天电子（专用设备制造）。2012 年环境信息披露的软性指标得分主要集中在 0~4 分，其中得分为 5 分的有 1 家，为水井坊（茶酒饮料）。2013 年环境信息披露的软性指标得分

主要集中在0~4分，其中得分为5分的有3家，分别是天原集团（化学制品）、中顺洁柔（造纸）、广泽股份（食品制造）。2014年环境信息披露的软性指标得分主要集中在0~4分，其中得分为5分的有2家，分别是盈峰环境（电器制造）、新钢股份（黑色金属）。2015年环境信息披露的软性指标得分主要集中在0~6分，其中得分最高为6分的有15家，分别是湖南海利（化学制品）、江苏索普（化学制品）、宝泰隆（石油加工）、怡球资源（有色金属）、会稽山（茶酒饮料）、爱普股份（食品制造）、亚邦股份（化学制品）、井神股份（化学制品）、依顿电子（通信设备）、鸿达兴业（化学制品）、宁波华翔（汽车制造）、利尔化学（化学制品）、川润股份（通用设备制造）、长青股份（化学制品）、溢多利（食品制造）。2016年环境信息披露的软性指标得分主要集中在0~6分，得分最高的为7分，为飞凯材料（化学制品）。

表2-13　2007—2016年度硬性指标得分的企业分布　　单位：家

年份	2007	2008	2009	2010	2011	2012	2013	2014	2015	2016
0	834	701	768	1065	1261	1169	1168	1121	970	1175
1	129	165	143	88	76	110	104	130	139	166
2	34	57	46	32	20	34	39	46	93	110
3	202	237	316	335	395	490	531	541	507	530
4	59	74	84	61	46	79	101	141	168	180
5	25	43	33	27	14	15	32	65	97	125
6	80	100	120	196	213	232	237	205	220	226
7	27	36	35	38	41	43	39	78	121	117
8	8	12	27	18	15	16	17	41	74	99
9	24	35	43	76	89	90	85	74	64	67
10	4	12	4	10	9	20	6	23	44	58
11	3	5	5	6	3	2	7	11	32	35
12	3	7	5	17	13	22	10	12	16	17
13	—	2	—	4	3	7	—	3	16	21
14	—	—	1	1	1	1	2	2	7	15
15	—	—	—	3	3	3	1	2	3	4
16	—	—	—	—	—	—	1	1	2	2
17	—	—	—	—	—	—	—	—	—	—
18	—	—	—	—	—	2	—	—	—	—
合计	1432	1486	1630	1977	2202	2335	2380	2496	2573	2947

从表 2-13 得分的企业分布来看，2007 年环境信息披露的硬性指标得分主要集中在 0~9 分，其中得分为 10 分的有 4 家，分别是长城股份（黑色金属）、＊ST 天化（化学制品）、东方能源（水电燃气）、通富微电（通信设备）；得分为 11 分的有 3 家，分别是万泽股份（房地产业）、恒天海龙（化纤制造）、华银电力（水电燃气）；得分为 12 分的有 3 家，分别是沈阳化工（石油加工）、湖南黄金（采矿业）、浙江龙盛（化学制品）。

2008 年环境信息披露的硬性指标得分主要集中在 0~10 分，其中得分为 11 分的有 5 家，分别是内蒙华电（水电燃气）、国投电力（水电燃气）、开滦股份（石油加工）、紫金矿业（采矿业）、大唐发电（水电燃气）；得分为 12 分的有 7 家，分别是深华发 A（通信设备）、铜陵有色（有色金属）、云南铜业（有色金属）、银泰资源（采矿业）、西山煤电（采矿业）、华升股份（纺织业）、华银电力（水电燃气）；得分为 13 分的有 2 家，分别是四川美丰（化学制品）、云南能投（食品制造）。

2009 年环境信息披露的硬性指标得分主要集中在 0~9 分，其中得分为 10 分的有 4 家，分别是长春高新（医药制造）、利尔化学（化学制品）、城市传媒（出版传媒）、老白干酒（茶酒饮料）；得分为 11 分的有 5 家，分别是万方发展（批发零售）、同仁堂（医药制造）、国电电力（水电燃气）、内蒙华电（水电燃气）、紫金矿业（采矿业）；得分为 12 分的有 5 家，分别是泸州老窖（茶酒饮料）、云南铜业（有色金属）、兰花科创（采矿业）、国投电力（水电燃气）、潞安环能（采矿业）；得分为 14 分的有 1 家，为开滦股份（石油加工）。

2010 年环境信息披露的硬性指标得分主要集中在 0~10 分和 12 分，其中得分为 11 分的有 6 家，分别是江山股份（化学制品）、＊ST 安泰（黑色金属）、苏州高新（房地产业）、国电电力（水电燃气）、福建水泥（非金属制品）、紫金矿业（采矿业）；得分为 13 分的有 4 家，分别是沙隆达 A（化学制品）、广东甘化（造纸）、罗平锌电（有色金属）、闰土股份（化学制品）；得分为 14 分的有 1 家，为开滦股份（石油加工）；得分为 15 分的有 3 家，分别是吉林化纤（化纤制造）、新兴铸管（金属制品）、云南铜业（有色金属）。

2011 年环境信息披露的硬性指标得分主要集中在 0~10 分和 12 分，其中得分为 11 分的有 3 家，分别是广济药业（医药制造）、国电电力（水电燃气）、航发动力（交运设备）；得分为 13 分的有 3 家，分别是铜陵有色（有色金属）、建新股份（化学制品）、哈药股份（医药制造）；得分为 14 分的有 1 家，为开滦股份（石油加工）；得分为 15 分的有 3 家，分别是河钢股份（黑色金属）、西山煤电（采矿业）、兰花科创（采矿业）。

2012 年环境信息披露的硬性指标得分主要集中在 0~10 分和 12 分，其中得分为 11 分的有 2 家，分别是城投控股（房地产业）、内蒙华电（水电燃气）；得分为 13 分的有 7 家，分别是丽珠集团（医药制造）、远兴能源（化学制品）、韶钢松山（黑色金属）、贵糖股份（造纸）、锡业股份（有色金属）、云海金属（有色金属）、恒邦股份（有色金属）；得分为 14 分的有 1 家，为开滦股份（石油加工）；得分为 15 分的有 3 家，分别是金路集团（化学制品）、蓝焰控股（采矿业）、西山煤电（采矿业）；得分为 18 分的有 2 家，分别是吉林化纤（化纤制造）、云南铜业（有色金属）。

2013 年环境信息披露的硬性指标得分主要集中在 0~9 分和 12 分，其中得分为 10 分的有 6 家，分别是安阳钢铁（黑色金属）、水井坊（茶酒饮料）、新奥股份（化学制品）、亚泰集团（非金属制品）、大同煤业（采矿业）、连云港（交通物流）；得分为 11 分的有 7 家，分别是启明信息（信息技术）、精华制药（医药制造）、兴业科技（皮毛制鞋）、凌钢股份（黑色金属）、山煤国际（批发零售）、国电电力（水电燃气）、内蒙华电（水电燃气）；得分为 14 分的有 2 家，分别是云煤能源（石油加工）、开滦股份（石油加工）；得分为 15 分的有 1 家，为兰花科创（采矿业）；得分为 16 分的有 1 家，为西宁特钢（黑色金属）。

2014 年环境信息披露的硬性指标得分主要集中在0~12 分，其中得分为 13 分的有 3 家，分别是蓝焰控股（采矿业）、宁夏建材（非金属制品）、上海能源（采矿业）；得分为 14 分的有 2 家，分别是建投能源（水电燃气）、开滦股份（石油加工）；得分为 15 分的有 2 家，分别是兰花科创（采矿业）、亿利洁能（化学制品）；得分为 16 分的有 1 家，为西宁特钢（黑色金属）。

2015 年环境信息披露的硬性指标得分主要集中在 0~13 分，其中得分为 14 分的有 7 家，分别是银泰资源（采矿业）、山鹰纸业（造纸）、开滦股份（石油加工）、宝泰隆（石油加工）、旗滨集团（非金属制品）、金通灵（通用设备制造）、富邦股份（化学制品）；得分为 15 分的有 3 家，分别是陕西煤业（采矿业）、闰土股份（化学制品）、盛运环保（通用设备制造）；得分为 16

分的有 2 家，分别是山东钢铁（黑色金属）、塔牌集团（非金属制品）。

2016 年环境信息披露的硬性指标得分主要集中在 0~14 分，其中得分为 15 分的有 4 家，分别是盛运环保（通用设备制造）、建新股份（化学制品）、永泰能源（采矿业）、浙江龙盛（化学制品）；得分为 16 分的有 2 家，分别是塔牌集团（非金属制品）、上海天洋（化学制品）。

2.3 本章小结

本章分析了我国环境信息披露制度的变革以及目前我国上市公司环境信息披露现状，具体研究结论总结如下：

（1）我国环境信息披露力度呈现逐渐增强的趋势，企业管理层面临的公共压力逐渐增加

随着企业环境信息日益受到利益相关者的重视，我国对企业环境信息披露的规制力度也逐年增加。自 2008 年《环境信息公开办法（试行）》颁行后，企业环境信息披露逐步从自愿性环境信息披露过渡到强制性环境信息披露。虽然目前我国采用的仍旧是强制性与自愿性环境信息披露相结合的形式，但企业管理层所面临的环境信息披露压力较之以前有了实质性的增加。因此，企业管理层开始认识到环境信息的重要程度，并在披露战略上进行重点考量。但同时，由于企业管理层所面临的公共压力增加，他们也有动力去进行环境信息披露的机会主义行为。

（2）目前我国企业环境信息披露仍然处于较低水平，并存在环境信息披露机会主义的倾向

随着我国环境信息披露规制力度的增加，企业环境信息披露水平逐年增加，但总体仍处于较低水平。从软硬环境信息分布的情况来看，软硬环境信息都处于较低的披露水平，特别是硬性环境信息的披露水平较低。这说明企业管理层在环境信息披露方面存在一定的选择性披露的倾向。需要注意的是这只是描述性统计，是否存在选择性披露还需要实证方法的验证。

3 文献回顾

3.1 空间距离

3.1.1 空间距离的衡量方式

现有研究对空间距离的衡量方式已经进行了一定的探索研究。Coval 和 Moskowiz（1999）、Ivkovic 和 Weisbenner（2005）使用大地距离衡量两地之间的距离。除此之外，也有研究采用距离远近的哑变量（0~1）进行表示的，Loughran 和 Schultz（2005）将公司总部位于美国十大城市的这些公司归类为中心位置企业，采用 1 来进行衡量，其他采用 0 表示。蔡庆丰、江逸舟（2013）也是采用同样的衡量方法。Agarwal 和 Hauswald（2010）使用雅虎地图计算企业到银行的驾车距离与时间来衡量空间距离。John 等（2011）使用企业到主要城市的距离来衡量，并使用直接驾车距离与驾车距离加 1 的自然对数表示。王姣娥、胡浩（2012）利用 Voronio 空间距离分析法确定空间距离，包括最短距离法和服务半径法。罗明良、汤国安（2013）以省域为统计单元，以省会城市为中心，选取航空距离计算城市间距。韩杰等（2015）利用地理信息系统（GIS）的空间统计分析技术对兰州市内部人口空间结构进行研究。李欣泽等（2017）利用 GIS 技术从矢量数据中提取高铁站点信息，借助中国工业企业数据库并结合百度地图 API 和地理信息系统 GIS，精确测度了每家企业到高铁站点的最短直线距离。借于此，本研究结合环境信息的特点，采用企业到环境监管部门的驾车最短距离来衡量空间距离，并采用 GIS 系统计算空间距离变量。

3.1.2 空间距离的宏观影响研究

（1）空间距离与劳动力流动

符淼（2009）认为，相比于经济活动，技术创新活动的集聚度较高；但是经济活动的空间相关性要高于技术活动的空间相关性。决定人均产出和劳均产出的劳均存量和全要素生产率受到省际空间距离的显著影响，具体表现为省际空间和水平距离越远，差距越大。同时，人口的迁移距离与迁入地、迁出地的经济发展水平有紧密的联系；人口的迁移意向与空间距离呈负相关，随着空间距离变长，人口迁移意志在变小（郭芮光，2014）。Adsera 和 Pytlikova（2015）以莱文斯坦距离测度语言距离，研究语言对劳动力迁移的影响，发现语言之间越相似移民概率越高。除此之外，也有观点认为，劳动力的流动决策是成本和收益的相对权衡，经济上的报酬激励劳动力跨区流动，报酬越高流动趋势越明显（Sjastaad，1962）。鲁永刚、张凯（2019）研究表明，地理距离和方言文化是影响劳动力流动方向和远近的两大因素，具体表现为劳动力偏向于距离较近、方言相似或相同的地区。

（2）空间距离与投资

Lerner（2000）发现风险投资家更可能担任地理邻近企业的董事会成员。Cumming 等（2010）研究发现，风险投资的本地偏好带来了更好的投资绩效。尹虹潘（2006）通过构建经济地理模型研究认为，对于距离相近并且规模相等的两个城市，经济吸引区分界线为二者连线的中垂线，并以此对称；而对于距离相近但是规模不等的两个城市，较小城市的经济吸引力则会因为较大城市的存在而受到抑制。林鹏（2013）根据机构投资者空间距离对公司绩效有负向影响的假设建立模型研究认为，机构投资者与公司的空间距离会影响机构投资者的治理成本、治理效应等。各个国家和地区在我国的投资具有比较明显的“路径依赖”和“聚集效应”，省份的投资量同时受到该省份自身因素和周边邻省的影响（许和连等，2012）。Sethi 等（2011）指出传统的国际直接投资区位影响因素研究主要集中在国家间的差异，而对于投资不同产业来说，其在一国内部的区位选择的影响因素是不同的，他们利用中国 31 个省份 1999—2006 年制造、信息技术和采掘业吸引国际直接投资的差异研究了我国国际直接投资空间分布格局的演变过程。

（3）空间距离与消费者选择

产品和消费者的空间距离不会影响消费者对于更优产品的选择；但是，当消费者面对产品之间距离较远的与较近的，在前者情况下，更偏好选择属性更优产品（王阳等，2014）。汪媛（2011）通过研究得出空间距离对跨期选择的影响方向与时间距离对跨期选择的影响方向相反。Liberman 和 Trope（1998）、Trope 等（2002）认为空间距离是心理距离的一个维度，即心理距离是认知客体距离自己、此时、此地、现实这四个维度或远或近的主观经验，是以自我为参照点的，包括时间距离、空间距离、社会距离和可能性距离，即认知主体感知到的事情发生的可能与现实之间的距离。空间距离属于其中最重要的一个影响因素（Boroditsky，2000；Zhang and Wang，2009）。

（4）空间距离与工业污染排放

库兹涅茨曲线是经济学家库兹涅茨用来分析人均收入水平与分配公平程度之间关系的一种学说。当一个国家经济发展水平较低的时候，环境污染的程度较轻，但是随着人均收入的增加，环境污染由低趋高，环境恶化程度随经济的增长而加剧。Kaufmann（1998）和 Meyer（2003）观察到环境库兹涅兹曲线呈“U”型，而 Friedl 和 Getzner（2003）、Kijima（2011）观察到其呈“N”型。邹蔚然、钟茂初（2016）认为中国的工业污染排放主要集中在三大核心城市，即北京、上海、深圳及其周边地区。在一定区域范围以内，伴随着空间距离增大，工业废水和工业二氧化硫的排放会先下降后上升，而工业烟尘排放则不会再上升。刘帅、张建清（2019）通过构造地理距离和经济距离空间权重矩阵，得出废气和废水污染在地理空间上具有一定的空间效应，而废物污染空间效应不显著。

现有研究成果显示，空间距离影响着投资、劳动力流动、消费者选择及污染排放。在我国这样一个幅员辽阔的国家，空间距离在未来相当长时间内都会深刻影响宏观经济发展及政府监管层决策。

3.1.3 空间距离的微观影响研究

现有研究表明，即使在信息技术高度发达的今天，空间距离在企业管理层决策过程中仍起到重要的作用（Smith and Watts，1992；Coval and Moskowitz，

1999，2001；Loughran and Schultz，2005；John et al.，2011）。现有研究主要集中于空间距离对微观投资行为、债务融资、股利发放影响的研究。

（1）空间距离与股权投资

Lerner（1995）从风险投资者监督的视角来研究距离，认为监督成本会随着距离的增加而增加。现有研究也表明，投资者在投资组合中表现出较强的地方标准，基金经理和个人投资者都表现出在地理上邻近投资的偏好（Coval and Moskowitz，1999）。其他研究也认为，基金经理和分析师对本地股票具有信息优势，因此偏好本地股票和大城市股票（Ivkovic and Weisbenner，2005；Bae et al.，2008）。多数的投资者倾向于在投资组合中增加本地上市公司（Huberman，2001；Ivkovic and Weisbenner，2005），或者当他们投资偏远的企业时会要求较好的回报率和IPO（Initial Public Offerings，首次公开发行）溢价（Beatty and Ritter，1986；Coval and Moskowitz，2001）。宋玉（2012）研究发现，即使在控制上市公司财务信息和市场表现的情况下，区域地理特征变量仍然显著影响机构投资者的持股决策。

（2）空间距离与债务融资

Petersen 和 Rajan（2002）研究认为，美国中小企业越来越倾向于选择距离较远的银行进行贷款。Brickley 等（2003）研究结果表明，当银行与借款企业之间距离较短的时候，银行能够收到来自借款企业的精确信号，而如果距离较远，银行则难以获取借款企业的准确信息或付出信息收集成本过大。为了规避借款风险，银行一般要求较高的利率和苛刻的借款条件（Hauswald and Marquez，2006；Dass and Massa，2011）。Rauterkus 和 Munchus（2014）研究认为，地理位置对贷款否决的可能性具有显著影响，位于乡村的企业贷款被否决的可能性远大于城市企业。而为了获得贷款，距离较远的企业一般负担较多的利息和更多的约束条件（Brickley et al.，2003）。Degryse 和 Ongena（2005）的研究同样证明该结论，认为交通成本与借款利率呈正向关系。然而，企业从自身的角度来看，更希望从距离自己较远的银行获得贷款。

（3）空间距离与股利发放

早期研究认为，距离较远的企业设置较高的股利分配水平主要是向股东传递前景信号，而不是遏制自由现金流的代理成本（Miller and Rock，1985；John and Williams，1985；Kumar，1988）。John 等（2011）在研究企业空间距离和股利发放时指出，不管信息技术多么发达，距离仍然会影响分析师和投资者的信息成本。因此，企业空间距离显著影响企业的股利发放，距离较远的企业倾向于发放较多的现金股利。张玮婷、王志强（2015）总结出地域因素影响股利政策的路径可能有两种：一是地域因素影响公司的信息不对称程度，加剧了边远地区公司的委托代理冲突，使其更迫切地希望通过提高股利支付水平来降低由此带来的委托代理冲突，并传递公司盈利能力的信号，提高公司的声誉（Bhattacharya，1979）。二是地域因素影响公司面临的信息不对称程度，导致边远地区公司受到较大的外部融资约束，更多地依赖债务融资。此时，公司可能为了保留财务灵活性而降低股利支付水平。

3.1.4　本节研究结论

现有研究表明，空间距离对宏观经济和微观经济都会产生显著的影响。宏观影响因素主要包括劳动力流动、投资、消费者选择经济和工业污染排放。微观影响主要集中在对企业管理层决策的影响，主要体现在对股权投资、债务融资及股利发放的影响。然而，现经研究并未涉及空间距离对环境信息披露影响的研究。随着环境信息日益受到企业利益相关者的重视，空间距离对环境信息披露的影响逐渐会成为研究的焦点。主要原因在于以下两点：

（1）环境信息被操纵的概率大于财务信息。与财务信息不同，企业环境信息没有严格的披露格式，并没有被要求强制性披露。所以，企业管理层具有很大的自由裁量权来披露环境信息。他们可以选择完整且公允地披露环境信息，也可以有选择性地披露环境信息。

（2）地方环境监管部门存在一个有效的监管半径。由于地方环境监管部门的财力、物力、人力有限，对一定范围内的企业可以进行有效监管，但超出这个范围之后，监管效力就大大下降了。所以，对地方监管部门而言，在环境监管方面存在一定的空间距离效应。而对企业管理层而言，在外部监管不到位的情况下，进行机会主义披露的动机就更大了。

3.2 同业模仿

3.2.1 同业模仿与公司决策

模仿就是经济主体充分利用信息减少风险的重要途径和选择（王昭凤、范开阳，2005）。Lieberman 和 Asaba（2006）认为公司模仿分为两类：一是基于信息的理论，即公司模仿拥有先进信息的公司；二是基于竞争的理论，即公司模仿其他公司是为了平衡竞争或减少竞争。信息不完全性和投资不确定性是同行间相互学习的主要动因。越来越多的研究开始关注同行公司的特征或行为对公司财务决策的影响，如对资本结构（Bizjak et al.，2008；Leary and Roberts，2014）、融资行为（Graham and Harvey，2001）、投资行为（Foucault and Fresard，2014；Chen and Ma，2017；Park et al.，2017；Dessaint et al. 2018）、并购（Bizjak et al.，2009）、股利分配（Kaustia and Rantala，2015；Grennan，2019）、现金持有（Chen et al.，2019）及税收规避（Li et al.，2014；Bird et al.，2018）的影响。

Graham 和 Harvey（2001）、Leary 和 Roberts（2014）研究认为，公司在融资决策时会参照同业公司的决策。并且在很大程度上，公司的融资决策是对同业公司融资决策的回应，外部同业公司的影响因素变化对企业资本结构的影响达到了70%以上。Chen 和 Ma（2017）研究认为，同行效应显著影响公司决策。他们使用中国1999—2012年的数据，研究结果表明，同行公司投资的一个标准差增加导致某个企业4%的投资增长。Guilding（1999）发现，公司会将同行公司的销售、利润和市场份额作为决策的重要影响因素。Grennan（2019）认为，企业股利政策具有显著的同行效应。Chen 等（2019）表明，企业现金持有量受到同行公司的显著影响。Bird 等（2018）研究也发现，公司会模仿同行公司的税率来应对税收变化冲击。已有文献开始关注同行效应对企业社会责任的影响。Flammer（2015）研究认为，一旦行业内一个企业进行社会责任行为，就构成了对其他企业的威胁，因此，其他企业进行社会责任方面的行为是对该企业的战略回应。Cao 等（2019）也发现了某个企业社会责任提案及其通过实施之后，同行公司会采用类似的企业社会责任实践。

3.2.2 同业模仿与环境信息披露

在环境领域，很多重污染企业为了与制度环境认同而获得合法性，在环境信息披露方面采用了彼此相似的做法，存在明显的趋同性（沈洪涛、苏亮德，2012）。这种现象在经济学中称之为“羊群行为”，但环境信息披露行为并非简单的跟随行为，在制度理论上称为“制度性同形”。DiMaggio 和 Powell（1983）将其进一步划分为强制性同形、规范性同形和模仿性同形三种类型，并认为模仿性同形源于对不确定性合乎公认的反应，当一个组织对外部不确定性难以把握的时候，很可能会以其他组织作为参照模型来建立自己的制度结构。

对于企业而言，环境信息披露的成本与收益存在着较大的不确定性，因此，同业模仿在环境信息披露中得到了较多的运用。Aerts 等（2006）以加拿大、法国和德国三个国家的样本为例，研究结果表明，同行业中其他企业的相似度水平和企业上一年度与同行业企业的相似度水平会显著影响企业当期的相似度水平，并认为模仿行为在企业环境信息披露中起着重要的作用，符合模仿性同形的制度理论解释。虽然 Lieberman 和 Abasa（2006）研究认为规模较大、较为成功或较有声望的企业更容易成为模仿的对象，但实际上，限于财力与技术能力，一般企业很可能采用防御性策略，即“频率模仿”，也就是说企业的模仿行为受到其他组织采纳过同样行为的“频率”的影响，原因是采用这种做法的组织越多，越说明这一行为被普遍接受的事实（Haunschild and Miner，1997）。沈洪涛、苏亮德（2012）得到了相似的研究结论，他们以我国重污染上市公司 2006—2010 年年报披露的环境信息数量为研究对象，分别对环境信息披露水平是否存在同形性以及环境信息披露过程中的模仿行为进行了分析。研究发现，企业环境信息披露水平存在着明显的趋同现象，且在环境信息披露过程中存在着显著的模仿行为，但主要进行的是其他企业平均水平的频率模仿，而不是模仿领先者。

3.2.3 本节研究结论

同业模仿在一定程度上解释了管理层环境信息披露行为的趋同性，且这种趋同并非向领先者趋同，而是基于均值趋同。这说明在外部环境信息披露压力并不确定的情况下，多数管理层会选择与一般企业没有本质区别的披露方式，是一种理性行为，更是一种机会主义披露行为。但现有研究存在以下三个问题未得到有效解决：

一是内生性影响的问题。若没有“天然实验”背景，将很难区分环境信息披露变动是由同业模仿引起的还是由其他因素引起的。因此，需要有一个外部的事件作为参照，具体得到同业模仿对环境信息披露的影响。

二是企业何时采用行业模仿的问题。并不是所有企业都会选择使用同业模仿来应对外部公共压力，但企业管理层会在何时选择进行同业模仿在现有研究中很少涉及。

三是同业模仿方向的问题。现有研究认为，企业会选择均值模仿，但行业的差异很大，有些行业环境信息披露增幅等于或大于所有行业的增幅，也有行业的增幅小于所有行业的增幅。现有研究并未对此进行区分，需要进一步深入分析。

3.3 公共压力

3.3.1 合法性理论

合法性理论（Legitimacy Theory）一直被认为是环境信息披露的主要解释理论（Wilmshurst and Frost，2000）。合法性理论来源于企业与社会之间的社会契约（Magness，2006），并假定一个组织没有固有的生存权，其运营权利是由社会赋予的，但前提是企业的价值体系与企业所处社会的价值体系相一致。合法性理论主要强调企业管理如何对社区期望做出反应。社区内的利益相关者会考虑可接受的活动，而作为该社区成员的企业应在该社区认为可接受的范围内开展活动。合法性理论意味着，随着社区意识和关注度的提高，企业将采取措施以确保其活动和绩效为社区所接受。由于合法性理论是基于感知的，因此管理层的任何回应都必须进行披露，因为未经公开的行动将不会有效地改变外部各方对组织的看法（Cormier and Gordon，2001）。因此，外部公共压力来源于外部利益相关者对企业合法性的深入关注。Darrell 和 Schwartz（1997）认为，外部公共压力的增加可能来自社会公众本身的不满意，或来自新的政治行动实施，或来自增加的监管力度。Neu 等（1998）研究认为环境信息披露是管理层应对外部压力的一种反应，也是一种不必改变组织经济模式就可以维持组织合法性的方法。现有研究还认为，企业管理层应对外部压力一般会采取适应性战略，即对外部利益相关者需求及政府作出积极回应，以便获得更多利益相关者的支持（Buysse and Verbeke，2003）。即在外部公共压力突然增强的情况下，企业会披露更多的环境信息来缓解外部公共压力。Darrell 和 Schwartz（1997）研究表明，企业会通过增加环境信息披露的方式来缓解外部压力，以树立并维持其良好的社会形象，避免陷入政府、法律规章制度的处罚及社会公众的抵制。其他研究也认为企业管理层会通过调整环境信息披露的水平、内容及质量来应对外部公共压力（Brown and Deegan，1998；Aerts and Cormier，2009）。

3.3.2 外部公共压力衡量方式

现有研究对外部公共压力的界定有三种方式：①新法律法规的颁布。Patten（2002）选择美国 1986 年《应急计划与社区知情权法案》（Emergency Planning and Community Right-to-Know Act）的颁布作为公共压力增加的标志。该法案第一次要求美国制造业企业按照超过 300 种有毒化学排放目录进行披露，因此，会对企业的环境信息披露产生较大的影响。Dyreng 等（2016）采用国际行动援助组织（Action Aid International）要求英国公众公司披露不同地点的政府补助作为外部公共压力。②环境事件的发生。Darrell 和 Schwartz（1997）采用 Exxon 公司 Valdez 油轮原油泄漏事件发生作为外部公共压力的判断标准。环境事件的发生会引起社会公众的关注，因此会对环境事件发生的相关行业形成公共压力。Islam 和 Deegan（2010）认为与行业相关的社会环境事件吸引了大量的负面报道，这些公司通过提供积极的社会和环境信息做出反应。国内也有相似的研究，肖华、张国清（2008）以“松花江事件”的发生作为外部压力增加的参照，研究了该事件发生后的化工类企业环境信息披露的变化。刘运国、刘梦婷（2015），刘星河（2016）及程博等（2018）都将 PM2.5 爆表事件作为外部公共压力。③媒体的曝光。媒体作为一种重要的外部监督力量，会产生外部公共压力，引起社会公众对企业的关注（Dyck et al.，2008；罗进辉，2018）。Brown 和 Deegan（1998）研究认为，基于代理理论，当社区较为关注组织的环境业绩时，媒体监督对环境信息披露的促进作用最为明显；基于合法性理论，当这种关注日益升高时，企业会增加环境信息披露水平来回应这种关注。Rupley 等（2012）研究认为，企业自愿性环境信息披露质量与媒体关注、媒体负面关注具有显著的正相关关系。因此，媒体曝光会对企业的环境信息披露产生一定的外部公共压力。针对第三种衡量方式，现有研究对其具有很大的争议：Patten（2002）认为，媒体关注并不是导致公共政策压力的必要因素；Deegan 等（2000）认为，媒体监督可以影响文化环境，但是否导致公共压力目前还并不清楚；Aerts 和 Cormier（2009）却认为媒体关注对环境信息披露并无显著的作用。而对于第二种衡量方式，常常需要与第三种衡量方式即媒体曝光相结合才能形成真正的公共压力。Deegan 等（2000）的研究还表明，并不是所有的环境污染事件都最终形成公共压力，没有得到媒体充分关注或媒体提前关注过多都可能无法形成最终公共压力。相比较而言，第一种衡量方式即环境相关新法律法规的颁行具有较强的强制性，比环境事件影响力度大，且不需要媒体曝光就可以独立起作用（Patten，2002）。

3.3.3 本节研究结论

与国外情况相比，我国市场经济尚不够发达，在市场环境、法律制度、投资者素质及企业家责任等方面都存在较大的差距。在公共压力构成中，特别是在“社会期望、传导机制与市场选择”方面存在较大的差异。①在社会期望方面，我国尚未形成对企业环保行为具有影响力的绿色环保组织或其他类似组织，难以形成对企业环境信息披露的较高期望值；②在传导机制方面，由于我国社会力量的缺失，社会公众一般无法通过媒体监督来影响立法，媒体更多的是吸引政府的关注，由政府赋予直接的影响；③在市场选择方面，我国尚未形成基于环境信息的有效市场选择机制，企业进行环境信息披露在很大程度上是为了获取“融资正当性”，即满足生态环境部和证监会的环境信息披露要求。因此，相较于国外环境事件和媒体监督两条途径，我国企业受到的公共压力更多来自政府，即政府通过颁布一系列法律法规、规章制度形式实现的直接压力。而社会公众通过社会舆论或是市场选择行为来实现的间接压力在我国无法获得预期的效力。虽然有国内学者认为，外部的公共压力包括政府压力、股东压力、债权人压力以及社会公众的压力（陈小林等，2010），但实际上来自政府的压力是目前我国上市公司所面临的主要公共压力。

3.4 环境信息披露

3.4.1 关于环境信息披露的影响因素研究

现有研究对环境信息披露的外部影响因素方面的研究主要集中于公共压力的影响研究。这些公共压力主要来自立法者、监管者、社区和环境游说团体、消费者和对社会负责的投资者（Roberts，1992；Li et al.，1997）。Patten（1992）认为，企业通过提高他们披露的环境信息水平来应对公共政策压力，即合法性威胁促使企业在年报中披露更多的环境信息。Neu 等（1998）的研究也同样证明了这一点，他们认为环境报告是应对不同利益相关者或公共压力的一种反应。Aerts 和 Cormier（2009）也认为，企业通过调整环境信息披露过程中的披露水平、内容和质量来应对公共压力。而媒体作为利益相关者的集中代表，它对环境信息披露的影响研究日益得到重视。一些研究已经发现媒体能够提高公众对环境的关心程度，而企业通过在年报中（Brown and Deegan，1998）或在环境新闻披露中（Aerts and Cormier，2009）增加环境信息披露程度来进行回应。Cormier 和 Magnan（2003）的研究同样发现，企业新闻报道程度（Media Visibility）会影响环境信息披露程度，且两者是显著的正向关系。Rupley 等（2012）通过结合媒体报道及公司治理的研究得到同样的结论，认为环境披露质量与媒体报道（特别是负面媒体报道）显著正相关。在国内研究方面，沈洪涛、冯杰（2012）研究发现企业有选择性地大量披露正面的和难以验证的描述性信息，回避可能有负面影响的资源耗费以及污染物排放的信息，以迎合监管者以及社会公众的环保要求，规避监管。肖华（2013）提出我国现行制度环境对上市公司环境信息披露形成了制度压力，相对于规范压力与文化、认知压力，规制压力的影响较为显著。毕茜、彭珏（2013）提出，提高上市公司环境信息披露水平应从资本市场监管规则的改善入手。在媒体关注方面，郑春美、向淳（2014）研究发现，媒体关注度明显影响环境信息披露程度，与环境有关的负面媒体报道越多，企业越倾向于披露正面的、概括的、不易证实的环境信息。

现有研究对环境信息披露影响因素的研究多集中于内部影响因素方面，主要包括规模、股权集中度、公司治理结构等。Dierkes 和 Coppock（1978）通过实证研究发现，规模大的公司会披露更多的环境信息。Trotman 和 Bradley（1981）收集了澳大利亚企业年报中的环境信息进行实证研究，结果表明公司规模越大，披露的环境信息越多。Gray 等（2001）使用英国数据证明，环境信息披露与企业规模、利润、行业所属等公司特征有关，并认为越是大企业受到关注越大，越会自愿披露更多的环境信息。其他研究也表明，大企业要比小企业披露更多的环境信息（Hackston and Milne，1996；Cormier and Gordon，2001）。汤亚莉（2006）实证研究沪深两市 120 家上市公司环境信息披露的影响因素，结果发现企业资产规模与环境信息披露水平正相关。朱金凤、薛惠锋（2008）以 2006 年沪市 A 股制造业 248 家公司为样本，实证研究了公司特征与企业自愿披露环境信息的关系，结果发现公司规模大和重污染行业的上市公司自愿披露更多的环境信息，企业的盈利能力和财务杠杆对企业自愿披露环境信息并没有影响。毕茜等（2012）选取 2006—2010 年沪深两市重污染行业的上市公司为研究对象，对其年报和独立报告中披露的环境信息进行整理，通过实证检验发现规模大、盈利能力强以及财务杠杆高的上市公司环境信息披露水平更高。

Boesso 和 Kumar（2007）的研究也确认了环境信息披露与是否属于环境敏感行业具有显著关系。现有研究认为，金属、资源、造纸和纸浆、发电、水和化学行业对环境具有重大影响，被称为环境敏感行业（Hoffman，1999；Bowen，2000）。Hackston 和 Milne（1996）发现环境敏感行业和知名度高的企业会披露更多的环境信息。Walker 和 Howard（2002）则发现重污染行业与企业环境信息披露水平存在显著正相关关系。Gao 等（2005）研究了香港上市公司环境信息披露情况，发现企业的行业类型与环境信息披露质量密切相关，公用事业类企业倾向于披露更多的环境信息。Liu 和 Anbumozhi（2009）通过实证研究发现企业环境敏感性与环境信息披露水平显著相关，处于敏感性行业的企业会增加环境信息的披露。

在内部公司治理方面，Laidroo（2009）研究表明，环境信息披露与股权集中度负相关，而与机构持股比例呈显著的正相关关系。Brammer 和 Pavelin（2006）发现，与股权集中的公司相比，股权分散的公司更愿意进行环境信息的自愿披露（Chau and Gray，2002）。路晓燕等（2012）发现，国有上市公司股权集中度与环境信息披露水平显著正相关，而非国有上市公司股权集中度与环境信息披露没有显著关系。适当的股权集中为大股东对公司管理者的监督提供条件，有利于约束管理者的信息披露行为。因为一旦发生重大环境问题，大股东要承担相应的责任，其股价和声誉也会受到一定的影响（杨熠等，2011）。Xiao 和 Yuan（2007）研究表明大股东持股比例与环境信息披露质量正相关（黄珺、周春娜，2012；王霞等，2013；刘茂平，2013）。马连福、赵颖（2007）研究表明，当控股股东以外的其他股东足以与控股股东相抗衡时，他们就能够约束控股股东的利益侵占行为，积极寻求话语权和信息获取权，从而要求披露更多的环境信息。第二到第十大股东持股比例的增加，能够有效改善公司内部治理状况，遏制公司"一股独大"以及"内部人"现象的出现，增加公司信息透明度。肖作平、杨娇（2011）发现，第二到第五大股东持股比例之和与公司社会责任信息正相关。黄珺、周春娜（2012）研究表明，控股股东、制衡股东对管理层的监管能有效引导管理层积极披露环境信息。股权制衡度高有利于企业环境信息披露质量的提高（刘茂平，2013）。De Villiers 等（2011）和 Iatridis（2013）研究也认为，有效的公司治理结构能够改善公司环境报告，并增加环境信息披露程度。随着董事会规模、独立董事数量的增加，董事会服务效率提高，有助于提高环境信息披露水平（Akhtaruddin et al.，2009）。董事会规模的扩大和独立董事比例的增加，有利于提高董事会的激励与约束效率，为公司治理机制注入新鲜血液；独立董事制度的有效运作有利于降低大股东与经理层合谋的动机与可能性，使公司倾向于披露更多的环境信息。董事会规模越大，越能聚集具有专业知识、管理知识的人才，从而帮助和监督企业管理者披露更多的环境信息。独立董事独立于企业的经济行为和利益，对环境政策法规有更好的理解，因此更能客观地做出决策，督促企业履行环保责任和环境信息披露义务（史建梁，2010）。毕茜等（2012）研究表明，董事会中的独立董事能促进制度对企业环境信息披露水平的发挥。独立董事比例的提高，增强了董事会的监督效率和透明度，使企业自愿披露更多的信息（王小红等，2011；Iatridis，2013）。Htay 等

（2012）以马来西亚1996—2005年金融公司为样本，分析了上市银行的治理结构对社会和环境信息披露的影响，结果发现独立非执行董事的比例与环境信息披露呈正相关关系。

3.4.2 关于环境信息披露的经济后果研究

现有研究对环境信息披露的经济后果研究主要集中于股权成本、公司价值、政府补贴及诉讼风险等方面。

（1）环境信息披露与股权成本

Aerts等（2008）研究发现，提高环境信息披露质量有助于帮助分析师更加准确地预测未来收益，从而降低股权融资成本。Plumlee等（2015）通过研究得到同样的研究结论。Dhaliwal等（2011）也发现前一年股权融资成本较高的公司倾向于在当年披露履行社会责任的信息，以便降低下一期的股权融资成本。详细披露企业履行社会责任信息的上市公司更容易筹集股权资本，且筹集的股权量更大。Dhaliwal等（2014）也同样认为社会责任披露与股权成本呈负向关系，且这种关系在以利益相关者为导向的国家中表现得更为显著；与此同时，财务信息与社会责任信息在减少股权成本方面具有替代作用。Li和Liu（2018）使用中国数据研究表明，社会责任披露与股权成本的负向关系在环境敏感行业和国有企业表现得更加明显。Gupta（2018）研究也表明，企业环境实践的改善能够有效减少股权成本，这种减少效应在治理水平较弱的国家中表现得更为显著。国内学者袁洋（2014）通过使用2008—2010年重污染行业上市公司作为研究样本，也得到了两者之间是显著负向关系的结论。但也有研究得到了不一致的结论。Richardson和Welker（2001）选择1990—1992年加拿大企业作为研究样本，发现两者是正相关关系。而Clarkson等（2008）认为环境信息披露质量的提高有助于提高外部利益相关者对公司的总体评价，但是并不会对股权融资成本产生显著的影响。对于环境信息披露的股权成本影响研究基本上是顺着环境信息披露降低重污染行业的环境不确定性，提高流动性或企业声誉，从而降低股权成本的思路进行研究的。

（2）环境信息披露与企业价值

Li等（2018）使用英国富时350指数公司作为样本，研究发现企业环境、社会和公司治理信息披露（Environmental, Social and Corporate Governance Disclosure，ESG）与企业价值之间具有显著的正相关关系。并表明更高的透明度和可靠性以及利益相关者之间的信任提高在提升公司价值方面发挥了作用。Hassan（2018）使用2010—2015年全球标准普尔指数1200家成分公司作为研究样本，利用结构方程模型研究表明，环境信息披露通过提升组织知名度提高公司价值。Plumlee等（2015）研究认为，环境信息披露通过影响现金流和股权成本提升公司价值。然而，对两者关系的研究结论并不一致。Jones等（2007）和Cho等（2007）研究认为社会责任披露并不会显著提升企业价值。

（3）环境信息披露与政府补助

在政府补贴方面，国外研究文献主要集中于对企业研发活动的影响研究（Cerulli and Poti，2012；Wanzenböck et al.，2013）。国内对政府补贴的研究主要集中在盈余管理需求（Aharony et a1.，2000；唐清泉、罗党论，2007）、规避亏损退市（潘越等，2009）、预算软约束承担政策性负担（Wren and Waterson，1991；郭剑花、杜兴强，2011）的关系研究。对于政府补贴的动机研究，罗宏等（2014）研究发现，经理人利用政府补助获得超额薪酬，谋取私利；并且经理人还通过提高薪酬—业绩敏感性，为其超额薪酬进行结果正当性辩护，以掩盖其自利的行为。步丹璐、王晓艳（2014）研究也发现，在政府补助约束性较弱的情况下，政府补助会增加高管薪酬，加大薪酬差距。在社会责任信息披露方面，Lee等（2017）使用我国上市公司2008—2012年的数据，研究了政府补贴是否是决定社会责任披露的主要因素。研究结果表明，国家政府补贴对企业社会责任的披露选择具有重要影响。而且这种关系在非国有控股企业中以及腐败文化比较严重地区表现得更为明显。林润辉等（2015）研究结果表明，政治关联对企业的环境信息披露有显著的正向影响，而政府补助在政治关联和环境信息披露的关系中起中介作用。研究揭示了政治关联能否影响环境信息披露取决于政府能否提供民营企业所需的资源，民营企业主动披露环境信息是一种自利行为，本质上是从政府手中获取资源，政治关联仅仅为政府与企业的资源交换和信息交换提供了通道。实际上，现有研究开始对政府补助与企业环境信息披露之间的关系进行研究，但内生性问题一直没有得到有效的解决，即两者互为因果的问题。

（4）环境信息披露与诉讼风险、违规风险

在诉讼风险方面，毛新述、孟杰（2013）认为，自愿性披露会诱发公司法律诉讼威胁。但 Healy 和 Palepu（2001）研究表明，不准确或不及时的信息披露会引发针对管理层的法律行动，从而会鼓励公司增加自愿信息披露。Field 等（2005）利用联立方程控制信息披露和诉讼风险的内生性后发现，没有证据表明披露引发了诉讼。有研究甚至认为，信息披露阻止了某些类型的诉讼。Mohan（2007）发现，公司信息披露的质量越好，公司随后年度面临的诉讼风险越低。现在研究并未直接涉及环境信息披露与诉讼风险的研究，但作为特殊的信息披露，环境信息披露是否会导致诉讼风险在目前可能同样无明确结论，需要结合企业面临的环境与具体情况进行综合分析。

在我国这样的转型经济国家，政府掌握着相当数量的稀缺资源，管理层在考虑环境信息披露时会考虑到是否能够获得政府资源，诸如再融资便利、低成本股权资金和政府补助，同时也要考虑环境信息披露所带来的诉讼风险或违规风险，因此，需要在成本与收益之间进行权衡。但这种权衡不仅仅决定于环境信息披露水平与质量本身的后端影响，还存在着很多较为复杂的前端因素影响，应将前端因素与后端因素综合进行考虑，如政府补助具有典型的行业与地域分布特点（吕久琴，2010；步丹璐、郁智，2012）。但这些诸如行业与地理位置方面的影响因素在现有研究中都没有考虑进去，这样易导致研究结论的不一致。

3.4.3 关于环境信息披露的机会主义行为研究

生态机会主义行为来源于人的有限理性与信息不对称，人不可能对复杂和不确定的环境一览无余，不可能获得关于环境现在和将来变化的所有信息，也就不可能对其进行全面有效的监控。所以，企业管理层就可能利用如环境信息不对称等有利的信息条件，向生态环境部门或其他利益关系人隐瞒相关的环境信息，从而逃避生态环境部门的监管，欺骗他人而获得私利，被称为生态机会主义（胡静等，2011）。现有研究从合法性理论（Brown and Deegan，1998）和印象管理理论（Gray et al.，2001）角度来解释这种选择性披露行为，认为企业环境信息披露是让投资者在感知上觉得是合法的（Brammer and Pavelin，2006；Clarkson et al.，2008；Lewis et al.，2014），而不是真的为了减少环境或社会损失（Frost et al.，2005；Aerts and Cormier，2009）。由于环境信息披露无法给管理层带来明显的收益，反而会使其面临较大的潜在成本，因此，管理层倾向于使用印象管理来维持合法性（Hooghiemstra，2000；Brammer and Pavelin，2006）。

印象管理也叫印象整饰或自我呈现，指通过对一些事件或事物（包括自我）的信息进行管理，影响或控制他人对自己的看法和行为的过程和现象（Leary and Kowalski，1990）。最早对印象管理进行理论探索的是美国社会学家 Goffman，他把社会交往中的人际互动和戏剧表演结合起来，认为社会实际上是一个大舞台，而每个人都是表演者，都会通过行为选择来扮演自己的角色，塑造自己的社会形象。这种表演的过程会受到环境和观众的影响，人们往往通过角色扮演对外展示他人所期望的行为。因此，Goffman 所提出的印象管理理论也被称为“印象整饰理论”或“戏剧理论”。根据 Goffman（1959）的观点，印象管理不是一种企图改变他人意图的行为，印象管理不仅仅会对他人产生影响，也会对自己产生影响。因此，任何行为都有其相应的印象管理价值。印象管理的早期研究大多是个体层面的。Arkin（1981）认为印象管理是“在与他人的互动情境中，个体采取的一种传递自我形象的过程和方式”。他将个体的自我呈现划分为获得性和保护性两种。Baumeister（1982）以维持身份为切入点对印象管理进行解释，认为印象管理是“个体为了建立或维持在他人心目中的某种形象，对与他人的信息沟通过程加以利用的行为”。Leary 和 Kowalski（1990）在对以往的印象管理文献进行梳理的基础上提出了印象管理的两因素模型，将印象管理分为印象动机和印象构建两个部分。印象动机反映的是个体想要控制他人对自己的印象的程度，印象构建指的是人们在控制他人对自己产生的具体印象的过程中采取的策略。两因素模型为之后的印象管理研究提供了一个研究框架。个体的印象管理研究常常与情境密切相关。例如，面试中的印象管理、营销活动中的印象管理、员工绩效评价中的印象管理以及大学生人际交往中的印象管理等（张爱卿等，2008）。Rosenfeld（1997）认为印象管理包括获得性和保护性两种。获得性印象管理指为了使他人积极看待自己而付出的努力，而保护性印象管理指的是尽量避免被他人消极看待而采取的防御性措施。Howard 和 Ferris（1996）发现，应聘者在应聘过程中采用的非语言策略有助于招聘者肯定应聘者的能力。Higgins 和 Judge（2004）则认为，虽然印象管理可以在一定程度上提高面试中招聘者对应聘者的评价，但是其最终效果还会受到招聘者感知到的应聘者的印象与工作是否匹配所影响。

基于生态机会主义的管理层机会披露行为突出表现为环境信息披露战略及具体披露内容、方式的选择性。很多管理层认为，企业信息披露政策是一种战略工具，如运用得当，能够获得经济利益。管理层在环境信息披露方面特别敏感，原因在于如果他们疏忽环境或对与环境之间的关系不重视，会引发巨大的成本。这些成本来自对不同环境群体的游说成本或是在顾客、员工、债权人及供应商中失去声誉所产生的成本（Cormier and Magnan，1999）。Cormier 等（2005）研究结果也表明，信息成本和企业财务状况直接影响环境信息披露水平，因为企业管理层在决定环境信息披露战略时，会权衡股东信息成本和企业财务状况。而 Buysse 和 Verbeke（2003）研究认为，企业管理层一般会采取两种环境信息披露战略，分别为适应性战略和防御性战略。适应性战略是对外部利益相关者需求与政府作出回应，以便获得更多利益相关者的支持。而防御性战略是指利用表面上的回应来维持与利益相关者的良好关系，并减少信息产生不利市场反应的可能性（Dawkins and Fraas，2011）。在缺乏外部有效监督的情况下，企业管理层有动力权衡自愿信息披露成本与收益以获得最优的信息披露水平（Healy and Palepu，2001）。Li 等（1997）研究认为，并不是所有企业都会严格遵守披露标准进行环境信息披露，特别是对环境负债信息披露时具有一定战术性。在某种程度上，环境信息固有的不确定性让管理者充分行使自由裁量权，决定要具体披露什么及披露到什么程度。其他研究也认为环境信息披露要求的确增加了企业的环境信息披露总量，但是企业在披露标准上存在不同的解释，同时在数据的提供上存在一定的选择性（Frost，2007）。而在环境信息披露选择的方向上，信息披露所带来的法律或政治潜在成本导致企业尽量少地披露信息。事实上，一个公司可能有较强的抵制倾向去披露有关其环保活动的信息（Cormier and Magnan，1999）。

在披露战略的指导下，管理层在具体披露内容和形式上也存在一定的选择性。印象管理理论认为，任何环境下人们总是试图通过自己的行为给他人留下尽可能好的印象。Leary 和 Kowalski（1990）的研究表明，正确的印象管理可增加达到理想结果和避免不理想结果的可能性。选择性披露突出表现为披露时机选择和可读性选择，时机选择弱化了公众对公司负面信息的关注（Gilvoly and Palmon，1982），而可读性选择降低了公众对公司运营风险的了解（Baker and Kare，1992）。现有研究表明，不同的环境表现管理层会有不同的选择性披露倾向。当企业环境绩效较好时，在环境信息撰写中会运用通俗明了的语言，以提高环境信息的可读性。而在环境污染指标较高时，为了掩盖负面信息，会在环境信息撰写中有意运用更为抽象的专业术语，及复杂的句式，降低信息的可读性（陈华，2013）。现有研究表明，管理层会操纵披露的语言（Clatworthy and Jones，2001；Yuthas et al.，2002；Cho et al.，2010）、语调（Loughran and McDonald，2011；Davis and Tama-Sweet，2012；Arena et al.，2015）及图形（Beattie and Jones，2002；Jones，2011；Cho et al.，2012）达到印象管理的目的，并掩盖或隐藏不良的环境信息。语言上主要从可读性、确定性及修辞等方面操纵所披露的信息（Merkl-Davies and Brennan，2007），语调上主要从肯定性（乐观性）方面着手，通过正面信息给利益相关者传递合法性信息，而图形上一般从披露偏好图形的数量以及图形中第一栏与最后一栏高度对比来传递正面信息。

为了进一步划分选择性披露类型，Darrell 和 Schwartz（1997）、Freedman 和 Stagliano（1992）及 Patten（1992）将环境信息披露分为三种选择性披露倾向：披露显著性、披露数量性和披露时间性。所谓披露显著性是指将环境信息是选择在显著位置（如财务部分）上披露，还是在非显著位置上披露；披露数量性是指环境信息是选择使用数量与货币来披露，还是使用文字来披露；披露时间性是指选择披露较多的现在信息，还是披露较多的过去信息。国内学者也基本采用这种衡量模式，并将其作为环境信息披露总量衡量方式的补充（沈洪涛，2012，2014）。除此之外，Clarkson 等（2008）还将企业的环境信息分为"硬披露"（Hard Disclosure）和"软披露"（Soft Disclosure）。"硬披露"指披露的环境信息比较客观具体且不易被环境绩效差的企业模仿，包括环境绩效指标、环境支出等；"软披露"指披露的环境信息比较空泛，包括环境战略与愿景、环境管理活动等。Yao 和 Li（2018）采用与 Clarkson 等（2008）相同的软硬信息定义，构建了企业软硬信息的选择模型，并使用经验数据证明了距离监管部门越远的企业越倾向于减少硬性环境信息的披露。

现有研究对管理层环境信息披露机会主义动机及表现形式研究得较多，但仅有动机是远远不够的，要达到预期的目的，必须要同时具备实施机会主义行为的机会或路径才可以。现有研究对此研究不够深入，很多研究变量具有很强的内生性，如规模、行业性质影响等。在企业面临的环境信息披露压力日益增加的情况下，选择从企业外部寻找影响变量能更准确地解释与规范管理层的环境信息披露机会主义行为。

3.5 本章小结

本章对公共压力、空间距离、同业模仿及环境信息机会主义披露的研究文献进行了回顾。现有研究对以下问题基本达成共识：

（1）外部公共压力对企业管理层决策行为会产生深远的影响。这种影响是系统性的，即公共压力影响到所有覆盖的个体。

（2）空间距离无论是对宏观决策还是对企业微观决策都会产生一定的影响。特别是在微观层面，空间距离影响企业融资决策、投资决策及股利分配决策。

（3）同业模仿在一定程度上影响企业管理层的财务决策行为。现有研究认为，在外部环境不确定的情况下，选择与自己情况相差不多的企业作为模仿对象是环境外部不确定性的重要路径之一。

（4）合法性理论和印象管理理论是研究企业环境信息披露决策的两个重要理论。现有研究对环境信息披露影响动因及经济后果都已经进行了深入的研究，但对环境信息披露机会主义行为的研究目前还不够深入。

现有研究存在的不足主要体现在以下三个方面：

（1）对企业管理层环境信息披露机会主义行为的研究内生性较强。现有研究在环境信息披露方面一直缺少一个外部事件的冲击，直接导致研究结论不一致，互为因果问题难以克服。本研究以在我国环境信息披露历史上具有里程碑意义的《办法》作为外生事件，对比该办法颁行前后的环境信息披露水平与质量，从而得到较为可靠的研究结论。

（2）对公共压力影响效力的异质性研究不够深入。现有研究将公共压力的影响视为同质的，即对所有企业都具有同样的效力。但实际上在面对外部公共压力变化时，不同企业所受到的实际压力是不一致的。本研究选择《办法》作为外部公共压力的参照，但不同空间距离与不同行业的企业应对外部压力的途径是不同的，部分企业选择利用空间距离进行环境信息披露机会主义行为，部分企业选择同业模仿进行环境信息披露机会主义行为，而有些企业需要在空间距离与同业模仿之间进行成本与收益的权衡。

（3）对企业管理层环境信息披露机会主义行为的经济后果研究未充分考虑我国的转型经济背景。现有研究多数是基于国外研究思路展开的，对我国特有的制度背景未进行充分考虑。实际上，我国上市公司对从政府部门获取资源、缓解融资约束以及获得良好审计意见具有很高的需求，这也是企业管理层进行环境信息披露机会主义行为的主要动因。

4 空间距离、同业模仿对环境信息披露机会主义行为的影响机理研究

4.1 空间距离对环境信息披露机会主义行为的影响研究

4.1.1 企业管理层环境信息披露的倾向选择

在我国，企业管理层会通过权衡环境信息披露的成本与收益来进行环境信息披露决策。一般具有两种披露倾向：一是最小化环境信息披露倾向；二是从政府获取资源的环境信息披露倾向，即高于平均水平的环境信息披露倾向。

（1）进行最小化环境信息披露是企业管理层环境信息机会主义披露的主要倾向之一

具体原因为：①我国上市公司环境信息披露水平低是一种普遍选择。虽然近年来我国上市公司环境信息披露水平日益提高，但仍旧处于低水平。导致这种状况的最为重要的原因是企业并不愿意披露更多的环境信息。已有研究采用合法性理论（Brown and Deegan，1998）和印象管理理论（Gray et al.，2001）来解释这种选择性披露行为，认为企业环境信息披露是让投资者在感知上觉得是合法的（Brammer and Pavelin，2006；Clarkson et al.，2008；Lewis et al.，2014），而不是真的为了减少环境或社会损失（Frost et al.，2005；Aerts and Cormier，2009）。由于环境信息披露无法给管理层带来明显的收益，反而会使其面临较大的潜在成本，因此，管理层倾向于使用印象管理来维持合法性（Hooghiemstra，2000；Brammer and Pavelin，2006）。也就是说，企业管理层在保持合法性的前提下，并不会额外披露更多的环境信息。从我国的

环境信息披露现状来看比较符合这一结论。根据复旦大学环境经济研究中心研究结果，以及本书第2章的研究结果，我们发现在符合政策要求的前提下，最小化披露环境信息是目前多数企业管理层所达成的一致性行为。②环境信息的特征促使企业最小化环境信息披露行为。企业管理层在环境信息披露决策的时候，除了考虑保持合法性之外，还需要权衡披露环境信息的成本与收益。环境信息披露存在着明显的成本，包括信息收集、整理、发布的成本，以及环境业绩低于预期的战略损失（Cormier and Magnan，1999）。但环境信息披露的收益却是不确定的（Clarkson et al.，2008）。所以，对于企业管理层而言，他们感受不到披露较多环境信息所带来的收益，但却要承担潜在的披露成本。在我国，一方面，对于环境信息不要求上市公司进行强制性披露，大多还是以鼓励性与自愿性披露为主，且没有具体的披露规范与格式；另一方面，对比财务信息，环境信息的可验证性较弱。而作为外部信息使用者，很难确定环境信息披露的完整性与公允性。因此，企业管理层有着较大的空间去管理环境信息披露，他们会在满足基本要求的情况下，尽量少地披露环境信息。

（2）企业管理层另一种环境信息披露倾向是满足政府的要求以获取政府资源而披露较多的环境信息

在环境治理方面，中央政府和地方政府一直是主体，政府颁布的各种法律法规及规章制度都带有鼓励相关主体自觉进行环境治理的倾向。因此，为了获取更多的政府资源，企业可能会迎合政府的要求进行环境信息披露。对于上市公司而言，融资便捷及获得政府补助是他们可以从政府那里获得的重要资源，因此，很多上市公司会迎合政府的要求进行环境信息披露，但一般都是能够得到这些资源即可。我们从他们的环境信息披露情况中也可以看到，一般性的环境信息内容较多，但环境负债等相关信息则没有被深入披露。

由此可见，企业管理层为了保持合法性和获取政府资源，会按照政府原则性要求进行环境披露，但考虑到环境信息的特殊属性与成本收益的权衡，一般具有最小化环境信息披露的倾向和迎合政府进行环境信息披露的倾向。实践中，企业管理层采取哪种环境信息披露决策取决于外部公共压力、所具备的地理条件、行业特征，以及环境信息披露所导致的经济后果。因此，本章将主要基于空间距离、同业模仿的视角阐述地理条件、行业特征对企业管理层环境信息披露决策的影响机理。

4.1.2　空间距离对环境信息披露机会主义行为的线性影响机理

在不存在同业模仿的前提下，空间距离常被企业管理层作为最小化环境信息披露的主要路径。一方面，环境信息难以验证，特别是对于环境信息披露的完整性、完备性，从监管的角度来看是存在较大的困难进行识别的；另一方面，无论是中央政府还是地方政府都因受制于有限的人力、物力及财力，可能无法有效监管到距离比较远的企业。因此，企业距离监管部门越远，所受监管效率则越低。下面我们使用具体例子及图示进行说明。

假设空间距离与环境信息披露是线性关系，那么两者是负向关系，即空间距离越远，环境信息披露越少，也就是说，两者是直线负相关关系。图 4-1 所示为在《办法》颁行背景下空间距离与环境信息披露的线性关系。《办法》颁行前，空间距离与环境信息披露呈负相关关系，即直线（$Distance_0$，0）-（0，EID_0）。直线斜率为：$k_0=-EID_0/Distance_0$。在《办法》颁行后，由于《办法》对环境信息披露具有巨大的推动作用，在不同位置的企业都会提升环境信息披露水平。即将直线（$Distance_0$，0）-（0，EID_0）向右平移到直线（$Distance_1$，0）-（0，EID_1），并且斜率保持一致，均为 $k_0=-EID_0/Distance_0=-EID_1/Distance_1$。这种夸大化的平移效应，我们称之为“《办法》效应”。这种效应实际上提升了所有企业的环境信息披露水平。但是，企业在地理位置方面会存在一定的差异，以导致“《办法》效应”有所减少，而且减少的幅度会随着与监管部门的空间距离的增大而增加。因此，最终《办法》颁行后的直线是（$Distance_1$，0）-（0，EID_1）围绕着截距点（0，EID_1）顺时针旋转之后的结果，即直线（$Distance_2$，0）-（0，EID_1）。我们可以看到，在相同 $Distance$ 的情况下，直线（$Distance_2$，0）-（0，EID_1）对应的 EID 数值均比（$Distance_1$，0）-（0，EID_1）低，这种环境信息披露的减少，我们称之为“距离效应”。直线（$Distance_2$，0）-（0，EID_1）的斜率为 $k_1=-EID_1/Distance_2$。由于 $Distance_1>Distance_2$，因此，$k_1>k_0$，直线（$Distance_2$，0）-（0，EID_1）变陡了。这也就意味着，在《办法》颁行后空间距离对环境信息披露的减少作用比之前变得更加显著，减少幅度更大。

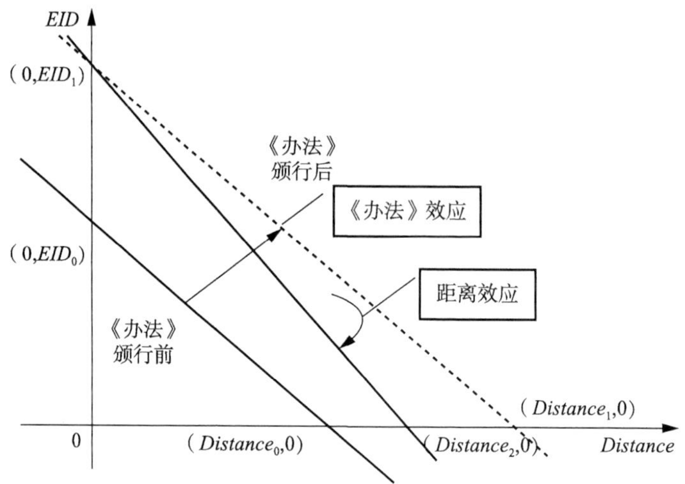

图 4-1 《办法》颁行背景下空间距离与环境信息披露的线性关系

4.1.3 空间距离对环境信息披露机会主义行为的非线性影响机理

在不存在同业模仿的情况下，空间距离与环境信息披露之间还可能存在非线性关系，最为可能存在倒“U”型关系。主要原因在于，限于监管部门的监管能力，可能存在一个有效的监管半径。对被监管的企业而言，有两种倾向来应对监管部门。一是尽量多地披露环境信息以获取更多的政府资源。也就是在这个有效的监管半径内，距离监管部门越远，企业环境信息披露数量就越多。二是减少环境信息披露以规避监管部门的监管。也就是在有效的监管半径外，距离监管部门越远，环境信息披露数量就越少。所以，随着空间距离的变化，环境信息披露经历先增加、后下降的过程，即呈现开口向下的抛物线形式（倒“U”型）。

图 4-2 所示为《办法》实施背景下空间距离与环境信息披露的非线性关系。从图中我们可以看到，在《办法》颁行前，空间距离（*Distance*）与环境信息披露水平（*EID*）是倒“U”型关系。假设拐点是$-b_0/2a_0$，在拐点左侧，空间距离与环境信息具有正向关系，即离监管部门越远，环境信息披露就越多。此时，企业管理层获取资源的意愿更大。但在拐点左侧，空间距离与环境信息披露呈负相关关系，即与监管部门距离越远，环境信息披露就越少。

此时，逃避监管的机会主义行为占据主流。《办法》颁行后，对企业环境信息披露的促进作用很大。在不考虑空间距离影响的情况下，倒“U”型曲线会在原有曲线的基础上有一个整体上移（见图 4-2 中的虚线抛物线）。这说明《办法》颁行后，所有企业的环境信息披露水平都有显著上升，即“《办法》效应”。但考虑空间距离因素之后，则情况发生了改变。一方面，在空间距离的作用下，环境信息披露的整体水平发生了减少，即空间距离对“《办法》效应”具有负向的调节作用，我们称这种抵消作用为“距离效应”；另一方面，倒“U”型曲线的拐点也发生了后移，即$-b_1/2a_1>-b_0/2a_0$。这个结果同样也说明，《办法》的颁行具有显著的效应，企业管理层如果想进行最小化倾向的机会主义环境信息披露，就必须处于更远的地方。

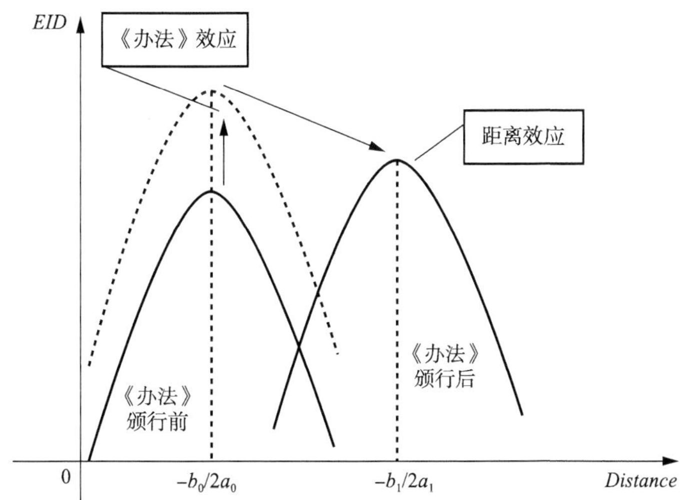

图 4-2　《办法》颁行背景下空间距离与环境信息披露的非线性关系

4.1.4　本节研究结论

根据以上分析，我们可以得到如下结论：

（1）在外部压力增加的情况下，最小化环境信息披露是企业管理层主要的机会主义披露行为。在我国现有的制度背景下，环境信息缺少强制性披露的规范，以及企业管理层在成本收益的权衡下，最小化环境信息披露是较为合理的处理方式。

（2）《办法》的颁行对环境信息披露具有显著的提升作用。无论是线性关系还是非线性关系，《办法》的颁行都具有显著的促进效应，企业环境信息披露水平会在原有的基础上显著提升。

（3）空间距离对《办法》的提升效应具有一定的负向调节作用。由于企业在空间距离上存在显著的异质性，因此，距离监管部门较远的企业可能会减少环境信息披露来应对《办法》的颁行所带来的公共压力，因此，总体表现为最终环境信息披露低于预期的“《办法》效应”后的环境信息披露水平。

4.2 同业模仿对环境信息披露机会主义行为的影响研究

从以上分析我们能够看到，空间距离常被距离监管部门较远的企业充分利用进行机会主义环境信息披露。然而，并不是所有的企业都可以这样做，特别是对于处在监管部门有效监管半径内的企业而言，进行同业模仿可能才是抵御外部公共压力的有效路径。由于企业所处行业存在很大的差异性，同业模仿也就存在正向和负向之分。下面我们通过区分正向同业模仿与负向同业模仿来分析同业模仿对环境信息披露的影响。

4.2.1 正向同业模仿效应

所谓正向同业模仿是指企业所在行业的环境信息披露增长水平与平均环境信息披露增长水平相一致或高于平均增长水平。这种同业模仿提高了整体的环境信息披露水平。

图 4-3 所示为《办法》颁行背景下正向同业模仿效应。在《办法》颁行前，同业模仿与环境信息披露具有正向关系，即模仿程度越高，环境信息披露水平就越高。《办法》颁行后，环境信息披露水平有了显著提高，即在同样的同业模仿水平下，环境信息披露水平比《办法》颁行前高（见图 4-3 中的虚线），即“《办法》效应”。如果企业处于环境信息披露增幅高于平均水平的行业，那么同业模仿就会有正向的提升效应，即正向同业模仿效应。该效应体现为将“《办法》效应”右侧的虚线以（*Imitation*，0）为轴逆时针旋转得到正向模仿后的直线。我们可以看到，正向同业模仿后的环境信息披露水平等于《办法》颁行前环境信息披露水平加上“《办法》效应”与同业模仿

效应，最终结果使环境信息水平有了大幅度的提高。

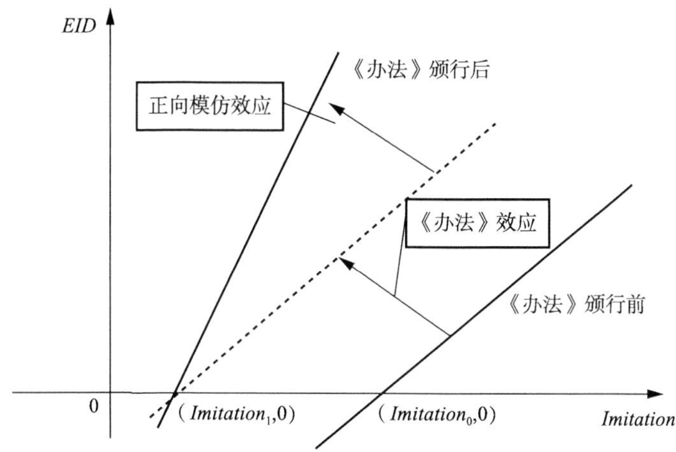

图 4-3 《办法》颁行背景下正向同业模仿效应

4.2.2 负向同业模仿效应

所谓负向同业模仿是指企业所在行业的环境信息披露增长水平低于平均增长水平。这种同业模仿最终结果是减少了整体的环境信息披露水平。

图 4-4 所示为《办法》实施背景下负向同业模仿效应。在《办法》颁行前，同业模仿与环境信息披露具有正向关系，即模仿程度越高，环境信息披露水平就越高。《办法》颁行后，环境信息披露水平有了显著提高，即在同样的同业模仿水平下，环境信息披露水平均比《办法》颁行前高（见图 4-4 中的虚线），即“《办法》效应”。如果企业处于环境信息披露增幅低于平均水平的行业，那么同业模仿就会有负向的提升效应，即负向同业模仿效应。该效应体现为将“《办法》效应”左侧的虚线以（*Imitation*，0）为轴顺时针旋转得到负向模仿后的直线。我们可以看到，负向同业模仿后的环境信息披露水平等于《办法》颁行前环境信息披露水平加上“《办法》效应”，减去负向同业模仿效应，最终结果使环境信息水平有了一定幅度的提高，但低于“《办法》效应”后的环境信息披露水平。

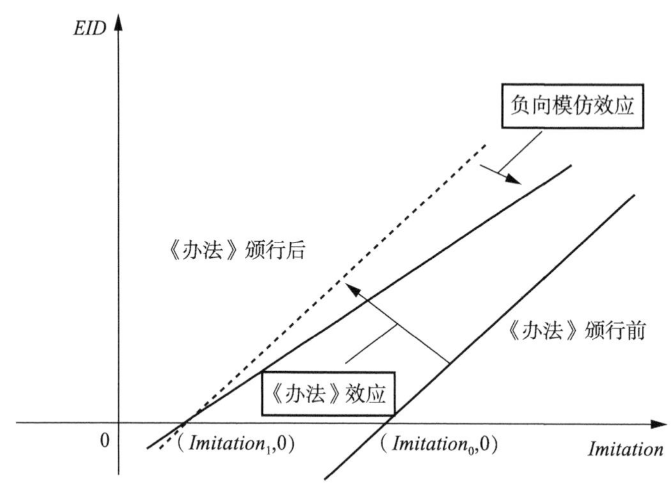

图 4-4 《办法》实施背景下负向同业模仿效应

4.2.3 本节研究结论

(1) 同业模仿一般是距离监管部门较近的企业进行环境信息机会主义披露的主要路径。并不是所有企业都可以利用空间距离进行环境信息披露机会主义行为。由于地理位置难以轻易改变，所以距离监管部门比较近的企业可能更倾向于通过同业模仿进行机会主义披露，其动机在于与行业多数企业保持一致就不会成为监管对象。

(2) 同业模仿具有正向和负向模仿两种分类，正向同业模仿能够加强“《办法》效应”，而负向同业模仿会减弱“《办法》效应”。但实践中究竟是哪种同业模仿占据上风需要经验数据进行证明。

4.3 空间距离、同业模仿共同对环境信息披露机会主义行为的影响研究

4.3.1 基本模型构建

空间距离、同业模仿是影响企业环境信息披露机会主义行为的两个重要路径。对于这两者共同作用会产生怎样的影响，我们将通过构建模型进行深

入分析。

如前文所述，企业环境信息分为软信息和硬信息两类（Clarkson et al.，2008）。假设软信息单位效用为 U_{1i}/字，硬信息单位效用为 U_{2i}/字。对于社会公众和监管部门来说，硬信息的效用要大于软信息的效用，因此 $U_{2i}>U_{1i}$。同时，环境信息披露所带来的潜在风险也需要考虑。假设软信息单位风险为 R_{1i}/字，硬信息单位风险为 R_{2i}/字，相比较而言，硬信息所带来的潜在风险明显要大于软信息，因此 $R_{2i}>R_{1i}$。假设某一个时点软信息披露字数为 M，硬信息披露字数为 N，那么企业在环境信息披露方面所获得的总效用为：

$$U=MU_{1i}+NU_{2i} \tag{4-1}$$

同时，企业所面临的潜在风险合计为：

$$R=MR_{1i}+NR_{2i} \tag{4-2}$$

模型（4-2）中 R 是潜在风险，只有在被监管部门或社会公众发现后才能转换为环境信息披露成本。这中间存在一个被发现的可能性问题，假设企业管理层环境信息披露机会主义行为被发现的概率为 p，并且被发现那部分风险的单位转换成本为 c，那么环境信息披露成本为：

$$C=Rpc=(MR_{1i}+NR_{2i})pc \tag{4-3}$$

这样环境信息披露的净收益为：

$$\begin{aligned} P &= U-C \\ &= U-Rpc=(MU_{1i}+NU_{2i})-(MR_{1i}+NR_{2i})pc \end{aligned} \tag{4-4}$$

4.3.2 企业管理层软硬信息的选择决策

由于环境信息披露的效用及所付出的成本会因为与监管部门的距离（*Distance*）、对同行业的模仿程度（*Imitation*）不一样而发生变化，因此本研究区分 $Distance=0$ 与 $Distance>0$，以及 $Imitation=0$ 与 $Imitation>0$ 四种搭配情况确定企业环境信息披露的效用及风险问题。

（1）$Distance=0$，$Imitation=0$

由于企业与监管部门的距离为 0（$Distance=0$），且不存在同业模仿的行为（$Imitation=0$），这样企业环境信息披露机会主义行为被发现的概率为 100%，即 $p=100\%$。那么企业环境信息披露成本收益之差为：

$$
\begin{aligned}
P &= U-R\times 100\%\times c \\
&= (MU_{1i}+NU_{2i})-(MR_{1i}+NR_{2i})c \\
&= M(U_{1i}-R_{1i}c)+N(U_{2i}-R_{2i}c)
\end{aligned} \tag{4-5}
$$

对于企业管理层而言，对软硬信息的选择主要取决于这两种信息的成本与收益的对比。实际上存在这两种不同信息在效用上的无差别点，即

$$
\begin{aligned}
& U_{1i}-R_{1i}c=U_{2i}-R_{2i}c \\
& \Rightarrow c^{*}=\frac{U_{2i}-U_{1i}}{R_{2i}-R_{1i}}
\end{aligned} \tag{4-6}
$$

从图 4-5 中可以看出，如果 $c>c^{*}$，软信息的效用要高于硬信息的效用，管理层会选择披露硬信息；反之，如果 $0<c<c^{*}$，管理层会选择披露更多的硬信息。因此，在 *Distance*=0，*Imitation*=0 的情况下，决定企业管理层选择披露软信息还是硬信息的主要因素在于监管者的处罚力度。但监管成本并非越大越好，当监管成本大于无差异点，企业管理层则更倾向于披露以文字描述为主的软性信息。

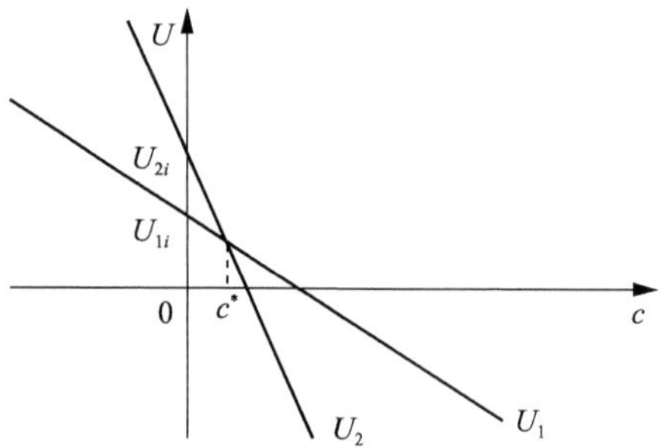

图 4-5　软硬信息净效用的无差别点

（2）*Distance*>0，*Imitation*=0

当企业与监管部门距离变大（*Distance*>0），且不存在模仿同行业披露的情况下，空间距离的增加会显著影响环境信息披露行为，其主要途径是通过影响环境信息披露风险被识别概率来影响企业管理层的决策。相比较而言，软性信息在没有模仿的情况下被识别的可能性受到空间距离的影响非常小，可以视同 $p=100\%$。由于数量化的环境信息难以验证，特别是距离越远，被查证核实的概率越小，数量化的硬信息更易受到空间距离的影响，因此，硬

信息被识别的概率 p 是空间距离 $Distance$ 的减函数，即

$$p=f\ (Distance)$$
$$f'(Distance)<0 \tag{4-7}$$

在这种状态下，企业净收益为：

$$P=M(U_{1i}-R_{1i}\times100\%\times c)+N(U_{2i}-R_{2i}f(Distance)c) \tag{4-8}$$

同样，软硬信息净效用的无差别点为：

$$U_{1i}-R_{1i}c=U_{2i}-R_{2i}f(Distance)c$$
$$\Rightarrow c^{*'}=\frac{U_{2i}-U_{1i}}{R_{2i}f(Distance)-R_{1i}} \tag{4-9}$$

从图 4-6 可以看出，如果 $c>c^{*'}$，软信息的效用要高于硬信息的效用，管理层会选择披露软信息；反之，如果 $0<c<c^{*'}$，管理层会选择披露更多的硬信息。但对比图 4-5 的结果，U_2 线围绕着 U_{2i}线沿着 f（$Distance$）的轨迹移动到 U_2'，且 $c^{*'}>c^*$。这说明空间距离的增加使无差别点增加，监管部门需要加大处罚成本才能让企业管理层披露更多的硬性信息，但需要掌握一个度，即不能超过 $c^{*'}$。

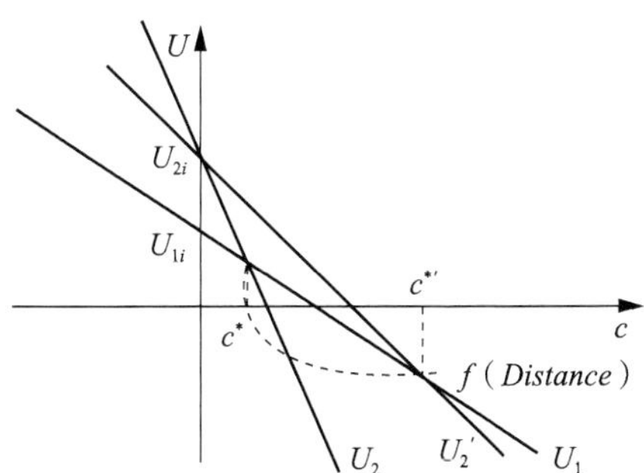

图 4-6　空间距离影响下的无差别点

（3）$Distance=0$，$Imitation>0$

对于企业管理层而言，硬信息是数量性的，难以模仿同业情况，但软信息是可以的，因此，在 $Distance=0$ 的情况下，模仿同业进行软信息披露是企业管理层常用的一种披露方式。模仿同业是按照行业同行做法进行披露，因此，能够规避掉部分由软信息披露所带来的被处罚可能性。一般说来，平均被识别的可能性是 0~100% 的均值，按照简单平均数计算，模仿同业的企业

具有 50% [(0+100%)/2] 的概率被识别处罚。其他变量则未发生变化，那么无差别点为：

$$U_{1i}-R_{1i}\times 50\%\times c=U_{2i}-R_{2i}c$$

$$\Rightarrow c^{*\prime}=\frac{U_{2i}-U_{1i}}{R_{2i}-R_{1i}\times 50\%} \tag{4-10}$$

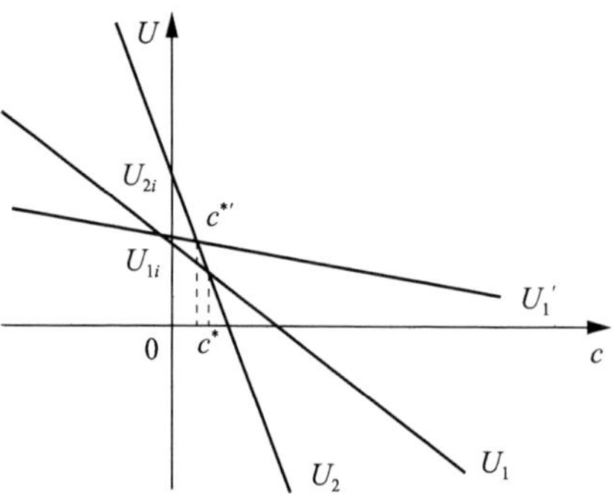

图 4-7　行业模仿作用下的无差别点

从图 4-7 中可以看出，进行行业模仿的企业无差别点左移了。这个结果表明，软信息的模仿能够减少一半的被发现概率，因此，无差别点前移了。

(4) *Distance*>0，*Imitation*>0

在 *Distance*>0 与 *Imitation*>0 的情况下，U_1 线、U_2 线都会发生变动，U_1 线围绕着 U_{1i} 线截距斜率变为原来的 50%，而 U_2 线围绕 U_{2i} 线按照 f (*Distance*) 的轨迹运行，这样就会形成一系列的 $c^{*\prime}$。

$$U_{1i}-R_{1i}\times 50\%\times c=U_{2i}-R_{2i}f(Distance)c$$

$$\Rightarrow c^{*\prime}=\frac{U_{2i}-U_{1i}}{R_{2i}f(Distance)-R_{1i}\times 50\%} \tag{4-11}$$

从图 4-8 中可以看出，无差别点经历了先增加后减少的过程，最后表现为无差别点的增加。研究结果表明，空间距离与行业模仿对无差别点具有截然相反的作用，实际应用中要视两者的力量对比而定。

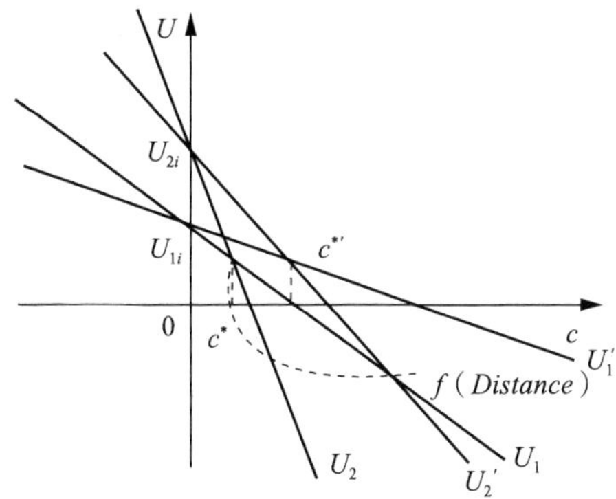

图 4-8 空间距离与行业模仿共同影响下的无差别点

4.3.3 本节研究结论

根据以上分析，我们可以得到如下研究结论：

（1）在监管部门附近，且不存在同业模仿的情况下，企业是否采用机会主义环境信息披露取决于监管成本的大小。

（2）在不存在同业模仿的情况下，距离监管部门越远，公司管理层会倾向减少硬性环境信息的披露，而对软性环境信息则不具有这样的效应。

（3）在监管部门附近，软信息披露受同业模仿的影响较为严重，而硬信息则不受到同业模仿的影响。

（4）当距离监管部门较远，并存在同业模仿的情况下，企业环境信息披露行为受到同业模仿与空间距离的双重影响，且作用的路径和方向均不一致。但具体是哪种力量占据主导地位，还需要经验数据的验证。

4.4 本章小结

本章主要分析了在《办法》的公共压力作用下，空间距离对环境信息披露的影响机理、同业模仿对环境信息披露的影响机理，以及空间距离与同业模仿共同作用对企业总体效用的影响机理。我们进而得到如下研究结论：

（1）《办法》颁行后，对企业环境信息披露具有显著的提升作用。这说明我国法律法规的颁行对企业管理层产生了非常明显的公共压力，企业环境信息披露会在原有基础上大幅度提升。

（2）空间距离对《办法》的提升效应具有一定的负向调节作用，是距离监管部门的较远企业进行机会主义环境信息披露的主要路径。企业到监管部门的距离能够在一定程度上减弱《办法》颁行所带来的环境信息披露提升作用。因此，对于能够利用空间距离进行披露的企业管理层而言，他们倾向于使用空间距离进行负向的环境信息披露。

（3）同业模仿一般是距离监管部门较近的企业进行环境信息机会主义披露的主要路径。对于不具备使用空间距离进行环境信息机会主义披露的企业而言，通过实施与同业公司相似或相近的环境信息披露策略也能够实现环境信息机会主义披露。正向同业模仿能够加强“《办法》效应”，而负向同业模仿会减弱“《办法》效应”。但实践中究竟是哪种同业模仿占据上风还需要经验数据进行证明。

（4）对于处于中间距离（距离监管部门不远也不近）的企业一般会同时存在空间距离和同业模仿两种作用路径。换句话说，企业环境信息披露行为受到同业模仿与空间距离的双重影响，且作用的路径和方向均不一致。但具体是哪种力量占据主导地位，还需要经验数据的验证。

5 环境信息披露机会主义行为的实现路径研究

5.1 公共压力、空间距离与环境信息披露机会主义行为

5.1.1 空间距离与环境信息机会主义披露的线性关系研究

5.1.1.1 研究假设提出

环境法律法规应当可以影响企业披露政策，而且环境信息是对不同利益相关者需求的一种回应（Neu et al.，1998）。企业一般会调整环境信息披露的水平与程度来应对外部公共压力的变化，如负面媒体关注（Aerts and Comier，2009）。很多企业自愿增加环境信息披露是为了保证组织的合法性。另外，年报中的环境信息披露影响企业盈利与现金流量的预期（Darrell and Schwartz，1997）。这样，环境信息披露被视为消除公共压力的自利行为（Pattern，1992）。同时，环保组织成长越来越迅速，密切关注环境事件（Longhofer and Schofer，2010）。随着时间的推移，我们发现很多企业提升了环境信息披露的数量与质量（Gamble et al.，1995）。现有研究表明，环境法律法规越严格，环境信息披露水平就越高（Jorgensen and Soderstrom，2007）。

我国在过去几十年的经济快速增长也引发了严重的环境伤害。环境问题已成为导致社会不稳定与社会公众不满的根源（Tan，2014）。日益增长的环境挑战促进我国政府采取更为严格的规制与监督措施保证环境信息的透明性。2008 年我国颁行的《环境信息公开办法（试行）》表明，中央政府已经非常重视环境问题，同时采取一系列措施来保障《办法》的有效实施。例如，在进入 IPO 审核阶段之前，企业被要求进行环境信息披露及环境业绩评价。企

业社会责任也被写入法律法规中来提升环境事项的披露（Wang and Bernell，2013）。因此，我们期望《办法》颁行后，环境信息披露质量有一个显著的提高。

然而在发展中国家，缺乏执法和遵守在环境制度有效实施中起到严重的负面作用（Jha and Whalley，2001）。环境政策的成功实施要求有效的监督和执法。多数发展中国家都制定了针对环境问题的法律法规，但是他们通常没有专业知识和基础设施来促进实施（Bell and Russell，2002）。此外，由于执法能力有限，监管机构效率低下以及欠发达的绿色组织，发展中国家的公司很少有动力遵守环境政策（Earnhart et al.，2014）。也有研究表明，在发展中国家，腐败和游说可能会对立法和环境政策的实施产生负面影响（Lopez and Mitra，2000）。此外，在大多数新兴市场，由于需要刺激经济发展，来自企业外部的合法性威胁要比其他市场低得多。新兴市场的企业倾向于将环境披露视为非必要的，而披露的数量往往较少且质量较差（Savage，1994；Romlah et al.，2002；Surmen and Kaya，2003）。在中国，企业提供了更多关于企业社会责任的披露，但质量仍然很低，有些人认为这些报告大多是象征性的（Marquis and Qian，2013）。因此，我们认为我国《办法》的颁行可能对企业环境信息披露没有显著的影响。这里，我们提出两个竞争性假说：

假设 5-1（a）：《办法》颁行后（公共压力增加），环境信息披露有显著增加。

假设 5-1（b）：《办法》颁行后（公共压力增加），环境信息披露数量没有显著变化。

虽然公共压力对企业环境信息披露会产生显著的影响，且公共压力增加会导致环境信息披露的增加，但面对公共压力的变化，企业管理层在环境信息披露上也存在主动变化和被动变化之分。Buysse 和 Verbeke（2003）研究认为，企业管理层应对外部压力一般会采取两种环境信息披露战略，分别为适应性战略和防御性战略。适应性战略是对外部利益相关者需求及政府作出回应，以便获得更多利益相关者的支持。在外部公共压力增大的情况下，企业管理层若采取适应性战略，一般会主动加大环境信息披露的水平及质量，以使企业的价值体系跟上社会价值体系的变化。因此，采用适应性战略的企业可能披露高于或等于行业平均水平的环境信息。而防御性战略是指利用表面上的回应来维持与利益相关者的良好关系，并减少信息产生不利市场反应的可能性（Dawkins and Fraas，2011）。同样受到增加的外部公共压力的影响，企业管理层若采取防御性战略，一般是被动接受外部公共压力变化的现实，也会相应地增加环境信息的披露，但增幅要比采用适应性战略的企业少，即低于行业平均增幅水平披露。然而，并不是每个企业都能采用防御性战略，需要具备一定的条件，其中空间距离是一个重要条件。

一方面，距离的增加会减弱公共压力的传导效力。《办法》的颁行对企业所形成的真正压力取决于政府的实施效率。环境信息是一种特殊的信息，其突出的特点是可验证性较差且验证成本高昂。特别是随着企业与监管部门距离的增加，验证成本将会大幅增加。作为政府的环境规制部门，受限于监测技术与能力，在未发生明显环境事件的情况下，监管部门很难核定所有企业环境信息的真实性、完整性和充分性。对于距离监管部门较远的企业，一一核实企业所披露环境信息的真实可靠性则更加困难。另外，在监管部门人员与运营经费有限的情况下，监管部门想要有效地监管到距离较远的企业环境信息披露行为则存在很大的困难。因此，对于监管部门来说，企业距离越远，对其监管的效率的降幅越大。这样，距离所导致的政府监管效率降低会使公共压力传导到企业形成真正压力的效力降低，企业管理层在环境信息披露上受到的压力同样也会减少。

另一方面，距离的增加会加大企业管理层的生态机会主义行为。生态机会主义行为是建立在人有限理性及信息不对称的基础上的，即人不可能对复杂和不确定的环境一览无余，不可能获得关于环境现在和将来变化的所有信息，也就不可能对其进行全面有效的监控。为了满足报表使用者的需要，进而影响他们的看法和期望，企业管理层容易选择生态机会主义，操纵主要环境业绩指标或从表面上减少环境决策及行动所导致的负面影响（Suchman，1995；Milne and Patten，2002）。由于环境信息可验证性困难，由距离产生的企业管理层环境信息披露机会主义行为表现得更为明显。并不是所有的企业都会严格遵守披露标准进行环境信息披露的（Li et al.，1997），企业在对披露标准上存在不同的解释，同时在数据提供上存在一定的选择性（Frost，2007）。结合我国特有的制度背景来看，由于环境信息可能引发潜在的法律或政治成本，披露得越多越详细，可能引发的法律或政治成本越高，因此，企业管理层一般都具有影响最小化披露环境信息的动机。同时，由于距离会引发信息不对称，且距离越远，信息不对称程度越高。即使在目前交通非常便利的情况下，距离产生的信息不对称仍然存在。因此，空间距离会成为企业管理层确定环境信息披露战略所依赖的条件。

可见，无论从监管部门角度还是企业管理层角度，空间距离都会显著影响公共压力对企业环境信息披露的作用效力，即距离监管部门越远，企业环境信息披露的水平及质量越低。这种影响关系在公共压力并不大的情况下，其影响程度并不显著，但当公共压力上升到一定程度时，这种影响关系体现得非常显著。我国《办法》颁行前，企业管理层受到的外部公共压力并不大，因此，无论距离远近，企业管理层可能没有动力进行生态机会主义行为，即空间距离与环境信息披露不存在显著关系。当《办法》颁行后，外部公共压力增幅较大，距离较远的企业的管理层很可能采用防御性战略，利用距离的因素来抵消增加的部分公共压力，因此，对比距离近的企业，表现为环境信息披露总量较少，披露的显著性、数量性及时间性也较弱。据此，提出假设5-2：

假设5-2：《办法》颁行后，空间距离与环境信息披露总量和质量显著负相关。

5.1.1.2 数据来源与样本分布

我们以2005—2011年在沪深两市挂牌交易的上市公司作为研究样本。由于《办法》颁行的时间是2008年，为了比较《办法》颁行前后环境信息披露的变化，我们把2005—2007年样本界定为《办法》颁行前样本，而2009—2011年样本界定为《办法》颁行后样本。样本中剔除了金融行业上市公司和财务数据缺失的样本。同时，我们对所有连续变量在1%水平上进行缩尾处理（winsorizing）。环境信息数据手工收集于企业年报和社会责任报告。空间距离数据通过百度地图手工收集得到。GDP数据和工资数据来自万得（Wind）数据库。其他财务数据均来自国泰安CSMAR数据库。最终得到5378个年度企业观测样本。表5-1所示为样本的分布情况。从中我们可以看到，随着中国资本市场的成长，年度样本数量是逐年增长的。计算机、通信和其他电子设备制造业占据观测样本最大的比例（680个观测值，占总观测值的12.64%），而废弃资源综合利用业具有的观测值最少（3 个观测值，占总观测值的 0.06%）。

表 5-1　样本分布

Panel A：年度分布

Year	2005	2006	2007	2009	2010	2011	Total
N	626	675	702	883	1126	1366	5378
Percent（%）	11.64	12.55	13.05	16.42	20.94	25.40	100

Panel B：行业分布

Industry	N	Percent（%）	Industry	N	Percent（%）
农副食品加工业	124	2.31	橡胶和塑料制品业	135	2.51
食品制造业	84	1.56	非金属矿物制品业	247	4.59
酒、饮料和精制茶制造业	184	3.42	黑色金属采选、冶炼及压延加工业	164	3.05
纺织业	180	3.35	有色金属冶炼及压延加工业	184	3.42
纺织服装、服饰业	87	1.62	金属制品业	119	2.21
皮革、毛皮、羽毛及其制品和制鞋业	15	0.28	通用设备制造业	283	5.26
木材加工及木、竹、藤、棕、草制品业	28	0.52	专用设备制造业	370	6.88
家具制造业	19	0.35	汽车制造业	285	5.30
造纸及纸制品业	83	1.54	铁路、船舶、航空航天和其他运输设备制造业	162	3.01
印刷和记录媒介复制业	22	0.41	电气机械及器材制造业	479	8.91
文教、工美、体育和娱乐用品制造业	8	0.15	计算机、通信和其他电子设备制造业	680	12.64
石油加工、炼焦及核燃料加工业	96	1.79	仪器仪表制造业	43	0.80
化学原料及化学制品制造业	611	11.36	废弃资源综合利用业	3	0.06
医药制造业	544	10.12	其他制造业	43	0.80
化学纤维制造业	96	1.79	合计	5378	100

5.1.1.3　变量定义与回归模型构建

借鉴 Wiseman（1982）和 Al-Tuwaijri 等（2004）的方法，我们使用内容

分析法构建了环境信息披露水平指数（*EID*）。企业在年报中提供了有关环境风险的定性和定量信息。参照现有研究（Wiseman 1982；Patten 1992；Neu et al. 1998），我们对不同的环境信息披露质量分配不同的分值。对于一个企业而言，如果年报提供了关于环境风险的货币性信息的赋值 3 分；如果提供的是数量性但非货币性信息，赋值 2 分；如果只是对环境风险进行一般性的文字描述，赋值 1 分。按照这样的原则，对年报中所有涉及环境信息进行逐一打分，最终汇总得到环境信息披露水平的总得分。在稳健性测试中，我们构建了环境信息披露质量指数来衡量具体的环境信息披露的显著性（*EID_sig*）、数量性（*EID_amount*）及及时性（*EID_time*）。环境信息显著性（*EID_sig*）主要借鉴 Patten（1992）的方法，将年报分为财务部分和非财务部分。仅在非财务部分披露的赋值 1 分；在财务部分披露的赋值 2 分；既在财务部分又在非财务部分披露的赋值 3 分，并按项目数量对应得分汇总。环境信息数量性（*EID_amount*）主要借鉴 Darrell 和 Schwartz（1997）的方法，只是用文字描述，赋值 1 分；数量性但非货币性信息，赋值 2 分；货币性信息，赋值 3 分，并按项目数量对应得分汇总。环境信息时间性（*EID_time*）主要借鉴 Freedman 和 Stagliano（1992）的方法，关于现在的信息，赋值 1 分；有关未来的信息，赋值 2 分；现在与过去对比的信息，赋值 3 分，并按项目数量对应得分汇总。解释变量为公共压力替代变量 *MDEI*，定义为哑变量，属于《办法》颁行后年份（2009—2011）取 1，其他年份取 0。

同时，我们还控制了如下影响因素：①最终控制人类型（*SOE*）。最终控制人是国有性质的取 1，否则取 0。现有研究表明，最终控制人为国有的上市公司会披露更多的环境信息（Laidroo，2009；Zeng et al.，2012）。②净资产收益率（*ROE*），即净利润与期末股东权益的比值。作为企业盈利能力的核心衡量指标，根据现有研究成果，盈利能力与环境信息披露的关系并不确定。Frost 和 Wilmshurst（2000）研究认为，利润较高的公司环境信息披露水平要高于利润较低的公司。同样也有研究认为盈利能力与环境信息具有负相关关系（Freedman and Jaggi，1982；Andrikopoulos and Kriklani，2013）。③经营现金净流量/总资产（*CFO*），借鉴 Clarkson 等（2011）的做法，采用年末经营现金净流量与年末总资产的比值。同 *ROE* 一样，*CFO* 对环境信息披露具有影响，但影响方向并不确定。④营业收入增长率（*Growth*），借鉴 Clarkson 等

（2011）的做法，采用当年营业收入与上年营业收入之差除以上年营业收入来表示。成长性同样会影响环境信息披露，但影响方向也不确定。⑤公司规模（*Size*），采用年末总资产的自然对数表示。多数研究认为，公司规模与环境信息披露是正相关关系（Gray et al.，2001；Clarkson et al.，2011；Andrikopoulos and Kriklani，2013）。⑥负债比率（*LEV*），采用年末总负债与年末总资产的比值表示。Clarkson 等（2011）研究认为，*LEV* 与环境信息披露具有显著正相关关系，但也有研究认为具有负相关关系（Andrikopoulos and Kriklani，2013）。⑦是否单独披露社会责任报告（*CSR*），哑变量，单独披露社会责任报告的上市公司取 1，否则取 0。

为了验证假设 5-1（a）和 5-1（b），我们构建衡量公共压力对环境信息披露影响的模型（5-1）：

$$EID=\alpha_1 MDEI+Controls+\varepsilon \tag{5-1}$$

在实际回归中，可以用环境信息披露的显著性（*EID_ sig*）、数量性（*EID_ amount*）及及时性（*EID_ time*）替换模型（5-1）中的 *EID*。

为了检验假设 5-2，我们运行模型（5-2）和模型（5-3）进行 2SLS 回归。

$$Distance=\alpha_0+\alpha_1 MDEI+\alpha_2 GDP_{-1}+\alpha_3 Wage_{-1}+\alpha_4 Market_{-1}+Controls+\varepsilon \tag{5-2}$$

$$EID=\alpha_0+\alpha_1 Distance+\alpha_2 MDEI+\alpha_3 Distance\times MDEI+Controls+\varepsilon \tag{5-3}$$

其中，模型（5-1）为第一阶段回归模型，被解释变量 *Distance* 为企业与监管部门距离远近的衡量变量。本研究借鉴 Agarwal 和 Hauswald（2010）、John 等（2011）的方法，[①] 用百度地图计算企业到监管部门的驾车距离来表示，并参照 Devereux 等（2007）的做法，采用 GDP_{-1}（滞后一期的年均 GDP）、$Wage_{-1}$（滞后一期的年均工资）及 $Market_{-1}$（滞后一期的市场化指数）[②] 作为第一阶段回归的工具变量。Devereux 等（2007）研究认为，地方

---

① 空间距离变量 *Distance* 一般采用三种方式进行衡量：①Agarwal 和 Hauswald（2010）使用雅虎地图计算企业到银行的驾车距离及时间；②John 等（2011）采用企业到主要城市的距离来衡量，并使用直接驾车距离与驾车距离加 1 的自然对数表示；③Loughran 和 Schultz（2005）将公司总部位于美国十大城市的这些公司归类为中心位置企业，采用 1 来进行衡量，其他采用 0 表示。考虑到我国的具体情况，本研究主要采用具有我国特色的百度地图来计算驾车距离。

② 依据樊纲、王小鲁等所编写的《中国市场化指数：各地区市场化相对进程（2011 年报告）》中的市场化指数得到。

上一期的 GDP 及工资水平决定了本期企业的新建选址，且 GDP 与是否选该地区正相关，与工资水平（特别是非技术人员工资水平）负相关。从空间距离的角度来看，企业倾向于选择 GDP 及工资水平低的偏远地区，也倾向于选择市场化程度较高的地区。

5.1.1.4 描述性统计

表 5-2 报告的是样本的描述性统计结果。从总体样本来看，*EID* 的均值为 3.946，最大值是 18，最小值为 0。*Distance* 的均值（中位数）是 152.3（15.2）千米，最小值为 0.8 千米，最大值为 3191.6 千米。*ROE* 一般在 7%上下，*Growth* 的均值为 23.2%，中位数为 9.9%。Panel B 和 Panel C 分别描述了《办法》颁布实施前后的变量情况。Panel D 对比了《办法》颁行前后的环境信息披露情况。《办法》颁行前 *EID* 的均值为 2.100，而《办法》颁行后 *EID* 的均值为 4.942。统计结果表明，相比较《办法》颁行前，《办法》颁行后 *EID* 有了显著的增加。*EID* 的中位数以及其他衡量方式都得到了相似的结果。

表 5-2　样本描述性统计结果

Panel A：全样本							
	均值	标准差	P25	中位数	P75	最大值	最小值
EID	3.946	3.959	0.000	3.000	6.000	18.000	0.000
EID_ sig	2.830	2.724	0.000	2.000	5.000	14.000	0.000
EID_ amount	3.675	3.666	0.000	3.000	6.000	17.000	0.000
EID_ time	2.586	2.649	0.000	2.000	4.000	14.000	0.000
Distance	1.523	4.105	0.069	0.152	0.379	31.916	0.008
MDEI	0.764	0.424	1.000	1.000	1.000	1.000	0.000
SOE	0.496	0.500	0.000	1.000	1.000	1.000	0.000
ROE	0.068	0.491	0.036	0.074	0.119	28.983	-11.167
CFO	0.049	0.109	0.006	0.043	0.088	4.042	-0.470
Growth	0.232	1.258	-0.052	0.099	0.299	60.217	-3.810
Size	21.444	1.091	20.695	21.302	22.021	26.487	18.266
LEV	0.428	0.199	0.278	0.440	0.584	0.983	0.002

续表

Panel A：全样本							
	均值	标准差	P25	中位数	P75	最大值	最小值
CSR	0. 129	0. 336	0. 000	0. 000	0. 000	1. 000	0. 000
GDP	3. 512	1. 969	1. 994	3. 009	5. 076	8. 521	0. 432
Wage	3. 328	1. 374	2. 212	3. 110	4. 036	7. 703	1. 146
Market	8. 837	2. 221	7. 260	8. 960	10. 570	12. 604	0. 065
Pollution	0. 544	0. 498	0. 000	1. 000	0. 000	1. 000	0. 000
Panel B：2005—2007 样本							
EID	2. 100	2. 638	0. 000	1. 000	3. 000	18. 000	0. 000
EID_sig	1. 649	1. 919	0. 000	1. 000	3. 000	11. 000	0. 000
EID_amount	2. 104	2. 507	0. 000	1. 000	3. 000	15. 000	0. 000
EID_time	1. 310	1. 511	0. 000	1. 000	2. 000	9. 000	0. 000
Distance	2. 053	4. 914	0. 063	0. 143	0. 451	31. 916	0. 008
MDEI	0. 652	0. 477	0. 000	1. 000	1. 000	1. 000	0. 000
SOE	0. 043	0. 754	0. 021	0. 063	0. 110	28. 983	-9. 216
ROE	0. 066	0. 146	0. 018	0. 054	0. 096	4. 042	-0. 447
CFO	0. 197	0. 926	-0. 063	0. 090	0. 299	27. 342	-3. 069
Growth	21. 258	0. 969	20. 578	21. 164	21. 836	25. 741	18. 540
Size	0. 481	0. 168	0. 366	0. 492	0. 603	0. 982	0. 035
LEV	0. 005	0. 068	0. 000	0. 000	0. 000	1. 000	0. 000
CSR	2. 073	1. 294	1. 061	1. 641	2. 396	5. 486	0. 432
GDP	2. 075	0. 770	1. 480	1. 795	2. 396	4. 119	1. 146
Wage	7. 716	1. 941	6. 110	7. 360	7. 360	10. 800	1. 550
Market	0. 579	0. 494	0. 000	1. 000	1. 000	1. 000	0. 000
Pollution	0. 099	0. 299	0. 000	0. 000	0. 000	1. 000	0. 000
Panel C：2009—2011 样本							
EID	4. 942	4. 233	1. 000	4. 000	8. 000	18. 000	0. 000
EID_sig	3. 503	2. 881	1. 000	3. 000	6. 000	14. 000	0. 000
EID_amount	4. 571	3. 914	1. 000	4. 000	7. 000	17. 000	0. 000
EID_time	3. 313	2. 874	1. 000	3. 000	5. 000	14. 000	0. 000

续表

Panel C：2009—2011 样本							
	均值	标准差	P25	中位数	P75	最大值	最小值
Distance	1. 221	3. 528	0. 072	0. 157	0. 350	23. 732	0. 008
MDEI	0. 408	0. 492	0. 000	0. 000	1. 000	1. 000	0. 000
SOE	0. 083	0. 232	0. 045	0. 078	0. 123	1. 346	-11. 167
ROE	0. 039	0. 079	-0. 005	0. 037	0. 082	0. 418	-0. 470
CFO	0. 252	1. 412	-0. 046	0. 104	0. 301	60. 217	-3. 809
Growth	21. 259	1. 141	20. 768	21. 376	22. 130	26. 487	18. 266
Size	0. 398	0. 209	0. 225	0. 399	0. 563	0. 983	0. 002
LEV	0. 200	0. 400	0. 000	0. 000	0. 000	1. 000	0. 000
CSR	4. 332	1. 812	3. 064	4. 384	5. 284	8. 521	1. 097
GDP	3. 918	1. 164	3. 065	3. 713	4. 515	7. 703	1. 258
Wage	9. 475	2. 114	7. 880	9. 446	11. 110	12. 604	0. 065
Market	0. 523	0. 500	0. 000	1. 000	1. 000	1. 000	0. 000
Pollution	0. 262	0. 440	0. 000	0. 000	1. 000	1. 000	0. 000

Panel D：Panel C-Panel B				
	均值差异	*t* 值	中位数差异	*Z* 值
EID	2. 842	25. 71***	3. 000	23. 87***
EID_sig	1. 854	25. 23***	2. 000	23. 62***
EID_amount	2. 467	24. 89***	3. 000	23. 25***
EID_time	2. 003	28. 44***	2. 000	25. 79***

注：***、**、*分别表示在1%、5%、10%的水平上显著。

5.1.1.5 主要回归结果

表5-3报告的是公共压力与环境信息披露的回归结果。我们运行模型(5-1)，研究结果表明，《办法》颁行后，公共压力增加，环境信息披露水平及质量都得到了有效的提升，验证了研究假设5-1（a）。

表5-3 公共压力与环境信息披露的回归结果

Dep.	*EID* (1)	*EID_sig* (2)	*EID_amount* (3)	*EID_ time* (4)
MDEI	2. 140*** (19. 05)	1. 311*** (20. 17)	1. 883*** (21. 31)	1. 370*** (21. 01)
SOE	0. 470*** (3. 19)	0. 329*** (3. 58)	0. 423*** (3. 25)	0. 275*** (3. 26)

续表

Dep.	*EID* (1)	*EID_sig* (2)	*EID_amount* (3)	*EID_ time* (4)
ROE	-0. 011 (-0. 13)	0. 002 (0. 03)	-0. 019 (-0. 22)	-0. 015 (-0. 33)
CFO	-0. 059 (-0. 12)	0. 013 (0. 03)	0. 126 (1. 24)	0. 314 (0. 87)
Growth	-0. 063*** (-2. 58)	-0. 043*** (-3. 36)	-0. 056** (-2. 52)	-0. 038*** (-3. 64)
Size	0. 418*** (5. 53)	0. 257*** (5. 15)	0. 393*** (5. 82)	0. 258*** (5. 54)
LEV	1. 400*** (3. 73)	0. 960*** (3. 71)	1. 313*** (3. 99)	0. 990*** (4. 44)
CSR	3. 678*** (17. 71)	2. 315*** (16. 42)	3. 016*** (15. 19)	2. 267*** (15. 07)
Constant	-4. 814*** (-4. 05)	-1. 111 (-1. 35)	-4. 432** (-2. 91)	-2. 881*** (-3. 49)
Year Fixed Effect	YES	YES	YES	YES
Industry Fixed Effect	YES	YES	YES	YES
Adj. R^2	0. 411	0. 380	0. 392	0. 422
N	5378	5378	5378	5378

注：***、**、*分别表示在1%、5%、10%的水平上显著。

为了验证研究假设5-2，我们运行模型（5-2）和模型（5-3），结果见表5-4。

表5-4　公共压力、空间距离与环境信息披露的回归结果

Dep.	第一阶段		第二阶段		
	Distance (1)	*EID* (2)	*EID_ sig* (3)	*EID_ amount* (4)	*EID_ time* (5)
Distance		0. 005 (0. 26)	0. 004 (0. 04)	0. 002 (0. 10)	-0. 001 (-0. 11)
MDEI		2. 386*** (18. 78)	1. 560*** (20. 30)	2. 161*** (20. 89)	1. 761*** (23. 17)
Distance×MDEI		-0. 028* (-1. 92)	-0. 018* (-1. 85)	-0. 023* (-1. 88)	-0. 021** (-2. 84)

续表

Dep.	第一阶段		第二阶段		
	Distance (1)	*EID* (2)	*EID_ sig* (3)	*EID_ amount* (4)	*EID_ time* (5)
GDP_{-1}	-0.162** (-2.13)				
$Wage_{-1}$	-0.238*** (-3.91)				
$Market_{-1}$	9.501*** (3.01)				
SOE	2.635*** (22.16)	0.511*** (3.10)	0.363*** (3.62)	0.463*** (3.16)	0.318*** (3.61)
ROE	0.109 (0.57)	0.011 (0.13)	0.002 (0.03)	0.019 (0.22)	-0.015 (-0.32)
CFO	-0.896* (-1.84)	-0.057 (-0.11)	0.014 (0.04)	0.127 (0.25)	0.314 (0.87)
Growth	0.069 (1.65)	-0.062** (-2.52)	-0.042*** (-3.25)	-0.055** (-2.45)	-0.038*** (-3.62)
Size	0.159 (1.21)	0.418*** (5.51)	0.257*** (5.13)	0.394*** (5.81)	0.258*** (5.51)
LEV	-1.385*** (-4.55)	1.394*** (3.67)	0.953*** (3.62)	1.305*** (3.91)	0.980*** (4.34)
CSR	0.283*** (3.56)	3.686*** (17.73)	2.321*** (16.42)	3.024*** (15.28)	2.274*** (15.12)
Constant	-14.379 (-0.14)	-5.188*** (-3.28)	-1.420* (-1.71)	-4.736*** (-3.06)	-3.296*** (-3.95)
Year Fixed Effect	YES	YES	YES	YES	YES
Industry Fixed Effect	YES	YES	YES	YES	YES
Test: *MDEI*+*Distance*×*MDEI*=0		2.358*** (420.69)	1.542*** (484.83)	2.138*** (523.50)	1.740*** (584.98)
Adj. R^2	0.114	0.411	0.380	0.392	0.423
N	5378	5378	5378	5378	5378

注：***、**、*分别表示在1%、5%、10%水平上显著。

表 5-4 报告的是公共压力、空间距离与环境信息披露的回归结果。第一阶段回归采用人均 GDP、人均年度工资及地区市场化指数作为工具变量，确定了企业选址的影响因素。将第一阶段的 *Distance* 的残值连同控制变量放入第二阶段回归模型。研究结果表明，空间距离对公共压力具有显著的负向调节作用，*Distance*×*MDEI* 的回归系数分别为-0.028（t=-1.92）、-0.018（t=-1.85）、-0.023（t=-1.88）和-0.021（t=-2.84）。这说明，尽管公共压力对企业环境信息披露水平及质量都具有显著的促进作用，但企业管理层会充分利用空间距离的优势，降低环境信息披露水平及质量。研究结果验证了假设 5-2，也充分说明了企业管理层在空间距离允许的情况下会进行一定的机会主义披露来应对外部增强的公共压力。

5.1.1.6　分组回归结果

在分组回归中，我们主要考察企业管理层在怎样的条件下会充分利用空间距离进行环境信息机会主义披露。分组标准按照宏观、中观及企业特征进行分组，分别包括市场化指数、人均 GDP、行业、审计质量及股权集中度。表 5-5 报告的是分组回归结果。Panel A 报告的是按照市场化指数的中位数进行分类的回归结果。在低市场化指数地区的企业更倾向于利用空间距离进行环境信息机会主义披露，而且在《办法》颁行后总体表现为环境信息披露总量及质量显著减少。Panel B 报告的是按照人均 GDP 的中位数进行分组的回归结果。研究发现，在人均 GDP 较低地区的企业更倾向于使用空间距离进行环境信息机会主义披露，且总体表现为环境信息披露总量及质量的显著下降。Panel C 报告的是区分重污染与非重污染进行分组的回归结果。研究结果显示，处于重污染行业的企业更倾向于利用空间距离进行负向的环境信息披露来应对日益增加的公共压力。Panel D 和 Panel E 从企业内外部监督的角度，基于是否四大审计和股权集中度进行分组回归。结果表明，受到四大审计的企业在环境信息机会主义披露方面得到了有效约束，同时股权集中度较高的企业在环境信息机会主义披露方面也得到了显著的约束。

表 5-5 分组回归结果

Panel A：市场化水平

Dep.	*EID*		*EID_ sig*		*EID_ amount*		*EID_ time*	
	高市场化指数	低市场化指数	高市场化指数	低市场化指数	高市场化指数	低市场化指数	高市场化指数	低市场化指数
Distance	0. 022 (0. 760)	−0. 009 (−0. 490)	0. 013 (0. 600)	−0. 005 (−0. 370)	0. 023 (0. 850)	−0. 009 (−0. 050)	0. 008 (0. 670)	0. 001 (0. 080)
MDEI	1. 788 * * * (9. 060)	2. 110 * * * (14. 880)	1. 304 * * * (9. 250)	1. 430 * * * (14. 190)	1. 736 * * * (9. 350)	1. 926 * * * (14. 400)	1. 403 * * * (13. 820)	1. 542 * * * (16. 900)
Distance×*MDEI*	−0. 046 (−1. 330)	−0. 051 * (−1. 880)	−0. 031 (−1. 240)	−0. 032 * (−1. 870)	−0. 051 (−1. 580)	−0. 037 * (−1. 900)	−0. 014 (−0. 870)	−0. 039 * * (−2. 170)
Test：*Distance*+*Distance*×*MDEI*	−0. 024 (1. 820)	−0. 060 * * * (9. 360)	−0. 018 (2. 140)	−0. 037 * * (6. 020)	−0. 028 * (3. 060)	−0. 046 * * (5. 140)	−0. 006 * (3. 520)	−0. 038 * * * (7. 370)
Difference test (*Distance*×*MDEI*)	5. 23 * *		4. 01 * *		4. 27 * *		4. 15 * *	

Panel B：人均 GDP

Dep.	*EID*		*EID_ sig*		*EID_ amount*		*EID_ time*	
	高 GDP	低 GDP	高 GDP	低 GDP	高 GDP	低 GDP	高 GDP	低 GDP
Distance	−0. 030 (−0. 700)	−0. 008 (−0. 530)	−0. 019 (−0. 580)	−0. 008 (−0. 790)	−0. 035 (−0. 820)	−0. 008 (−0. 520)	−0. 027 (−0. 960)	−0. 001 (−0. 140)
MDEI	1. 912 * * * (9. 080)	1. 906 * * * (14. 160)	1. 382 * * * (8. 860)	1. 288 * * * (13. 460)	1. 837 * * * (9. 170)	1. 746 * * * (13. 720)	1. 382 * * * (9. 060)	1. 360 * * * (15. 820)
Distance×*MDEI*	0. 001 (0. 030)	−0. 046 * * (−2. 000)	0. 002 (0. 050)	−0. 028 * (−1. 750)	0. 006 (0. 130)	−0. 037 * (−1. 860)	0. 003 (0. 080)	−0. 032 * * (−2. 190)
Test：*Distance*+*Distance*×*MDEI*	−0. 029 (1. 930)	−0. 054 * * * (8. 130)	−0. 017 (1. 430)	−0. 036 * * * (7. 470)	−0. 029 (2. 390)	−0. 045 * * (5. 990)	−0. 024 * (2. 780)	−0. 031 * * * (7. 620)
Difference test (*Distance*×*MDEI*)	3. 08 * *		3. 57 * *		3. 84 * *		3. 59 * *	

Panel C：重污染行业

Dep.	EID		EID_ sig		EID_ amount		EID_ time	
	高污染	低污染	高污染	低污染	高污染	低污染	高污染	低污染
Distance	-0.062** (-2.630)	0.186 (1.010)	-0.052** (-2.280)	0.027 (0.160)	-0.077*** (-3.150)	0.200 (1.160)	-0.044*** (-3.210)	0.015 (0.090)
MDEI	2.546*** (3.080)	1.340*** (3.190)	1.905*** (15.260)	0.878** (2.930)	2.519*** (3.120)	1.15** (2.780)	2.391*** (3.640)	0.773** (2.300)
Distance×*MDEI*	-0.907*** (-2.920)	-0.251*** (-3.370)	-0.382** (-2.470)	-0.199*** (-3.840)	-0.508* (-1.830)	-0.183* (-1.960)	-0.442** (-2.300)	-0.146** (-2.340)
Test：*Distance*+*Distance*×*MDEI*	-0.969** (6.110)	-0.065* (2.630)	-0.434** (7.290)	-0.172** (4.520)	-0.585* (4.350)	0.017* (2.640)	-0.486*** (19.190)	-0.131*** (9.860)
Difference test (*Distance*×*MDEI*)	3.25*		3.35*		3.46*		8.87***	

Panel D：审计质量

Dep.	EID		EID_ sig		EID_ amount		EID_ time	
	四大审计	非四大审计	四大审计	非四大审计	四大审计	非四大审计	四大审计	非四大审计
Distance	-0.025 (-0.570)	0.007 (0.490)	-0.006 (-0.170)	0.004 (0.340)	-0.027 (-0.650)	0.009 (0.600)	0.006 (0.170)	0.006 (0.670)
MDEI	1.374** (2.400)	1.944*** (18.240)	1.044*** (2.710)	1.361*** (17.650)	1.316*** (2.610)	1.823*** (18.030)	1.138*** (3.430)	1.469*** (21.160)
Distance×*MDEI*	0.071 (1.190)	-0.059*** (-2.930)	0.044 (1.110)	-0.039*** (-2.770)	0.081 (1.530)	-0.056*** (-2.860)	0.003 (0.090)	-0.043*** (-3.270)
Test：*Distance*+*Distance*×*MDEI*	0.046 (0.900)	-0.052*** (12.460)	0.038 (2.050)	-0.035*** (11.800)	0.054 (1.790)	-0.047*** (11.300)	0.009 (0.110)	-0.037*** (13.300)
Difference test (*Distance*×*MDEI*)	6.61***		5.93**		8.73***		2.96*	

Panel E：股权集中度								
Dep.	*EID*		*EID_ sig*		*EID_ amount*		*EID_ time*	
	股权集中度高	股权集中度低	股权集中度高	股权集中度低	股权集中度高	股权集中度低	股权集中度高	股权集中度低
Distance	0. 003 (−0. 190)	−0. 012 (−0. 690)	0. 003 (0. 220)	−0. 012 (−0. 690)	0. 002 (0. 150)	−0. 007 (−0. 240)	0. 008 (0. 670)	−0. 012 (−0. 760)
MDEI	1. 905*** (12. 490)	1. 455*** (13. 860)	1. 307*** (2. 420)	1. 455*** (13. 860)	1. 755*** (12. 090)	1. 928*** (14. 080)	1. 403*** (13. 820)	1. 534*** (16. 520)
Distance×*MDEI*	−0. 008 (−0. 360)	−0. 063*** (−2. 800)	−0. 005 (−0. 280)	−0. 063*** (−2. 800)	−0. 001 (−0. 020)	−0. 101*** (−3. 040)	−0. 014 (−0. 870)	−0. 067*** (−3. 350)
Test：*Distance*+*Distance*×*MDEI*	−0. 005 (0. 080)	−0. 074*** (27. 750)	−0. 002 (0. 020)	−0. 075*** (27. 420)	0. 001 (0. 010)	−0. 108*** (33. 140)	−0. 006 (0. 260)	−0. 079*** (33. 120)
Difference test (*Distance*×*MDEI*)	5. 15**		4. 34**		6. 27**		4. 35**	

注：***、**、*分别表示在1%、5%、10%水平上显著。

5. 1. 1. 7　稳健性测试

为了验证上述结果的稳健性，这里我们主要进行两个稳健性测试：一是以《办法》颁行后的2009—2014年作为样本研究区间，验证空间距离与环境信息披露之间的关系；二是采用企业运营地点发生变化的样本作为研究样本，分析变动的空间距离与变动的环境信息披露之间的关系。

我们以2008年作为《办法》颁行的参照年份，选择2009—2014年的样本作为研究样本。按照上述研究结论，空间距离与环境信息披露水平及质量有显著的负向关系。因此，我们从2009—2011年的样本扩展到2009—2014年的样本来验证这个结论的正确性。

表5-6报告的是《办法》颁行后空间距离与环境信息披露回归结果。回归结果表明，企业距离监管部门越远，其环境信息披露总量越少，且环境信息显著性、数量性下降得越显著，披露的及时性越差。该研究结果验证了我们所做研究假设5-2的稳健性。

表 5-6 《办法》颁行后空间距离与环境信息披露回归结果

Dep.	*EID*	*EID_ sig*	*EID_ amount*	*EID_ time*
Distance	-0. 157**	-0. 101**	-0. 116*	-0. 129**
	(-2. 32)	(-2. 04)	(-1. 86)	(-2. 56)
Size	0. 762***	0. 530***	0. 666***	0. 520***
	(16. 94)	(16. 20)	(16. 00)	(15. 53)
Pollution	2. 261***	1. 582***	2. 120***	1. 474***
	(25. 90)	(24. 90)	(26. 27)	(22. 67)
LEV	1. 882***	1. 239***	1. 754***	1. 136***
	(7. 66)	(6. 93)	(7. 72)	(6. 21)
SOE	1. 029***	0. 582***	0. 990***	0. 628***
	(10. 41)	(8. 08)	(10. 83)	(8. 52)
Growth	-0. 010	-0. 008	-0. 009	-0. 005
	(-0. 79)	(-0. 96)	(-0. 86)	(-0. 54)
CFO	0. 946*	0. 796*	0. 991*	0. 794*
	(1. 67)	(1. 93)	(1. 89)	(1. 88)
Herfindahl_5	-0. 164	-0. 325	-0. 321	-0. 167
	(-0. 44)	(-1. 20)	(-0. 93)	(-0. 60)
Constant	-14. 443***	-9. 728***	-12. 541***	-9. 702***
	(-15. 73)	(-14. 56)	(-14. 77)	(-14. 19)
Year Fixed Effect	YES	YES	YES	YES
Industry Fixed Effect	YES	YES	YES	YES
Adj. R^2	0. 205	0. 181	0. 203	0. 165
F	239. 13	205. 39	236. 09	183. 18
N	7401	7401	7401	7401

注：***、**、*分别表示在 1%、5%、10%水平上显著。

企业与监管部门的空间距离一般情况下不会轻易发生改变，因此，以上研究结论基本上建立在企业管理层事先了解与监管部门之间空间距离的基础上。但实际研究样本中有企业运营地发生变更的样本，这就给我们提供了良好的研究机会。使用这些样本可以验证企业管理层是否会在空间距离发生变化的情况下，对环境信息披露决策进行一定的调整。我们将企业运营地发生变更的样本分为两类：一类是在《办法》颁行前后 1 年的运营地发生变更样本，共计 34 家公司；另一类是在《办法》颁行后 6 年内运营地发生变更的样本，共计 25 家公司。我们使用这两类样本分析空间距离变化量（$\Delta Distance$）与环境信息披露变化量（ΔEID）之间的关系，预期两者是负向显著的关系。

表 5-7 报告的是基于企业运营地发生变更样本的空间距离变化量（$\Delta Distance$）与环境信息披露变化量（ΔEID）回归结果。研究结果表明，《办法》颁行前后 1 年运营地发生变更的企业，与监管部门的距离增加越多，环境信息披露减少得就越多；同样的情况发生在《办法》颁行后 6 年的样本中，但 $\Delta Distance$ 的回归系数显著性均变小，说明《办法》颁行后，随着时间的推移，企业管理层对环境信息负向机会主义披露动机开始变小。

表 5-7　基于运营地发生变化样本的回归结果

Dep. ΔEID	《办法》颁行前后 1 年变化	《办法》颁行后 6 年变化
$\Delta Distance$	-0.276* (-1.92)	-0.063* (-1.88)
Size	1.018 (1.15)	-0.161 (-0.18)
Pollution	4.015*** (3.13)	0.506 (0.21)
LEV	5.346 (0.94)	-5.858 (-1.14)
SOE	1.235 (1.01)	0.377 (0.21)
Growth	0.495 (0.91)	-8.476 (-1.20)
CFO	-4.191 (-1.55)	-4.943 (-0.36)
Herfindahl_5	-1.065 (-1.45)	-17.252** (-2.55)
Constant	-1.221 (-0.47)	6.399 (0.36)
Year Fixed Effect	YES	YES
Industry Fixed Effect	YES	YES
Adj. R^2	0.430	0.464
F	23.47	10.43
N	34	25

注：***、**、* 分别表示在 1%、5%、10%水平上显著。

5.1.1.8 研究结论

这里我们采用《办法》的颁行作为外部公共压力增加的参照背景，研究了企业管理层为了应对外部公共压力而采取的措施。具体研究结论如下：

（1）随着公共压力增加，企业管理层会提高环境信息披露的水平及质量。《办法》颁行后，企业管理层所面临的环境信息披露压力骤然增加，多数企业会选择披露更多、更高质量的环境信息来应对外部公共压力。该研究结论也说明，在中国这个典型的转型经济国家，环境政策颁行的作用是非常明显、有效的。

（2）在外部公共压力增加的情况下，企业管理层会充分利用空间距离进行环境信息机会主义披露。实证研究结果表明，与监管部门距离越远，企业披露环境信息越少，且环境信息质量越差。我们使用《办法》颁行后的样本以及企业运营地发生变更的样本证实了这个研究结论的稳健性。

（3）企业管理层利用空间距离进行环境信息机会主义披露一般在经济落后地区、市场化程度较低地区、重污染行业以及企业内外部监督力量较为薄弱的企业中表现得更为明显。

5.1.2 空间距离与环境信息机会主义披露的非线性关系研究

空间距离与环境信息机会主义披露除了是线性关系之外，还可能存在非线性关系，因此，这里我们主要基于公共压力对空间距离与环境信息机会主义披露两者关系的影响进行研究。

5.1.2.1 验证原理

假设在《办法》颁行前后，空间距离（*Distance*）与环境信息披露（*EID*）是倒“U”型的关系。即在一定范围内，随着 *Distance* 的增加，*EID* 经历了先上升后下降的过程，这里存在一个临界点，过了这个点之后 *EID* 就会下降。这个临界点一般指的是监管部门的有效监管半径。一般说来，限于人力、物力及财力，监管部门能够对有效监管半径内企业进行有效监管，但超出这个有效监管半径，监管效力就会下降。然而，这个监管半径不是固定不变的，如果外部公共压力增加，如《办法》的颁行，监管部门就会加大环境监管力度，这样有效监管半径就会增加。

图5-1所示为公共压力作用下拐点的变化。图中横轴代表空间距离（*Distance*），纵轴代表环境信息披露总量（*EID*）。《办法》颁行前，抛物线的拐点，即有效监管半径为$Distance_0$；《办法》颁行后，抛物线的拐点，即有效监管半径为$Distance_1$。如果$Distance_1>Distance_0$，则表明《办法》的颁行具有显著的规制效力。也就是说，企业管理层原来可以在一个较近的距离进行机会主义披露，但《办法》颁行后就需要在一个更远的距离才可以这样做。因此，这里我们通过对《办法》颁行前后空间距离与环境信息披露的回归模型构建，对比《办法》颁行前后的拐点变化，验证《办法》颁行的政策效力。

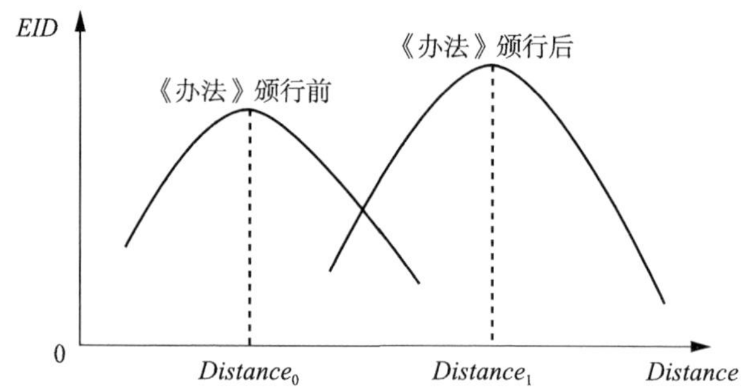

图5-1 公共压力作用下拐点的变化

5.1.2.2 非线性模型的构建

参照John等（2011）的做法，空间距离采用企业运营地到监管部门的最短驾车距离加1并取自然对数来表示。同时，考虑到交通可达性、人口密度对地方政府监管成本的影响，我们选用市场化程度、交通可达性及人口密度三个变量共同作为工具变量，对不同区域的空间距离进行调整，从而使得空间距离在不同地域之间具有可比性。其中，市场化程度（*Market*）依据王小鲁等（2017）研究得出的市场化指数填列；交通可达性（*Transport*）为所在地区年末实有道路面积与地区总面积的比值；人口密度（*Population*）为所在地区年末总人口与地区总面积比值的自然对数。因此，首先构建模型（5-4）：

$$Distance=\beta_1 Market+\beta_2 Transport+\beta_3 Population+Controls+\varepsilon \tag{5-4}$$

根据模型（5-4）的回归结果，取回归结果的残值，即用市场化指数、交通可达性和人口密度调整后的空间距离（*Distance*）作为二次模型的自变量。这样，为了验证空间距离与环境信息披露之间的非线性关系，我们构建了模型（5-5）：

$$EID=\beta_0+\beta_1 Distance^2+\beta_2 Distance+Controls+\varepsilon \tag{5-5}$$

5.1.2.3 回归结果

表 5-8 二次曲线回归结果

变量	第一阶段 被解释变量：*Distance*	第二阶段 被解释变量：*EID*
Market	0.051*** (3.76)	
Transport	-1.851 (-1.35)	
Population	0.045 (1.59)	
Distance		0.132** (2.09)
$Distance^2$		-0.073*** (-2.63)
Pollution	1.356** (2.05)	1.656*** (10.32)
SOE	0.156*** (2.95)	0.721** (3.12)
ROE	0.386 (1.42)	0.124 (1.09)
CFO	-0.875* (-1.91)	0.015 (0.96)
Growth	0.037 (1.22)	-0.039*** (-3.67)
Size	0.176 (0.96)	0.454*** (3.64)
LEV	-1.277*** (-3.22)	0.965*** (4.01)
CSR	0.274** (2.03)	2.256*** (3.12)
Year Fixed Effect	YES	YES
Industry Fixed Effect	YES	YES
Adj. R^2	0.129	0.264
F	36.46	110.54

注：***、**、* 分别表示在 1%、5%、10%水平上显著。

表 5-8 所示为空间距离（*Distance*）与环境信息披露（*EID*）之间的二次关系回归结果。研究结果表明，空间距离（*Distance*）与环境信息披露（*EID*）之间呈倒“U”型关系。

Rosenfeld（1997）认为印象管理包括获得性印象管理和保护性印象管理两种形式。竭力争取他人的积极评价是获得性印象管理，为防止他人产生消极评价而采取防御性措施是保护性印象管理。基于获得性印象管理理论，在一定范围内，企业距离监管部门越远，通过披露环境信息来争取更多资源的动机越强。在此前提下，空间距离与企业环境信息披露呈正相关。然而，由于监管部门监管能力有限，当空间距离超过监管范围的临界点后，来自政府的公共压力明显降低。此时，考虑到信息披露可能带来的风险成本，企业更倾向于采取保护性印象管理的方式减少信息披露。因此，在临界点右侧，空间距离与环境信息披露呈负相关。空间距离与环境信息披露关系的逻辑框架如图 5-2 所示。

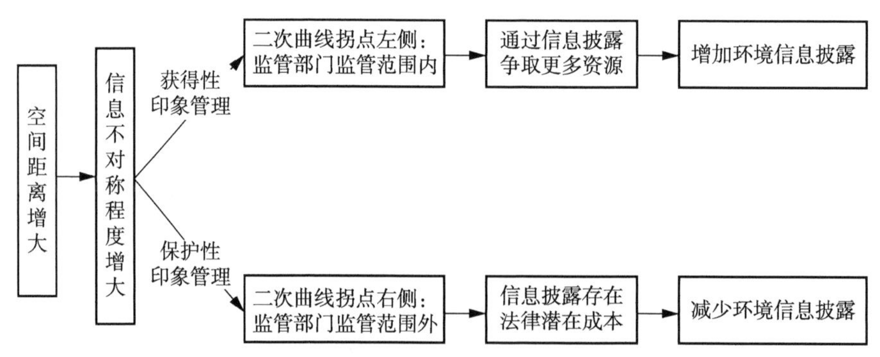

图 5-2　空间距离与环境信息披露关系的逻辑框架

除了验证空间距离（*Distance*）与环境信息披露（*EID*）之间呈倒“U”型关系之外，更为重要的是，我们希望验证在《办法》颁行后这个倒“U”型拐点是不是后移了。因此，我们区分《办法》颁行前后，分别进行回归，并分别计算拐点（见表 5-9）。

表 5-9 《办法》颁行前后回归结果驻点对比

Dep. *EID*	《办法》颁行前	《办法》颁行后
Distance	0. 039 (0. 54)	0. 154** (2. 33)
Distance^2	-0. 109* (-1. 72)	-0. 085** (-2. 40)
Controls	YES	YES
Year Fixed Effect	YES	YES
Industry Fixed Effect	YES	YES
Adj. R^2	0. 038	0. 287
F	7. 23	121. 43
N	1791	3217
驻点（km）	18. 35	37. 81

注：***、**、*分别表示在1%、5%、10%水平上显著。

表5-9中全样本、《办法》颁行前及《办法》颁行后三组样本的驻点分别为各自倒“U”型曲线的拐点，根据空间距离（*Distance*）的一次项、二次项系数及全样本第一阶段回归得到的 *Distance* 残差计算得出。在《办法》颁行之后，空间距离与企业环境信息披露倒“U”型曲线的驻点由18. 35千米后移至37. 81千米，表明企业管理层在公共压力突然增加的情况下进行环境信息披露机会主义行为所需的空间距离显著增加。

5. 1. 2. 4 稳健性检验

《办法》对重污染行业企业的环境信息披露明显进行了严格要求，因此这些企业的管理层的拐点效应会更加明显。为此，我们将《办法》颁行后的重污染行业与非重污染行业样本分别进行回归（见表5-10）。

表 5-10 重污染行业与非重污染行业样本回归结果对比

Dep. *EID*	重污染行业	非重污染行业
Distance	0. 252*** (2. 64)	0. 065 (0. 75)
Distance^2	-0. 139** (-2. 05)	-0. 046 (-1. 14)
Controls	YES	YES
Year Fixed Effect	YES	YES

续表

Dep. *EID*	重污染行业	非重污染行业
Industry Fixed Effect	YES	YES
Adj. R^2	0.253	0.181
F	61.56	25.36

注：***、**、*分别表示在1%、5%、10%水平上显著。

表5-10报告了《办法》颁行后重污染行业与非重污染行业样本的回归结果。研究结果表明，重污染行业样本具有显著的倒“U”型关系，而非重污染行业则不具有这样的显著非线性关系。这说明《办法》的颁行具有显著的约束作用，同时，重污染行业的企业管理层更加有动力使用空间距离作为环境机会主义披露的工具或路径。

5.1.3 本节研究结论

本节以《办法》的颁行作为外部公共压力变化的参照，研究了空间距离与环境信息披露之间的线性与非线性关系。具体研究结论如下：

（1）《办法》颁行后，企业环境信息披露水平及质量有了显著的提高。在我国这样的经济转型国家，作为外部公共压力的典型代表，政府环境政策及措施具有显著的效力，特别表现在环境信息披露方面，这与国外现有研究结论是一致的。

（2）面对外部加剧的公共压力，企业管理层会利用空间距离进行负向环境信息披露来缓解外部公共压力。从线性的角度来看，企业距离监管部门越远，越倾向于进行负向的机会主义环境信息披露。从非线性的角度来看，企业管理层在一定范围内会选择多披露环境信息，但超出一定范围后会进行负向的环境信息披露。限于监管部门的资源，存在着一个有效的监管范围，在这个范围内，空间距离与环境信息披露具有显著正相关关系。但超出这个范围，空间距离与环境信息披露具有显著的负相关关系。《办法》颁行后，地方生态环境监管部门的压力增加，有效监管范围也增加了，突出表现为拐点后移了。

5.2 公共压力、同业模仿与环境信息披露机会主义行为

5.2.1 研究假设

现有研究表明，同业公司在企业的财务决策中起到重要作用。Graham 和 Harvey（2001）研究认为，企业财务总监在融资决策时会参照同业公司的决策。Leary 和 Roberts（2014）认为，在很大程度上，公司的融资决策是对同业公司融资决策的回应。同时，他们量化了同业效应产生的外部性，即外部同业公司的影响因素变化对企业资本结构的影响达到了 70%以上。战略管理会计文献显示，多数公司会使用同行公司的财务信息进行战略决策（Moon and Bates，1993）。Guilding（1999）采用问卷调查研究并发现公司将同行公司的销售、利润和市场份额纳入其决策影响因素中。同行效应充分体现在个人与家庭的财务决策及行为中（Kaustia and Knüpfer，2012；Bursztyn et al.，2014；Georgarakos et al.，2014；Bailey et al.，2018）。Grennan（2019）研究发现，股利政策具有同行效应。为了应对同行企业的变化，企业股利发放时间大约变动 1.5 个季度和增加 16%的股利支付水平。Chen 等（2019）考察了同行公司对美国制造企业现金持有量的影响。研究结果表明，企业的平均现金持有量受到同行的显著影响，并且有更高研发支出的公司更倾向于模仿其竞争对手的现金持有量。Bird 等（2018）研究发现，同行公司通过改变同一方向的 GAAP（Generally Accepted Accounting Principle，一般公认会计准则）税率来应对税收变化冲击。

在社会责任方面，Cao 等（2019）研究发现了某个企业社会责任提案及其通过实施之后，同行公司会采用类似的企业社会责任实践。Aerts 等（2006）以加拿大、法国和德国的共 1058 家大型上市公司 6 年的年报和环境报告中披露的环境信息为研究对象，借助回归分析确定影响企业环境信息披露相似度的因素。研究结果表明，同行业中其他企业的相似度水平和企业上一年度与同行业企业的相似度水平会显著影响企业当期的相似度水平，并认为模仿行为在企业环境信息披露中起着重要作用，符合模仿性同形的制度理论解释。虽然 Lieberman 和 Abasa（2006）研究认为规模较大、较为成功或较

有声望的企业更容易成为模仿的对象，但实际上限于财力和技术能力，一般企业很可能采用防御性策略，即“频率模仿”。也就是说，企业的模仿行为受到其他组织采纳过同样行为的“频率”的影响，原因是采用这种做法的组织越多，越说明这一行为被普遍接受的事实（Haunschild and Miner，1997）。沈洪涛、苏亮德（2012）得到了相似的研究结论，他们以我国重污染上市公司2006—2010年年报披露的环境信息数量为研究对象，分别对环境信息披露水平是否存在同形性以及环境信息披露过程中的模仿行为进行了分析。研究发现，企业环境信息披露水平存在着明显的趋同现象，且在环境信息披露过程中存在着显著的模仿行为，但主要进行的是其他企业平均水平的频率模仿，而不是模仿领先者。在《办法》颁行后，企业面临着更大的信息披露压力，为了缓解外部公共压力，企业管理层更倾向于提升模仿同业公司披露行为的力度，即按照“频率”进行模仿。因此，我们提出假设5-3：

假设5-3：《办法》颁行前，同业模仿对环境信息披露具有正向的影响；《办法》颁行后，这种正向关系更加显著。

5.2.2 样本选择与模型构建

5.2.2.1 样本选择

这里我们以2008年《办法》的颁行作为外部公共压力突然增加的参照，选择《办法》颁行前3年（2004—2006）和后3年（2009—2011）作为研究区间，验证同业模仿对环境信息披露的影响。我们剔除ST企业和财务数据缺失的企业，共得到5239个观测值。同时，在稳健性检验中，我们采用《办法》颁行后6年（2009—2014）作为稳健性检验的研究区间。环境信息数据从上市公司的年报和社会责任报告中手工收集，财务数据来自国泰安CSMAR数据库。

5.2.2.2 模型构建

为了验证研究假设5-3，我们构建如下研究模型：

$$EID=\alpha_0+\alpha_1 Imitation+\alpha_2 MDEI+\alpha_3 Imitation\times MDEI+Controls+\varepsilon \qquad (5-6)$$

其中，*EID*代表环境信息披露水平，按照生态环境部要求企业披露的10项指标，采用逐项打分汇总的方法，即货币性信息得3分，具体非货币性信息得2分，一般性非货币性信息得1分，未披露得0分，然后汇总得到披露总量评分。同时，为了表示环境信息披露质量，我们用 *EID_ sig*、*EID_ amount* 及 *EID_ time* 替代模型（5-1）中的 *EID*。*EID_ sig* 的计算方法：仅在非财务部分披露的赋值 1 分；在财务部分披露的赋值 2 分；既在财务部分又在非财务部分披露的赋值 3 分，并按项目数量对应得分汇总。*EID_ amount* 的计算方法：只是用文字描述，赋值 1 分；数量性但非货币性信息，赋值 2 分；货币性信息，赋值 3 分，并按项目数量对应得分汇总。*EID_ time* 的计算方法：关于现在的信息，赋值 1 分；有关未来的信息，赋值 2 分；现在与过去对比的信息，赋值 3 分，并按项目数量对应得分汇总。*Imitation* 代表同业公司模仿变量，取 i 公司的同业公司（不包括 i 公司）环境信息披露总量的平均数。*MDEI* 是公共压力替代变量，属于《办法》颁行后年份（2009—2011）取 1，其他年份取 0。其他控制变量见本章附表 5-A。

5.2.3 实证结果分析

5.2.3.1 主要回归结果

使用全体样本，运行模型（5-6），得到表 5-11 的回归结果。表 5-11 中的结果表明，*Imitation* 的回归系数分别为 0.960、0.981、0.974 和 1.013，并且在 1%的水平上显著。这说明在《办法》颁行前，同业模仿（*Imitation*）对环境信息披露水平及质量都具有显著的正向作用。同时，交乘项 *Imitation*×*MDEI* 的系数分别为 0.055、0.048、0.045 和 0.061，并在 10%、5%的水平上显著。该结果说明，在《办法》颁行后，同业模仿（*Imitation*）对环境信息披露水平及质量的正向作用增强。换句话说，《办法》颁行所带来的公共压力使环境信息披露的不确定性增强，企业管理层则更为依赖同业模仿来应对这些压力。正向同业模仿会显著促进《办法》颁行后环境信息披露水平，但同时负向同业模仿也会显著降低《办法》颁行后环境信息披露水平。

表 5-11 公共压力、同业模仿与环境信息披露的回归结果

Dep.	(1)	(2)	(3)	(4)
	EID	*EID_ sig*	*EID_ amount*	*EID_ time*
Imitation	0.960***	0.981***	0.974***	1.013***
	(11.32)	(11.57)	(11.33)	(9.28)

续表

Dep.	(1)	(2)	(3)	(4)
	EID	*EID_ sig*	*EID_ amount*	*EID_ time*
MDEI	0. 271	0. 215	0. 278	0. 272
	(0. 95)	(0. 99)	(1. 05)	(1. 49)
Imitation×MDEI	0. 055*	0. 048**	0. 045**	0. 061**
	(1. 89)	(2. 05)	(2. 08)	(2. 07)
Pollution	−0. 046	−0. 107	−0. 205	−0. 030
	(−0. 10)	(−0. 33)	(−0. 49)	(−0. 12)
CSR	3. 423***	2. 174***	2. 842***	2. 193***
	(15. 44)	(14. 68)	(13. 83)	(15. 74)
LEV	1. 170***	0. 794***	1. 075***	0. 788***
	(3. 12)	(3. 04)	(3. 10)	(3. 38)
SOE	0. 450***	0. 298***	0. 396***	0. 211**
	(3. 12)	(2. 94)	(2. 91)	(2. 28)
Herfindahl_5	−0. 442	−0. 422	−0. 445	−0. 492*
	(−0. 95)	(−1. 29)	(−1. 03)	(−1. 70)
Big4	−0. 793***	−0. 604***	−0. 779***	−0. 369**
	(−2. 70)	(−3. 05)	(−2. 86)	(−1. 98)
ROE	0. 011	0. 004	0. 017	−0. 002
	(0. 17)	(0. 09)	(0. 26)	(−0. 06)
Growth	−0. 060**	−0. 040**	−0. 055**	−0. 037**
	(−2. 44)	(−2. 23)	(−2. 30)	(−2. 20)
Size	0. 512***	0. 331***	0. 475***	0. 311***
	(6. 40)	(5. 93)	(6. 43)	(6. 18)
CFO	0. 686*	0. 462*	0. 776**	0. 564**
	(1. 78)	(1. 78)	(2. 00)	(2. 49)
Constant	−11. 019***	−7. 090***	−10. 118***	−6. 734***
	(−6. 51)	(−5. 96)	(−6. 40)	(−6. 35)
Year Fixed Effect	YES	YES	YES	YES
Industry Fixed Effect	YES	YES	YES	YES
N	5239	5239	5239	5239
Adj. R^2	0. 470	0. 445	0. 446	0. 506

注：***、**、*分别表示在1%、5%、10%水平上显著。

5.2.3.2 稳健性检验

为了检验表5-11回归结果的稳健性，我们采用《办法》颁行后的样本，并将样本区间从2009—2011年扩大到2009—2014年。表5-12报告了2009—2014年同业模仿与环境信息披露的回归结果。研究结果表明，*Imitation* 的回归系数分别为0.985、1.003、1.006及1.007，并且在1%的水平上显著。研究结果说明，在《办法》颁行后，企业管理层对同业公司环境信息披露行为的模仿是增加了的。《办法》的颁行显著增加了企业所面临的不确定性，选择模仿同行业的环境信息披露行为是应对这种不确定性的较好方式。

表5-12 2009—2014年同业模仿与环境信息披露的回归结果

Dep.	(1)	(2)	(3)	(4)
	EID	*EID_ sig*	*EID_ amount*	*EID_ time*
Imitation	0.985***	1.003***	1.006***	1.007***
	(18.99)	(19.28)	(19.62)	(22.44)
Pollution	0.074	0.066	-0.144	0.156
	(0.14)	(0.20)	(-0.30)	(0.57)
CSR	1.994***	1.371***	1.782***	1.315***
	(12.02)	(11.47)	(11.62)	(11.30)
LEV	1.637***	1.090***	1.512***	0.985***
	(4.64)	(4.33)	(4.69)	(4.20)
SOE	0.634***	0.375***	0.595***	0.363***
	(4.02)	(3.33)	(4.13)	(3.40)
Herfindahl_5	-0.503	-0.319	-0.532	-0.264
	(-0.96)	(-0.86)	(-1.13)	(-0.73)
Big4	-0.727**	-0.608**	-0.704**	-0.324
	(-2.03)	(-2.28)	(-2.15)	(-1.29)
ROE	-0.327	-0.299	-0.319	-0.139
	(-1.20)	(-1.39)	(-1.21)	(-0.86)
Growth	-0.006	-0.006	-0.006	-0.002
	(-0.68)	(-0.96)	(-0.86)	(-0.36)
Size	0.607***	0.415***	0.561***	0.417***
	(8.10)	(7.86)	(8.26)	(8.24)

续表

Dep.	(1)	(2)	(3)	(4)
	EID	*EID_ sig*	*EID_ amount*	*EID_ time*
CFO	1.174*	0.929*	1.058	0.598
	(1.72)	(1.89)	(1.64)	(1.16)
Constant	-14.237***	-9.840***	-13.105***	-9.924***
	(-8.42)	(-8.37)	(-8.63)	(-9.01)
Year Fixed Effect	YES	YES	YES	YES
Industry Fixed Effect	YES	YES	YES	YES
N	7399	7399	7399	7399
Adj. R^2	0.343	0.310	0.341	0.323

注：***、**、*分别表示在1%、5%、10%水平上显著。

5.2.4 本节研究结论

通过本节研究，得到如下结论：

（1）《办法》颁行前，企业环境信息具有显著的同业模仿效应；《办法》颁行后，这种同业模仿效应更加显著。这种同业模仿效应可能是正向的模仿，也可能是负向的模仿。正向同业模仿会提高环境信息披露的水平及质量，但负向同业模仿会降低环境信息披露的水平及质量。

（2）稳健性测试结果表明，同业效应在《办法》颁行后6年内更加显著。由于《办法》的颁行给行业中的企业带来了很大的不确定性，因此企业管理层会倾向于选择模仿多数企业的做法。

5.3 空间距离、同业模仿与环境信息披露机会主义行为

从以上研究我们发现，企业管理层会充分利用空间距离和同业模仿来缓解外部公共压力。然而，对于企业管理层在怎样的情景下以及怎样的动机驱使下对空间距离与同业模仿进行选择，现有研究还没有深入探讨。因此，这里我们基于软硬环境信息权衡的视角，分析企业管理层进行空间距离和同业模仿的路径选择决策。

5.3.1 研究假设

我们首先将空间距离（*Distance*）远近和同业模仿（*Imitation*）有无分成四种情景，分别为：空间距离近、没有同业模仿（*Distance*=0；*Imitation*=0）；空间距离远、没有同业模仿（*Distance*>0；*Imitation*=0）；空间距离近、有同业模仿（*Distance*=0；*Imitation*>0）；空间距离远、有同业模仿（*Distance*>0；*Imitation*>0）。同时，我们选择股权成本（*COC*）和审计费用（*Auditfee*）作为环境信息披露的经济后果。在环境信息机会主义披露方面，主要区分软硬环境信息进行衡量。软环境信息是指定性披露的环境信息，即不涉及数量及金额的环境信息；硬环境信息则是使用数量、金额的形式进行披露的环境信息。下面我们分别依据这四种分类进行研究假设的提出。

5.3.1.1 *Distance*=0；*Imitation*=0

当一个企业距离监管部门比较近且不存在同业模仿的情况下，空间距离和同业模仿不会对企业管理层软硬环境信息披露的选择产生影响。由于企业管理层没有可以使用的环境信息机会主义披露的路径，环境信息中不包含机会主义披露的因素，因此，从经济后果来看，软硬环境信息都不会影响股权成本和审计费用。因此，我们提出假设5-4：

假设5-4：在距离监管部门比较近且不存在同业模仿的情况下，无论是环境信息总量还是软硬环境信息对股权成本和审计费用都没有显著影响。

5.3.1.2 *Distance*>0；*Imitation*=0

当一个企业距离监管部门较远且不存在同业模仿的情况下，由于环境信息的可验证性存在较大的困难，所以，距离越远环境信息披露水平就越低。具体来说，对于硬环境信息而言，监管部门及其他信息使用者需要花费一定的时间和精力进行验证，而空间距离的加大增加了信息使用者的验证成本，因此，企业管理层有动力进行负向的硬性环境信息披露。但对于软环境信息而言，信息使用者不需要花费额外的精力进行验证，因此，企业管理层不会对软环境信息进行负向披露。

从经济后果来看，投资者及注册会计师能够觉察到硬环境信息的质量，因此，硬环境信息的披露不会对股权成本和审计费用产生影响。同时，软环境信息不会受到空间距离增加的影响，该类信息披露越多，股权成本和审计费用就越少。因此，我们提出假设 5-5：

假设 5-5：在距离监管部门较远且不存在同业模仿的情况下，空间距离与环境信息披露总量、硬性环境信息具有显著的负向关系，对软环境信息则没有显著影响。但从经济后果来看，软环境信息披露越多，股权成本和审计费用就越少，硬环境信息则没有这样显著的效应。

5.3.1.3 *Distance*=0；*Imitation*>0

在企业距离监管部门比较近且存在同业模仿的情况下，环境信息披露总量与同业模仿程度呈正向的关系。由于硬环境信息与软环境信息在行业模仿方面存在着一定的差异，企业对行业环境信息披露行为的模仿更多体现在软环境信息方面，原因在于软环境信息属于文字性描述，更容易模仿。相比较而言，硬环境信息多数是以数量、金额披露的信息，一方面数据难以模仿，另一方面其具有企业个体的差异性，无法进行模仿。因此，硬环境信息与同业模仿之间不存在显著的相关关系。

从经济后果来看，由于信息使用者无法准确区分空间距离与同业模仿对环境信息的影响，因此，他们认为更多的描述性软环境信息可能会比受到操纵的硬环境信息更加可靠。同时，软环境信息披露能够减少股权成本和审计费用，但硬环境信息则不具有这样的效应。因此，我们提出假设 5-6：

假设 5-6：在企业距离监管部门比较近且存在同业模仿的情况下，环境信息披露总量、软环境信息与同业模仿具有显著的正向关系，但硬环境信息与同业模仿不存在显著的相关关系。同时，软环境信息能够显著减少股权成本和审计费用，硬环境信息则不具有这样的效应。

5.3.1.4 *Distance*>0；*Imitation*>0

在企业距离监管部门较远且存在显著同业模仿的情况下，有两股相反的力量影响企业环境信息披露决策。空间距离会显著减少环境信息披露，而同业模仿则会显著增加环境信息披露。但两者对具体环境信息披露类型的影响是不一致的。由于硬环境信息不容易被同行模仿，因此，同业模仿只会显著增加软环境信息，对硬环境信息没有显著影响。空间距离减小的是硬环境信息，对软环境信息没有显著的影响。

与以上分析一致，信息使用者区分不清楚空间距离与同业模仿的差异，因此，他们更倾向于从披露数量上进行判断，即使是描述性的环境信息，如果披露较多，也会减少股权成本和审计费用。因此，我们提出假设5-7：

假设5-7：在企业距离监管部门较远且存在显著同业模仿的情况下，同业模仿能够显著提高软环境信息披露，空间距离能够显著减少硬环境信息的披露。同时，软环境信息能够显著减少股权成本和审计费用，但硬环境信息不具有这样的效应。

5.3.2 样本选择与模型构建

5.3.2.1 样本选择

这里我们以2008年《办法》的颁行作为外部公共压力突然增加的参照，选择《办法》颁行后3年（2009—2011）作为研究区间，分组验证空间距离、同业模仿对环境信息披露的影响，并区分具体环境信息的类型以分析环境信息披露的经济后果。同时，在稳健性检验中，我们采用《办法》颁行前3年（2005—2007）作为稳健性检验的研究区间。我们剔除ST企业和财务数据缺失的企业，共得到2464个观测值。环境信息数据从上市公司的年报中手工收集，财务数据来自国泰安CSMAR数据库。

5.3.2.2 模型构建

为了验证研究假设，我们构建以下5个研究模型：

$$EID\_soft(EID\_hard,\ EID)=\alpha_1+\alpha_2 Imitation+Controls+\varepsilon \tag{5-7}$$

$$EID\_soft(EID\_hard,\ EID)=\alpha_1+\alpha_2 Distance+Controls+\varepsilon \tag{5-8}$$

$$EID\_soft(EID\_hard,\ EID)=\alpha_1+\alpha_2 Imitation+\alpha_3 Distance+Controls+\varepsilon \tag{5-9}$$

$$COC=\alpha_1+\alpha_2 EID\_soft+\alpha_3 EID\_hard+Controls+\varepsilon \tag{5-10}$$

$$Auditfee=\alpha_1+\alpha_2 EID\_soft+\alpha_3 EID\_hard+Controls+\varepsilon \tag{5-11}$$

其中，*EID*表示的是环境信息披露水平，具体定义与前文一致。参照Clarkson等（2008）的方法，我们将环境信息分为软环境信息和硬环境信息两种。软环境信息（*EID_soft*）一般是指使用文字进行描述的环境信息。根据《办法》规定的项目，软环境信息一般包括3项得分：ISO环境体系认证相关信息；生态环境改善措施；企业环境保护的理念和目标。硬环境信息（*EID_hard*）一般是指使用数量、金额进行列示的环境信息。根据《办法》规定的项目，硬环境信息一般包括 7 项得分：企业环保投资和环境技术开发；与环保相关的政府拨款、财政补贴与税收减免；企业污染物的排放及排放减轻情况；政府环保政策对企业的影响；有关环境保护的贷款；与环保相关的法律诉讼、赔偿、罚款与奖励；其他与环境有关的收入与支出等项目。打分方法与 *EID* 的一致。*Imitation* 代表的是同业模仿的程度。同业模仿变量的获得需要两步，第一步确定同业公司。公司之间的相似特征（行业、公司规模、多元化程度、业务复杂程度以及融资约束等）越多，面临的机会与威胁越相近，公司的决策行为越趋同。然而，如果在认定同业公司时同时考虑上述所有因素只能得到较少的同业公司样本，从而导致我们难以有效过滤外部整体环境变化对本研究结论的影响。因此，这里我们借鉴 Albuquerque（2009）的方法，认定与公司 i 位于同一行业并且资产规模处于公司 i 资产规模 0. 75～1. 25 倍的公司为同业公司。第二步根据同业公司计算环境信息披露均值。*Distance* 代表的是企业到监管部门的空间距离。其定义与前文一致。参照 Easton（2004）的计算方法，使用公式（5-12）进行计算：

$$COC=\sqrt{\frac{eps_2-eps_1}{P_0}} \tag{5-12}$$

其中：eps_1 与 eps_2 分别代表一年后预测的每股收益和两年后预测的每股收益，P_0 是当前的股票价格。*Auditfee* 代表的是审计费用，使用公司每年的审计费用取自然对数得到。此外，我们还控制其他影响因素：*Pollution* 是哑变量，属于重污染行业取 1，其他取 0；*CSR* 是哑变量，发布单独社会责任报告的企业取 1，否则取 0；*SOE*，属于国有控股的上市公司取 1，否则取 0；*Herfindahl_ 5* 是前五大股东持股比例的平方和；*Big4*，如果被国际四大审计的企业取 1，否则取 0；*Size* 代表的是企业规模；*LEV* 代表的是负债比率；*Market* 代表的是样本企业所在地的市场化指数；*ROE* 代表的是净资产收益率，用“净利润除以年末股东权益”计算得到；*CFO* 代表的是现金流量，用“经营性现金净流量除以年末总资产”计算得到；*Growth* 代表的是成长性，用“年度销售收入增加额除以上一年度销售收入”计算得到；*Loss*，样本企业当年亏损取 1，否则取 0；*IPO*，当年进行 IPO 的样本企业取 1，否则取 0；*Turnover* 代表的是股票的换手率；*Beta* 代表的是企业在股票市场上的系统性风险；*MB* 代表的是账面市值比。

5.3.3 实证结果

5.3.3.1 描述性统计

表 5-13 报告的是总体样本的描述性统计结果。统计结果显示，环境信息披露总量（*EID*）具有很大的波动性，最大值是 37，最小值是 0，均值为 6.109，中位数是 5。环境信息披露总量中硬环境信息（*EID_hard*）占了绝大部分比重，软环境信息（*EID_soft*）占比较少。由于同业模仿的样本小于总体样本，同业模仿（*Imitation*）的均值、中位数均低于环境信息披露总量（*EID*）。空间距离（*Distance*）的均值为 0.294 百千米，即企业与监管部门的平均距离为 29.4 千米。空间距离的中位数为 0.142 百千米。股权成本（*COC*）的均值为 0.162，中位数为 0.131。审计费用（*Auditfee*）的均值、中位数分别为 3.579、3.932。

表 5-13 总体样本的描述性统计结果

	均值	标准差	P25	中位数	P75	最大值	最小值
EID_soft	1.201	1.522	0.000	1.000	2.000	11.000	0.000
EID_hard	4.908	4.278	2.000	4.000	7.000	35.000	0.000
EID	6.109	4.929	3.000	5.000	8.000	37.000	0.000
Imitation	6.107	2.099	4.337	5.764	7.087	14.000	1.500
Distance	0.294	0.894	0.067	0.142	0.281	21.602	0.008
COC	0.162	0.100	0.099	0.131	0.195	0.752	0.000
Fee	3.579	1.531	3.569	3.932	4.331	7.535	0.016
Pollution	0.589	0.492	0.000	1.000	1.000	1.000	0.000
CSR	0.236	0.424	0.000	0.000	1.000	1.000	0.000
SOE	0.448	0.497	0.000	1.000	1.000	1.000	0.000
Herfindahl_5	0.176	0.120	0.087	0.155	0.239	0.980	0.003
Big4	0.050	0.218	0.000	0.000	0.000	1.000	0.000
Size	21.680	1.150	20.873	21.510	22.290	26.166	18.266

续表

	均值	标准差	P25	中位数	P75	最大值	最小值
LEV	0. 421	0. 203	0. 264	0. 425	0. 583	0. 983	0. 003
Market	9. 403	2. 163	7. 710	9. 438	11. 223	12. 604	0. 065
ROE	0. 084	0. 122	0. 043	0. 077	0. 123	1. 346	-1. 799
CFO	0. 041	0. 079	-0. 001	0. 038	0. 085	0. 418	-0. 470
Growth	0. 231	1. 525	-0. 055	0. 094	0. 275	60. 217	-0. 999
Loss	0. 050	0. 218	0. 000	0. 000	0. 000	1. 000	0. 000
IPO	0. 136	0. 343	0. 000	0. 000	0. 000	1. 000	0. 00
Turnover	7. 478	4. 727	3. 857	6. 509	10. 040	31. 112	0. 342
Beta	1. 144	0. 231	1. 010	1. 147	1. 295	2. 120	0. 105
MB	4. 018	5. 585	2. 078	3. 158	4. 794	204. 664	1. 011

5. 3. 3. 2 主要回归结果

在实际回归中，我们需要将不同类型分组组合进行实际的量化。由于地方生态环境监管部门人力、物力及财力有限，其监管存在着有效的监管半径。即在一定的范围内，监管部门对企业的环境规制具有很好的效果，但超出一定范围以后，则监管效率会逐渐下降。根据样本数据的分布，我们将与监管部门的距离小于 10 千米的定义为空间距离近的公司，即 *Distance* = 0。超过 10 千米的定义为空间距离远的公司，即 *Distance*>0。对于同业模仿的分组，我们将样本公司环境信息披露得分与同业公司平均环境信息披露得分差额的绝对值小于 1 的定义为同业模仿公司，即 *Imitation*>0。而将与同业公司平均环境信息披露得分差额的绝对值大于 1 的定义为非同业模仿公司，即 *Imitation* = 0。根据这两个分类标准，我们将总体样本分成四个子样本：（*Distance* = 0，*Imitation* = 0）、（*Distance* = 0，*Imitation*>0）、（*Distance*>0，*Imitation* = 0）和（*Distance*>0，*Imitation*>0）。由于（*Distance* = 0，*Imitation* = 0）子样本对环境信息影响较小，因此，在对环境信息披露影响进行研究时没有考虑这个样本，但在研究环境信息经济后果时考虑了全部的四个子样本。

表5-14 报告了《办法》颁行后空间距离、同业模仿与环境信息披露子样本的回归结果。在空间距离近且有同业模仿（*Distance* = 0，*Imitation*>0）的情况

下，同业模仿能够显著提高环境信息披露总量（*EID*）及软环境信息（*EID_soft*），但对硬环境信息（*EID_hard*）没有显著的影响。在空间距离远且不存在同业模仿（*Distance*>0，*Imitation*=0）的情况下，空间距离（*Distance*）能够显著减少硬环境信息（*EID_hard*）及环境信息披露总量（*EID*），但对软环境信息（*EID_soft*）没有显著的影响。在空间距离远且存在同业模仿（*Distance*>0，*Imitation*>0）的情况下，同业模仿能够显著提高环境信息披露总量（*EID*）及软环境信息（*EID_soft*），而空间距离（*Distance*）能够显著减少硬环境信息（*EID_hard*）及环境信息披露总量（*EID*）。在最终结果中取决于空间距离与同业模仿两股影响力量的对比。

表5-15报告了《办法》颁行后环境信息披露经济后果的回归结果。我们选择股权成本（*COC*）和审计费用（*Auditfee*）作为环境信息披露的经济后果，并对空间距离与同业模仿的四种组合方式分别进行回归分析。在距离监管部门较近且不存在同业模仿（*Distance*=0，*Imitation*=0）的情况下，无论是软环境信息还是硬环境信息都对股权成本（*COC*）和审计费用（*Auditfee*）没有显著的影响。在距离监管部门较近且存在同业模仿（*Distance*=0，*Imitation*>0）的情况下，软环境信息（*EID_soft*）显著减少了股权成本（*COC*）和审计费用（*Auditfee*），而硬环境信息（*EID_hard*）对股权成本（*COC*）具有一定的增加作用，但对审计费用（*Auditfee*）没有显著的影响。在空间距离远且不存在同业模仿（*Distance*>0，*Imitation*=0），以及空间距离远且存在同业模仿（*Distance*>0，*Imitation*>0）的情况下，软环境信息（*EID_soft*）显著减少了股权成本（*COC*）和审计费用（*Auditfee*）的效应依旧明显，但硬环境信息（*EID_hard*）的效应并不显著。该回归结果表明，从环境信息使用者的角度来看，软环境信息被认为具有一定的信息含量，且披露越多，对股权成本和审计费用的减少效应越明显。由于硬环境信息的可验证性差，虽然可能会被企业管理层所操纵，但环境信息使用者并不能够充分认可。

表 5-14 《办法》颁行后空间距离、同业模仿与环境信息披露的回归结果

Dep.	Distance=0，Imitation>0			Distance>0，Imitation=0			Distance>0，Imitation>0		
	EID_soft	EID_hard	EID	EID_soft	EID_hard	EID	EID_soft	EID_hard	EID
Imitation	1.059*** (10.87)	1.038 (1.45)	2.097*** (4.32)				0.157*** (7.63)	0.490 (1.48)	0.647*** (6.94)
Distance				−0.029 (−1.52)	−0.122** (−2.44)	−0.151*** (−2.57)	−0.034 (−1.56)	−0.140*** (−2.99)	−0.174*** (−3.21)
Pollution	−0.102 (−0.30)	3.513* (1.85)	3.411 (1.69)	0.499*** (5.71)	2.257*** (10.00)	2.756*** (11.59)	0.022 (0.26)	0.772** (2.23)	0.794** (2.37)
CSR	−0.028 (−0.11)	−2.817* (−1.89)	−2.846* (−1.79)	0.604*** (5.72)	0.885*** (3.24)	1.489*** (5.23)	0.562*** (6.00)	0.755*** (2.71)	1.318*** (4.81)
SOE	0.181 (0.61)	1.965 (1.18)	2.145 (1.22)	0.027 (0.20)	0.963*** (3.55)	0.990*** (3.83)	0.027 (0.21)	0.963*** (3.35)	0.990*** (3.80)
Herfindahl_5	−2.201* (2.02)	0.442 (0.07)	−1.759 (−0.27)	0.809* (1.84)	−1.781** (−2.26)	−0.971 (−1.04)	0.601 (1.28)	−2.430*** (−3.17)	−1.829* (−1.91)
Big4	0.009 (0.02)	1.461 (0.76)	1.470 (0.72)	0.471** (2.01)	−0.045 (−0.05)	0.426 (0.46)	0.400* (1.67)	−0.269 (−0.32)	0.131 (0.14)
Size	−0.004 (−0.03)	1.314 (1.69)	1.309 (1.58)	0.158*** (3.96)	0.824*** (5.89)	0.982*** (6.89)	0.135*** (3.48)	0.751*** (5.36)	0.885*** (6.19)
LEV	−0.417 (−0.51)	8.174* (1.79)	7.757 (1.59)	−0.082 (−0.33)	2.508*** (3.36)	2.426*** (2.68)	−0.203 (−0.90)	2.132*** (3.18)	1.930** (2.42)
Market	0.099 (1.50)	−0.086 (−0.23)	0.013 (0.03)	−0.042* (−1.76)	0.072 (1.58)	0.029 (0.55)	−0.032 (−1.33)	0.103** (2.31)	0.070 (1.36)
ROE	−2.922 (−1.69)	−15.094 (−1.56)	−18.016* (−1.75)	−0.223 (−0.97)	−4.424*** (−7.30)	−4.647*** (−7.59)	0.058 (0.28)	−3.546*** (−7.36)	−3.487*** (−8.21)

续表

Dep.	Distance=0，Imitation>0			Distance>0，Imitation=0			Distance>0，Imitation>0		
	EID_soft	*EID_hard*	*EID*	*EID_soft*	*EID_hard*	*EID*	*EID_soft*	*EID_hard*	*EID*
CFO	2.255 (1.51)	14.536* (1.74)	16.791* (1.89)	-0.639*** (-3.07)	4.594*** (3.73)	3.955*** (3.43)	-0.533*** (-2.69)	4.926*** (4.42)	4.394*** (4.54)
Growth	0.075 (0.47)	-1.622* (-1.85)	-1.547 (-1.66)	0.019 (0.81)	-0.065 (-0.93)	-0.045 (-0.49)	0.022 (0.93)	-0.058 (-0.86)	-0.036 (-0.41)
Loss	-1.467 (-1.69)	-2.272 (-0.47)	-3.738 (-0.72)	-0.084 (-0.62)	-1.050 (-1.04)	-1.134 (-1.07)	-0.070 (-0.45)	-1.005 (-1.10)	-1.074 (-1.14)
IPO	-0.481 (-1.26)	2.172 (1.02)	1.691 (0.75)	-0.105 (-1.01)	0.059 (0.46)	-0.046 (-0.35)	-0.111 (-1.03)	0.041 (0.28)	-0.070 (-0.45)
Constant	-0.617 (-0.21)	-33.291* (-2.01)	-33.908* (-1.92)	-2.371*** (-2.59)	-16.072*** (-5.37)	-18.443*** (-6.27)	-2.572*** (-2.74)	-16.697*** (-5.65)	-19.269*** (-6.65)
Year Fixed Effect	YES	YES	YES	YES	YES	YES	YES	YES	YES
Industry Fixed Effect	YES	YES	YES	YES	YES	YES	YES	YES	YES
Adj. R^2	0.960	0.729	0.810	0.139	0.270	0.301	0.161	0.295	0.334
F-value	30.91	7.15	10.71	15.59	29.22	37.61	15.84	29.47	38.93
Obs.	33	33	33	1494	1494	1494	325	325	325

注：***、**、*分别表示在1%、5%、10%水平上显著。

表 5-15 《办法》颁行后环境信息披露的经济后果的回归结果

Dep.	Distance=0，Imitation=0		Distance=0，Imitation>0		Distance>0，Imitation=0		Distance>0，Imitation>0	
	COC	Auditfee	COC	Auditfee	COC	Auditfee	COC	Auditfee
EID_soft	0.0004 (0.30)	-0.0004 (-0.01)	-0.011** (-2.23)	-0.369*** (-10.49)	-0.002*** (-2.78)	-0.020* (-1.85)	-0.005*** (-2.44)	-0.023* (-1.78)
EID_hard	-0.0006 (-1.57)	0.016 (0.98)	0.005* (1.77)	0.271 (1.37)	-0.0005 (-0.90)	0.001 (0.38)	-0.006 (-0.74)	0.004 (0.16)
Pollution	-0.001 (-0.51)	0.113 (1.01)	-0.039*** (-2.66)	-0.335 (-0.92)	0.007* (1.76)	-0.005 (-0.11)	0.014 (0.60)	0.122 (1.57)
CSR	-0.004 (-1.37)	-0.055 (-0.87)	-0.021** (-2.04)	0.471 (0.58)	-0.009* (-1.88)	0.044 (1.02)	-0.014* (-1.86)	0.073* (1.89)
SOE	0.005 (0.94)	0.282* (1.66)	-0.021*** (-4.19)	-0.627 (-0.37)	0.002 (0.33)	-0.096*** (-2.87)	0.009 (0.49)	-0.102** (-2.08)
Herfindahl_5	-0.061*** (3.05)	0.074 (0.07)	-0.052** (-2.09)	-18.727 (-0.57)	-0.024 (-0.44)	0.742** (2.43)	-0.030 (-0.59)	-0.053 (-0.10)
Big4	0.014** (2.15)	0.263 (0.91)	-0.029*** (-3.44)	1.530 (1.18)	0.015*** (10.74)	0.952*** (9.76)	-0.026 (-1.59)	0.832*** (3.68)
Size	-0.007 (-1.54)	0.275*** (2.88)	-0.015 (-0.67)	-0.030 (-0.03)	-0.002 (-0.61)	0.371*** (13.45)	-0.002 (-0.13)	0.372*** (13.10)
LEV	0.058*** (4.41)	0.245 (0.49)	0.154*** (2.58)	-2.310 (-1.09)	0.049** (2.23)	-0.155 (-0.95)	0.073*** (3.76)	-0.061 (-0.24)
Market	0.001 (1.22)	0.049** (2.06)	0.010 (1.39)	0.249 (1.03)	-0.002 (-0.61)	0.039*** (5.74)	0.004** (2.26)	0.032*** (4.69)
ROE	0.054*** (2.93)	1.195 (1.23)	0.156** (1.97)	2.752 (0.32)	-0.099*** (-7.21)	0.035 (0.15)	-0.054*** (-2.78)	-0.020 (-0.07)

续表

Dep.	*Distance*=0，*Imitation*=0		*Distance*=0，*Imitation*>0		*Distance*>0，*Imitation*=0		*Distance*>0，*Imitation*>0	
	COC	*Auditfee*	*COC*	*Auditfee*	*COC*	*Auditfee*	*COC*	*Auditfee*
CFO	-0.005 (-0.16)	0.951 (1.52)	0.170*** (4.01)	-0.341 (-0.14)	0.029 (0.89)	-0.302 (-1.06)	0.082*** (2.64)	-0.560 (-0.83)
Growth	-0.003 (-0.47)	-0.125 (-1.47)	0.054 (1.42)	0.277 (1.02)	-0.001 (-1.22)	0.004 (0.59)	-0.006*** (-7.60)	0.001 (0.50)
Loss	0.045*** (13.38)	0.120 (0.45)	-0.087 (-1.42)	0.279 (0.07)	0.017 (0.97)	0.024 (0.43)	0.010 (0.50)	-0.089 (-1.00)
IPO	-0.016*** (-10.59)	-0.518 (-1.06)	-0.008*** (-5.72)	-4.165 (-0.64)	-0.011* (-1.88)	-0.032 (-1.03)	-0.012 (-0.93)	-0.069 (-0.47)
Turnover	-0.008 (-0.96)	-0.016** (-2.09)	-0.003*** (5.57)	0.022 (0.15)	-0.0002 (-0.56)	-0.0005 (-0.15)	0.002 (0.21)	0.003 (0.53)
Beta	0.011 (1.24)	-0.069 (-0.29)	-0.041*** (-3.41)	-0.131 (-0.14)	0.006 (0.86)	-0.023 (-0.57)	0.018 (0.93)	-0.015 (-0.07)
MB	-0.004*** (-7.13)	0.005 (0.26)	0.004 (0.58)	-0.127 (-1.27)	-0.002** (-2.06)	0.008 (0.96)	-0.003*** (-4.17)	-0.001 (-0.06)
Constant	0.210** (2.42)	-3.029 (-1.33)	0.243 (0.61)	2.225 (0.14)	0.127** (2.33)	-4.197*** (-7.56)	0.087 (0.41)	-4.341*** (-7.43)
Year Fixed Effect	YES	YES	YES	YES	YES	YES	YES	YES
Industry Fixed Effect	YES	YES	YES	YES	YES	YES	YES	YES
Adj. R^2	0.110	0.168	0.886	0.956	0.108	0.646	0.139	0.686
F-value	4.92	5.20	14.13	11.46	15.53	62.94	15.07	16.96
Obs.	889	889	33	33	1494	1494	325	325

注：***、**、*分别表示在1%、5%、10%水平上显著。

5.3.3.3 稳健性测试

为了验证主要回归结果的稳健性，我们选择《办法》颁行前 3 年（2005—2007）的数据作为研究样本，研究空间距离、同业模仿对环境信息披露总量、软环境信息及硬环境信息的影响。在《办法》颁行前，一方面，企业管理层面临的外部公共压力较小，没有动力进行环境信息的选择性披露；另一方面，信息使用者也并不关心环境信息。因此，空间距离、同业模仿对环境信息披露不会产生影响。

表 5-16 报告了《办法》颁行前空间距离、同业模仿与环境信息披露的回归结果。研究结果表明，无论是在哪种情况下，空间距离（*Distance*）和同业模仿（*Imitation*）对环境信息披露总量、软环境信息及硬环境信息都没有显著的影响。

5.3.4 本节研究结论

（1）《办法》颁行后，空间距离（*Distance*）能够显著减少硬环境信息（*EID_hard*）以及环境信息披露总量（*EID*），但对软环境信息（*EID_soft*）没有显著的影响。

（2）《办法》颁行后，同业模仿（*Imitation*）能够显著提高或减少环境信息披露总量（*EID*）以及软环境信息（*EID_soft*），但对硬环境信息（*EID_hard*）没有显著的影响。

（3）《办法》颁行后，软环境信息（*EID_soft*）的经济效果更加明显，而硬环境信息则会带来负面效应。因此，企业管理层会充分利用空间距离减少硬环境信息的披露，且利用同业模仿增加或减少软环境信息的披露。

表 5-16 《办法》颁行前空间距离、同业模仿与环境信息披露的回归结果

Dep.	Distance=0，Imitation>0			Distance>0，Imitation=0			Distance>0，Imitation>0		
	EID_soft	EID_hard	EID	EID_soft	EID_hard	EID	EID_soft	EID_hard	EID
Imitation	1.485* (1.76)	0.508 (0.45)	1.992 (1.63)				0.103 (1.37)	0.773 (1.61)	0.876 (1.31)
Distance				−0.008 (−0.12)	−0.198 (−1.61)	−0.206 (−1.27)	−0.046 (−0.65)	−0.237 (−1.58)	−0.283 (−1.05)
Pollution	−0.627 (−1.24)	−0.937 (−0.36)	−1.564 (−0.59)	0.184** (2.30)	1.837*** (4.57)	2.023*** (5.49)	−0.053 (−0.24)	0.852*** (2.89)	0.799*** (2.73)
SOE	−0.742 (−1.78)	2.948 (1.39)	2.206 (1.01)	0.017 (0.15)	0.260 (0.89)	0.277 (0.91)	−0.004 (−0.03)	0.111 (0.29)	0.107 (0.27)
Herfindahl_5	−1.806 (−1.02)	−7.203 (−0.80)	−9.008 (−0.97)	0.384 (1.63)	−0.701 (−1.10)	−0.317 (−0.48)	0.324* (1.69)	−0.659 (−0.85)	−0.335 (−0.41)
Big4	−0.394 (−1.03)	−0.186 (−0.10)	−0.580 (−0.29)	0.138 (0.77)	−0.875** (−2.08)	−0.737 (−1.63)	0.131 (0.82)	−1.462** (−2.40)	−1.331** (−2.16)
Size	−0.154 (−0.65)	0.293 (0.24)	0.139 (0.11)	0.120* (1.84)	0.218 (1.35)	0.338* (1.83)	0.142** (2.09)	0.242 (0.96)	0.385 (1.50)
LEV	2.445** (1.99)	0.165 (0.03)	2.610 (0.40)	0.086 (0.38)	0.234 (0.23)	0.320 (0.27)	−0.077 (−0.27)	0.119 (0.12)	0.042 (0.03)
Market	−0.144 (−1.78)	0.591 (1.44)	0.448 (1.05)	−0.001 (−0.02)	0.043 (0.55)	0.042 (0.64)	0.007 (0.17)	0.086 (0.84)	0.093 (0.96)
ROE	0.571 (1.09)	0.881 (0.33)	1.452 (0.53)	0.118 (0.55)	−0.169 (−0.25)	−0.051 (−0.07)	0.128 (0.65)	−0.738 (−0.71)	−0.610 (−0.52)
CFO	−0.959 (−0.35)	11.967 (0.85)	11.008 (0.76)	0.652*** (9.98)	0.387 (0.36)	1.039 (1.03)	0.760*** (2.73)	1.062 (0.98)	1.823 (1.43)

续表

Dep.	*Distance*=0，*Imitation*>0			*Distance*>0，*Imitation*=0			*Distance*>0，*Imitation*>0		
	EID_soft	*EID_hard*	*EID*	*EID_soft*	*EID_hard*	*EID*	*EID_soft*	*EID_hard*	*EID*
Growth	−0.218 (−0.46)	1.537 (0.64)	1.319 (0.53)	0.010 (0.07)	0.125 (0.91)	0.135 (0.72)	0.019 (0.10)	0.005 (0.03)	0.024 (0.11)
Loss	0.670 (1.14)	−1.333 (−0.45)	−0.662 (−0.21)	0.001 (0.01)	−0.895 (−1.44)	−0.894 (−1.34)	0.096 (0.47)	−0.955* (−1.72)	−0.859 (−1.48)
Constant	2.308 (0.45)	−11.309 (−0.43)	−9.001 (−0.33)	−2.67** (−2.09)	−2.781 (−0.97)	−5.047 (−1.47)	−2.973** (−2.57)	−6.271 (−1.60)	−9.245** (−2.13)
Year Fixed Effect	YES	YES	YES	YES	YES	YES	YES	YES	YES
Industry Fixed Effect	YES	YES	YES	YES	YES	YES	YES	YES	YES
Adj. R^2	0.899	0.544	0.726	0.064	0.151	0.173	0.078	0.182	0.206
F-value	17.23	11.99	12.21	2.90	9.03	10.91	2.80	7.89	8.68
Obs.	23	23	23	595	595	595	434	434	434

注：***、**、*分别表示在1%、5%、10%水平上显著。

5.4　本章小结

本章以《办法》作为外部公共压力变化的参照，具体研究了空间距离、同业模仿对环境信息披露的影响，确定这两条路径是否是企业管理层进行环境信息机会主义披露的主要路径。具体研究结论如下：

（1）《办法》颁行后，企业环境信息披露水平及质量都有了实质性的提高，表明我国环境信息披露监管政策具有显著的效力。

（2）空间距离具有显著的负向调节作用，能够减弱《办法》所带来的环境信息披露的提高作用。限于地方生态环境部门的有限资源，在有效监管半径以外，空间距离与环境信息披露的负向关系更强。因此，空间距离一般会成为偏远企业进行环境信息披露机会主义行为的主要路径。

（3）同业模仿具有显著的正向调节作用，能够增强《办法》所带来的环境信息披露的提高作用。在外部环境不确定性较大的情况下，与同业公司保持一致的披露政策是距离较近企业的选择路径。虽然在整体上能够增加环境信息披露水平，但也同样隐藏了部分不愿意披露的内容。因此，同业模仿一般会成为距离较近企业进行环境信息披露机会主义行为的主要路径。

（4）在综合考虑空间距离与同业模仿的共同作用时，两者对软硬环境信息具有不同的影响。《办法》颁行后，空间距离能够显著减少硬环境信息以及环境信息披露总量，但对软环境信息没有显著的影响；同业模仿能够显著提高环境信息披露总量以及软环境信息，但对硬环境信息没有显著的影响。从经济后果来看，《办法》颁行后，软环境信息的经济效果更加明显，而硬环境信息则会带来负面效应。因此，企业管理层会充分利用空间距离减少硬环境信息的披露，且利用同业模仿增加软信息的披露。

附表 5-A　变量定义

变量	定义
EID	按照生态环境部要求企业披露的 10 项指标，采用逐项打分汇总的方法，即货币性信息得 3 分，具体非货币性信息得 2 分，一般性非货币性信息得 1 分，未披露得 0 分，然后汇总得到披露总量评分
EID_sig	仅在非财务部分披露的赋值 1 分；在财务部分披露的赋值 2 分；既在财务部分又在非财务部分披露的赋值 3 分，并按项目数量对应得分汇总

续表

变量	定义
EID_amount	只是用文字描述，赋值 1 分；数量性但非货币性信息，赋值 2 分；货币性信息，赋值 3 分，并按项目数量对应得分汇总
EID_time	关于现在的信息，赋值 1 分；有关未来的信息，赋值 2 分；现在与过去对比的信息，赋值 3 分，并按项目数量对应得分汇总
EID_soft	一般是指使用文字进行描述的环境信息。根据《办法》规定的项目，软环境信息一般包括 3 项得分：ISO 环境体系认证相关信息；生态环境改善措施；企业环境保护的理念和目标
EID_hard	一般是指使用数量、金额进行列示的环境信息。根据《办法》规定的项目，硬环境信息一般包括 7 项得分：企业环保投资和环境技术开发；与环保相关的政府拨款、财政补贴与税收减免；企业污染物的排放及排放减轻情况；政府环保政策对企业的影响；有关环境保护的贷款；与环保相关的法律诉讼、赔偿、罚款与奖励；其他与环境有关的收入与支出等项目
MDEI	公共压力替代变量，属于《办法》颁行后年份（2009—2011）取 1，其他年份取 0
Distance	企业到环境监管部门的最短交通距离（单位：百千米）
Imitation	同业公司模仿变量，同业公司环境信息披露总量的平均数
COC	参照 Easton（2004）的计算方法得到的股权资本成本
Fee	审计费用，使用公司每年的审计费用取自然对数得到
CFO	年末经营现金净流量与年末总资产比值
LEV	年末总负债与年末总资产比值
Growth	当年营业收入与上年营业收入之差除以上年营业收入
Size	年末资产总额的自然对数
ROE	净利润与期末股东权益的比值
SOE	最终控制人是国有性质的取 1，否则取 0
CSR	单独披露社会责任报告的上市公司取 1，否则取 0
GDP	地区人均 GDP
Wage	地区人均工资
Pollution	属于重污染行业的取 1，非重污染行业的取 0
Market	地区市场化指数，根据王小鲁等（2017）的研究填列
Herfindahl_5	前五大股东持股比例的平方和
Big4	如果被国际四大审计的企业取 1，否则取 0
Loss	企业当年亏损取 1，否则取 0
IPO	当年进行 IPO 的样本企业取 1，否则取 0
Turnover	股票的换手率
Beta	贝塔系数，反映企业在股票市场上的系统性风险
MB	账面市值比
Transport	所在地区年末实有道路面积与地区总面积的比值
Population	所在地区年末总人口与地区总面积比值的自然对数

6 环境信息披露机会主义行为的经济后果研究

对于企业管理层而言，进行环境信息披露机会主义行为是《办法》颁行后，对环境信息披露的成本与收益权衡后的决策。我国企业管理层需要考虑的环境信息披露成本、收益与国外有所不同。具体表现为：①政府掌握着很多稀缺资源，而这些资源也是上市公司希望通过环境信息披露行为能够获得的。我们知道，政府对企业环境信息披露行为具有明显的导向作用，政府通过各种方式鼓励上市公司披露完整、高质量的环境信息。常见的方式为在股票再融资时给予政策支持和资金补贴。②缓解融资约束是上市公司进行环境信息机会主义披露的另一个动机。无论是从股票市场还是从银行等金融机构融资，绿色金融始终是金融机构的重要导向。即金融部门把环境保护作为一项基本政策，在投融资决策中要考虑潜在的环境影响，把与环境条件相关的潜在的回报、风险和成本都要融入银行的日常业务中，在金融经营活动中注重对生态环境的保护以及环境污染的治理，通过对社会经济资源的引导，促进社会的可持续发展。因此，通过环境信息披露可以有效缓解上市公司的融资约束问题。③环境信息披露具有一定的审计效应。良好的环境信息披露意味着上市公司具有良好的内部控制质量，可以有效减少审计师的审计工作，进而减少审计费用和获得标准审计意见。④环境信息披露存在一定的潜在成本。一般情况下，环境信息披露可能导致违规行为被发现，这也是很多上市公司最小化环境信息披露的主要原因。因此，本章将从政府资源分配、融资约束、违规风险和审计效应四个方面研究环境信息机会主义披露的经济后果。

6.1 环境信息披露与政府资源分配

6.1.1 研究背景

现有研究表明，公司地理位置导致信息不对称性，而信息不对称性可能影响股权发行（Loughran，2008）。相较于从财务报表中得到的硬性信息，诸如员工、客户和发展潜力的信息不容易从偏远的企业中获取。因此，多数投资者在投资组合中倾向于增加本地企业的投资比重（Huberman，2001；Ivkovic and Weisbenner，2005），或当他们投资偏远的企业时，会要求更高的回报率和IPO溢价（Beatty and Ritter，1986；Coval and Moskowitz，2001）。现有文献也确定了政府补贴是决定公司选址的重要因素（Ellison and Glaeser，1999；Guimaraes et al.，2004）。一般而言，在资源市场化的前提下，地理位置在股权再融资和政府补贴分配方面扮演着重要的角色。然而，在中国这些结果会有所不同。一方面，中国政府在资源分配方面具有较大的权力，这会直接影响企业的行为。在这些资源中，股权再融资和政府补助是两种重要资源。因此，股权再融资和政府补贴不但是市场行为，同时还是政府行为。另一方面，企业为了获取资源经常会迎合政府的要求。

对于企业而言，一方面，现如今环境保护是市场和社会对企业接纳与否的重要条件，出于获得性印象管理及合法性管理的动机，企业管理层会增加环境信息披露。杨熠等（2011）研究发现控股股东出于保护自身利益的目的，更加关注企业的环境声誉，因为一旦发生重大环境问题，企业的整体利益都将受损，大股东也要承担相应的责任和损失。在此情境下，环境信息披露成为企业管理层缓解信息不对称，降低代理冲突的重要工具。另一方面，在激烈的市场竞争中，企业管理层面临着资源配置有限、成本变动敏感和信号传递失灵的压力，这造成其对环保投资和环境治理的懈怠。环境信息披露依托于企业良好的环境表现，企业为了取得较好的环境表现需要付出必要的资源和成本。管理层作为企业信息披露的实施者，对企业环境信息披露具有较大的自由裁量权和决策权，在自利倾向的驱使下，往往采取选择性披露的方式（黄珺、周春娜，2012）。而且，与财务信息不同，环境信息事前难以观察、事后难以验证，具有更大的可操纵空间（Beyer et al.，2010）。

环境信息披露机会主义行为并不是任意发生的，需要具备一定的动机和实现路径才能达到，特别是在企业所面临的外部披露压力增大的情况下。只有确定机会主义披露动机和实现路径才能获得用以规范该行为的应对措施，提升企业环境信息披露质量。导致企业管理层环境信息披露机会主义行为的原因具有系统的复杂性，既有来自政府规制的原因，又有企业管理自身目标选择的原因，还有来自行业与企业自身特征方面的原因。这些影响因素相互作用，动态影响着企业管理层环境信息披露行为，只有找到关键性的影响因素并进行深入研究，才能将其他因素有效地串联起来合理地解释企业管理层的机会主义披露行为动机和实现路径。

现有研究中，还存在一些问题没有得到有效解决：①使用横截面数据进行研究，存在内生性问题；②现有研究没有充分考虑到公共压力传导效力差异的问题；③现有研究缺乏对公共压力影响企业环境信息披露，进而影响企业未来资源获得的完整路径的研究。为了解决上述问题，这里我们将从以下三个方面进行改进：①选择《办法》的颁行这一“天然实验”背景作为公共压力变化的参照，以有效解决模型的内生性问题；②使用空间距离作为企业管理层应对公共压力作用效力的重要途径；③综合环境信息披露的前端与后端的影响，研究环境信息披露的经济效果问题，以确定企业管理层机会主义披露的动机，为遏制该行为的负面结果提供研究依据。

6.1.2 理论分析与研究假设

合法性资源对企业而言是一种必不可少的资源，也是企业能够控制或影响的资源（Dowling and Pfeffer，1975）。依赖于这种合法性资源，社会赋予了企业以法律地位、拥有和使用自然资源以及雇佣劳动力的权利，企业占用社会资源、生产商品或提供劳务，并向外部环境排放废弃物（Mathews，1993）。为了保持这一资源，企业要时刻保持其价值体系与社会的价值体系相一致（Lindblom，1994）。如果出现现实或潜在的不一致，合法性就会受到威胁，危及企业的持续经营。因此，企业管理层需要表明其价值体系与社会价值体系并无偏差，而进行环境信息披露是达到此目的的较好手段。企业可以通过提高他们的环境信息披露水平与质量来应对公共政策压力，即合法性威胁促使企业在年报中披露更多的环境信息（Patten，1992），并通过调整环境信息披露过程中的披露水平、内容及质量来应对公共压力（Aerts and Cormier，2009）。Lindblom（1994）认为合法性是一个动态的概念，公共压力的改变会使原本合法的企业行为不再被社会所接受。公共压力的改变来源于法律环境、文化环境的改变，法律环境是指政府直接施加的压力，主要通过某种法规的形式来实现（如对企业违规可能实施的惩罚），是一种直接的、硬性的约束；而文化环境是指社会公众施加的压力，主要通过舆论的形式或市场行为实现，是一种间接的压力。在经济转型国家，多是政府主导型的环境规制体系（Ball et al. ,2000；Jaggi and Low，2000），因此，法律环境的改变是企业面临的主要公共压力。面对增加的公共压力，企业管理层需要采取一定的环境信息披露战略来应对外部环境压力的变化。当社会契约变化使得企业的合法性受到质疑时，企业会相应地采取措施以回应社会不断变动的需求和期望。现有研究认为环境信息披露是企业所面临的社会和政治压力的正向函数（Neu et al. ，1998；Cho and Patten，2007）。面对公共压力的增大，企业管理层无论采用怎样的环境信息披露战略，目的都是缓解来自外部的压力，对公共压力做出反应，因此，较之公共压力变化前，企业会披露更多的环境信息，以树立并维持其良好的社会形象，避免陷入政府、法律规章制度的处罚及社会公众的抵制。

《办法》是我国专门针对政府与企业环境信息披露而颁行的法规，不但对政府产生很大的约束力，而且显著增加了企业的公共压力。主要表现为：①受到生态环境部门行政处罚的压力；②受到证监会处罚的压力；③受到社会声誉的压力；④上市与再融资方面的影响。因此，《办法》颁行后，企业管理层为了缓解外部公共压力，都会在一定程度上披露更多的环境信息。据此，我们提出如下假设：

假设 6-1：《办法》颁行后，企业环境信息披露水平显著提高。

空间距离的差异可能导致在同样的系统公共压力下，企业实际受到的环境信息披露压力不同，进而企业管理层披露环境信息的裁量空间也是不一样的（Yao and Liang，2017）。因此，一方面，在面临同样的信息披露环境与既定的内部财务特征时，企业管理层也有可能根据与监管部门的距离来权衡环境信息披露策略。由于环境信息本身难以观测和验证，加之生态环境监管部门人力、物力资源上的固有局限性，远距离企业的选择性披露空间相对较大。另一方面，随着环境信息日益受到社会的关注，环境信息可能成为政府分配资源的重要参照对象。

政府能够控制的资源主要包括股权融资和政府补助。在股权融资方面，环境信息披露水平及质量对股权成本影响的方向并不确定。Aerts 等（2008）研究发现，提高环境信息披露质量有助于帮助分析师更加准确地预测未来收益，从而降低股权融资成本。Plumlee 等（2015）通过研究得到同样的研究结论。Dhaliwal 等（2011）也发现前一年股权融资成本较高的公司倾向于在当年披露履行社会责任的信息，以便降低下一期的股权融资成本，详细地披露企业履行社会责任信息的上市公司更容易筹集股权资本，且筹集的股权量更大。袁洋（2014）以 2008—2010 年中国重污染行业上市公司作为研究样本，也得到了两者之间是显著负向关系的结论。但也有研究得到了不一致的结论。Richardson 和 Welker（2001）选择 1990—1992 年加拿大企业作为研究样本，发现两者是正相关关系。而 Clarkson 等（2008）认为环境信息披露质量的提高有助于提高外部利益相关者对企业的总体评价，但并不会对股权融资成本产生显著影响。

在政府补助方面，国外研究文献主要集中于对企业研发活动的影响研究（Cerulli and Poti，2012；Wanzenböck et al.，2013）。国内对政府补贴的研究主要集中在与盈余管理需求（Aharony et a1.，2000；唐清泉、罗党论，2007）、规避亏损退市（潘越等，2009）、预算软约束承担政策性负担（Wren and Waterson，1991；郭剑花、杜兴强，2011）的关系研究。对于政府补贴的动机研究，罗宏等（2014）研究发现，经理人利用政府补助获得超额薪酬，谋取私利；并且经理人还通过提高薪酬—业绩敏感性，为其超额薪酬进行结果正当性辩护，以掩盖其自利的行为。步丹璐、王晓艳（2014）研究也发现，在政府补助约束性较弱的情况下，政府补助会增加高管薪酬，加大薪酬差距。

现有研究对环境信息披露的经济后果研究较多，且基本上是基于环境信息披露的后端研究，未考虑到环境信息披露的前端影响，直接导致了没有任何条件约束下的结论的不可靠性。实际上，由于空间距离所引发的信息不对称，与政府距离远近不同的企业所受到的政府关注程度不同，从政府处得到的资源也会相应地有所差别。据此，这里我们在假设 6-1 的基础上提出假设 6-2。

假设 6-2：政府资源分配与企业环境信息披露水平呈正相关关系，而空间距离对二者之间的关系起负向调节作用。

6.1.3 数据来源与模型构建

6.1.3.1 数据来源

这里我们选取中国 A 股制造业上市公司作为样本。企业环境信息披露总量指标（*EID*）和环境信息披露质量指标（显著性 *EID_sig*、数量性 *EID_amount* 和时间性 *EID_time*）的数据是采用内容评分法从上市公司年报及社会责任报告中手工收集得到的。由于 2008 年是《办法》开始实施元年，因此这里我们以《办法》颁行前三年和后三年的数据作为初始研究样本，样本区间为 2005—2007 年及 2009—2011 年。股权融资、政府补助和 GDP 数据来自万得（Wind）数据库，空间距离数据来自百度地图和 GIS 系统，最终控制人数据来自色诺芬（CCER）经济金融数据库，公司财务数据来自国泰安 CSMAR 数据库。这里我们剔除 ST 类公司以及财务数据异常的样本，最终得到 5378 个观测值。具体样本的年度及行业分布同第 5 章表 5-1。

6.1.3.2 模型构建

对于环境信息披露机会主义行为，我们参照 Darrell 和 Schwartz（1997）、Freedman 和 Stagliano（1992）及 Patten（1992）的做法，除了使用 *EID* 表示环境信息披露水平之外，还使用 *EID_sig*、*EID_amount* 和 *EID_time* 分别表示环境信息披露的显著性、数量性和时间性。为了衡量《办法》的颁行对环境信息披露机会主义行为的影响，我们构建模型（6-1）进行检验：

$$EID(EID\_sig,\ EID\_amount,\ EID\_time)=\alpha_0+\alpha_1 MDEI+Controls+\varepsilon \quad (6-1)$$

其中，*MDEI* 表示环境信息披露政策变更，属于《办法》颁行后（2009—2011 年）年份取 1，其他年份取 0。控制变量包括：最终控制人类型、净资产收益率、单位资产经营现金净流量、成长性、企业规模、负债比率、是否单独披露社会责任报告、行业变量及年度变量（具体变量定义见附表 6-A）。

企业管理层进行环境信息机会主义披露的收益很多，结合我国特殊的制度背景，这里我们选择具有代表性的股权发行可能性（*EquityIssue_dum*）、股权募集金额（*EquityIssue*）、股权发行折价率（*UnderPricing*）和政府补助

（*Subsidy*）进行研究，构建模型（6-2）进行验证：

$$EquityIssue\_dum(EquityIssue, UnderPricing, Subsidy) = \alpha_1 Distance + \alpha_2 MDEI + \alpha_3 Distance \times MDEI + Controls + \varepsilon \quad (6-2)$$

其中，交乘项 *Distance×MDEI* 的系数 α_3 表示空间距离对企业获得政府资源的调节作用。控制变量包括：最终控制人类型、净资产收益率、单位资产经营现金净流量、成长性、企业规模、负债比率、是否单独披露社会责任报告、市值、市场化指数、地区国民生产总值、是否属于重污染行业、换手率、β 系数、前五大股东持股比例、独立董事人数等（具体变量定义见附表 6-A）。

6.1.3.3　描述性统计

表 6-1 报告了描述性统计结果。Panel A 所示，*EquityIssue_dum* 的均值为 0.070，说明样本中有 7.0%的上市公司进行了股权再融资。*EquityIssue* 的均值为 16.854，中值为 6.970。*UnderPricing* 的均值为 0.185，中值为 0.167。*Subsidy* 的均值为 13.174，上四分位数为 13.396，说明有超过 75%样本的政府补贴金额高于平均水平。*EID*、*EID_sig*、*EID_amount*、*EID_time* 的均值和中值都在 3 左右，说明制造业上市公司环境信息披露水平整体偏低。*Distance* 的均值为 1.528，下四分位值为 0.380，说明上市公司与监管部门的平均距离为 152.8 千米，超过 75%样本的空间距离低于平均水平。Panel B 报告了远距离样本在《办法》颁行前后政府资源分配情况的均值检验和中值检验，Panel C 报告了近距离样本在《办法》颁行前后政府资源分配情况的均值检验和中值检验，Panel D 报告了远距离与近距离样本政府资源分配情况差值的均值检验和中值检验，结果均显著，初步证明了由《办法》颁行引发的公共压力突然增大对企业环境信息披露具有显著的影响，且该影响在不同的空间距离下存在差异。

表 6-1　描述性统计结果

Panel A：总体样本

	均值	标准差	P25	中位数	P75	最大值	最小值	观测值
EquityIssue_dum	0.070	0.491	0.000	1.000	1.000	1.000	0.000	5378
EquityIssue	16.854	35.630	3.888	6.970	12.555	291.190	0.570	375
UnderPricing	0.185	0.223	0.083	0.167	0.279	0.820	-1.470	375
Subsidy	13.174	5.558	13.396	15.172	16.233	20.8800	0.000	5378

续表

Panel A：总体样本

	均值	标准差	P25	中位数	P75	最大值	最小值	观测值
EID	3. 946	3. 959	0. 000	3. 000	6. 000	18. 000	0. 000	5378
EID_sig	2. 830	2. 724	0. 000	2. 000	5. 000	14. 000	0. 000	5378
EID_amount	3. 675	3. 666	0. 000	3. 000	6. 000	17. 000	0. 000	5378
EID_time	2. 586	2. 649	0. 000	2. 000	4. 000	14. 000	0. 000	5378
Distance	1. 528	4. 111	0. 068	0. 152	0. 380	31. 920	0. 010	5378
MEDI	0. 638	0. 481	0. 000	1. 000	1. 000	1. 000	0. 000	5378
SOE	0. 496	0. 492	0. 000	0. 000	1. 000	1. 000	0. 000	5378
ROE	0. 074	0. 492	0. 036	0. 074	0. 119	28. 980	-11. 170	5378
CFO	0. 049	0. 109	0. 057	0. 043	0. 088	4. 040	-0. 470	5378
Growth	0. 233	1. 261	-0. 052	0. 101	0. 301	60. 220	-3. 810	5378
Size	21. 444	1. 090	20. 696	21. 303	22. 022	26. 490	18. 270	5378
LEV	0. 428	0. 199	0. 277	0. 440	0. 583	0. 980	0. 000	5378
CSR	0. 129	0. 336	0. 000	0. 000	0. 000	1. 000	0. 000	5378
Market	8. 839	2. 220	7. 260	8. 960	10. 570	12. 600	0. 060	5378
Turnover	6. 425	4. 318	3. 213	5. 340	8. 542	30. 900	0. 210	5378
Beta	1. 119	0. 236	0. 981	1. 130	1. 273	2. 120	0. 040	5378
MB	3. 455	4. 703	1. 661	2. 595	4. 173	204. 660	0. 630	5378
GDP	2. 381	1. 443	1. 224	1. 963	3. 390	5. 490	0. 040	5378
Herfindahl_5	0. 194	0. 125	0. 099	0. 168	0. 265	0. 750	0. 000	5378
Independent	3. 305	0. 798	3. 000	3. 000	4. 000	8. 000	0. 000	5378
Pollution	0. 538	0. 499	0. 000	1. 000	1. 000	1. 000	0. 000	5378

Panel B：距离远样本《办法》颁行前后差异

	MDEI 后均值（1）	*MDEI* 前均值（2）	（1）-（2）	*t* 值	*MDEI* 后中位数（1）	*MDEI* 前中位数（2）	（1）-（2）	*Z* 值
EquityIssue_dum	0. 092	0. 027	0. 065	5. 603***	0. 000	0. 000	0. 000	5. 562***
EquityIssue	1. 324	0. 622	0. 702	1. 805*	7. 800	5. 750	2. 050	5. 729***
UnderPricing	0. 004	0. 019	-0. 015	-3. 396***	0. 168	0. 170	-0. 002	-4. 397***
Subsidy	15. 302	9. 297	6. 005	30. 952***	15. 683	12. 741	2. 942	24. 971***

续表

Panel C：距离近样本《办法》颁行前后差异								
	MDEI 后均值（1）	*MDEI* 前均值（2）	（1）-（2）	*t* 值	*MDEI* 后中位数（1）	*MDEI* 前中位数（2）	（1）-（2）	*Z* 值
EquityIssue_dum	0.104	0.021	0.083	7.170***	0.000	0.000	0.000	7.084***
EquityIssue	1.729	0.586	1.143	2.300**	6.625	4.510	2.115	7.105***
UnderPricing	0.004	0.017	-0.018	-4.974***	0.164	0.216	-0.052	-5.641***
Subsidy	15.355	9.338	6.017	30.972***	15.679	13.140	3.539	25.616***
Panel D：Difference between in distanced samples and in nearby samples before and after *MDEI*								
	MDEI 后（B-C）（1）	*MDEI* 前（B-C）（2）	（1）-（2）	*t* 值	*MDEI* 后（B-C）（1）	*MDEI* 前（B-C）（2）	（1）-（2）	*Z* 值
EquityIssue_dum	-0.012	0.006	-0.018	-2.210**	0.000	0.000	0.000	-2.030**
EquityIssue	-0.405	0.036	-0.441	-1.890*	1.175	1.240	-0.065	-1.812*
UnderPricing	0.000	-0.002	0.003	1.912*	0.004	-0.046	0.050	1.907*
Subsidy	-0.053	-0.041	-0.012	-3.981***	0.004	-0.399	-0.597	-3.931***

注：***、**、*分别表示在1%、5%、10%水平上显著。

6.1.4　实证分析

6.1.4.1　《办法》的颁行与环境信息披露

表6-2的第（1）~（4）列分别报告了《办法》的颁行 *MDEI* 与环境信息披露水平（*EID*）、环境信息披露显著性（*EID_sig*）、环境信息披露数量性（*EID_amount*）和环境信息披露时间性（*EID_time*）的回归结果。由第（1）列可见，*MDEI* 的系数显著为正，表明《办法》颁行后上市公司的环境信息披露水平显著提高；第（2）~（4）列的回归结果与第（1）列一致，表明《办法》的颁行对环境信息披露的显著性、数量性和时间性均有显著提升。总体而言，《办法》的颁行对上市公司的环境信息披露具有促进作用。假设6-1得到验证。

表 6-2 《办法》颁行与环境信息披露的回归结果

Dep.	*EID* (1)	*EID_sig* (2)	*EID_amount* (3)	*EID_time* (4)
MDEI	1.820*** (3.51)	1.283*** (3.06)	1.384*** (2.78)	1.707*** (3.47)
SOE	0.363** (2.26)	0.228** (2.05)	0.127 (1.20)	0.350*** (2.47)
ROE	-0.055* (-1.81)	-0.043 (-1.54)	-0.061 (-1.21)	-0.055 (-1.56)
CFO	0.353 (0.77)	0.205 (0.77)	0.392 (1.41)	0.612 (1.38)
Growth	-0.098*** (-2.99)	-0.063*** (-2.82)	-0.048* (-1.74)	-0.086** (-2.15)
Size	0.511*** (4.84)	0.302*** (3.36)	0.311*** (3.78)	0.457*** (4.10)
LEV	0.946*** (2.77)	0.580** (2.44)	0.563** (2.19)	0.878*** (2.62)
CSR	4.041*** (3.85)	2.516*** (3.21)	2.488*** (3.70)	2.278*** (3.31)
Constant	-9.510*** (-3.76)	-5.316** (-2.38)	-5.782*** (-2.89)	-8.412*** (-3.10)
Year Fixed Effect	YES	YES	YES	YES
Industry Fixed Effect	YES	YES	YES	YES
Adj. R^2	0.259	0.220	0.238	0.222
F-value	18.98	17.45	14.75	14.87
Obs.	5378	5378	5378	5378

注：***、**、*分别表示在1%、5%、10%水平上显著。

6.1.4.2 空间距离、环境信息披露政策变更与政府资源分配

表6-3报告了空间距离、环境信息披露政策变更与政府资源分配的回归结果。第（1）、（2）、（4）列 *MDEI* 的系数均显著为正，第（3）列 *MDEI* 的系数显著为负，表明《办法》颁行后，企业股权发行可能性、股权募集金额及所获得的政府补助显著提高，股权发行折价率显著降低。因而，《办法》的颁行对政府资源分配具有显著的正向调节作用。从空间距离的角度来看，*Dis-*

tance 的系数仅在第（1）列中显著为负，在第（2）~（4）列结果均不显著；而 Distance×*MDEI* 的系数在第（1）、（2）、（4）列中显著为负，在第（3）列中显著为正。结果表明，在《办法》颁行前，没有充分的证据表明空间距离对政府资源分配具有显著影响；在《办法》颁行后，空间距离对政府资源分配具有显著的负向调节作用。假设 6-2 得到验证。

表 6-3 空间距离、环境信息披露政策与政府资源分配的回归结果

Dep.	*EquityIssue_dum* (1)	*EquityIssue* (2)	*UnderPricing* (3)	*Subsidy* (4)
Distance	-0.661* (-1.87)	-2.647 (-0.10)	-2.721 (-1.62)	0.062 (1.54)
MDEI	6.238*** (3.00)	0.261*** (3.24)	-1.192* (-1.92)	5.725*** (22.51)
Distance×MDEI	-0.022** (-2.02)	-0.118*** (-3.02)	0.204** (2.31)	-0.092** (-2.10)
SOE	-2.093** (-2.19)	0.135 (0.16)	0.519 (1.71)	-0.241 (-1.25)
ROE	-0.673 (-1.30)	-0.166 (-0.72)	0.157 (1.37)	-0.180 (-0.84)
CFO	-1.142 (-1.27)	-0.476 (-1.24)	0.192 (1.04)	1.985*** (3.02)
Growth	-0.203 (-0.39)	-0.010 (-0.36)	0.017* (1.86)	0.075 (1.04)
Size	0.502*** (6.39)	0.172 (1.47)	0.014 (0.82)	0.941*** (9.87)
LEV	0.239 (0.39)	-0.452 (-0.61)	-0.193 (-1.06)	0.563 (1.16)
MB	0.047* (1.93)	-0.011 (-1.05)	0.014*** (2.92)	0.233*** (8.11)
Market	-6.070* (-1.78)	0.291 (0.11)	1.973* (1.82)	0.605*** (10.34)
GDP	0.013 (0.10)	-0.012 (-0.19)	-0.061* (-1.77)	-0.001* (1.68)

续表

Dep.	*EquityIssue_dum* (1)	*EquityIssue* (2)	*UnderPricing* (3)	*Subsidy* (4)
Pollution	-0.336*** (-2.57)	-0.018 (-0.47)	0.013 (0.79)	
CSR	-0.494** (-2.51)	0.139* (1.78)	0.032 (0.78)	
Turnover	-0.040** (-2.31)	0.012 (1.15)	0.014** (2.06)	
Beta	-0.248 (-0.84)	0.181 (0.85)	0.028 (0.72)	
Herfindahl_5				-2.931*** (-4.12)
Independent				0.032 (0.32)
Constant	-5.110 (-0.83)	-3.421 (-0.58)	-3.414* (-1.76)	-21.388*** (-10.52)
Test: *MDEI*+ *Distance*×*MDEI*	6.204*** (2.95)	0.081*** (3.49)	-1.155** (-2.12)	5.584*** (4.17)
Year Fixed Effect	YES	YES	YES	YES
Industry Fixed Effect	YES	YES	YES	YES
Pseudo R^2/Adj. R^2	0.094	0.225	0.177	0.193
F-value	195.19	11.45	103.10	65.44
Obs.	4144	375	375	5278

注：***、**、*分别表示在1%、5%、10%的水平上显著。

6.1.4.3 分组回归

表6-4报告的是在不同内外部环境下，空间距离、环境信息披露政策变更与政府资源分配的分组回归结果。

Panel A研究结果显示，非四大审计的企业在《办法》颁行后，股权发行可能性及股权募集金额较之四大审计的企业显著提升，股价发行折价率比四大审计企业显著降低，但非四大审计企业的空间距离具有显著的负向调节作用，四大审计企业的空间距离负向调节作用并不明显。虽然如此，非四大审计的企业还是总体表现为股权发行可能性及股权募集金额的显著提高，股价发行折价率显著降低。同样的现象也发生在政府补助方面，《办法》颁行后，非四大审计的企业政府补助较之四大审计的企业显著提升，同时非四大审计企业的空间距离具有更加显著的负向作用，但非四大审计的企业具有总体的政府补助的显著提高。

Panel B 研究结果显示，较之高股权集中度的企业，低股权集中度的企业在《办法》颁行后，股权发行可能性及股权募集金额显著提升，股权发行折价率显著降低。但低股权集中度的企业有着更为显著的空间距离负向调节作用，能够抵消《办法》所带来的正（负）向影响。在政府补助方面，低股权集中度企业在《办法》颁行后，获得了较多的政府补助，在空间距离负向调节作用方面则不如高股权集中度企业，但总体比高股权集中度企业获得的政府补助要高。

Panel C 研究结果表明，较之高市场化程度地区的企业，低市场化程度地区的企业在《办法》颁行后，股权发行可能性及股权募集金额显著提升，股权发行折价率显著降低。但低市场化程度地区的企业有着更为显著的空间距离负向调节作用，能够抵消《办法》所带来的正（负）向影响。在政府补助方面，低市场化程度地区的企业在《办法》颁行后，获得了较多的政府补助，在空间距离负向调节作用方面也显著高于高市场化程度地区的企业，并总体比高市场化程度地区的企业获得的政府补助要高。

Panel D 研究结果表明，较之高 GDP 地区的企业，低 GDP 地区的企业在《办法》颁行后，股权发行可能性及股权募集金额显著提升，股权发行折价率也显著降低。但低 GDP 地区的企业有着更为显著的空间距离负向调节作用，能够抵消《办法》所带来的正（负）向影响。在政府补助方面，低 GDP 地区的企业在《办法》颁行后，获得了较多的政府补助，在空间距离负向调节作用方面也显著高于高 GDP 地区的企业，并总体比高 GDP 地区的企业获得的政府补助要高。

Panel E 研究结果显示，较之非重污染企业，重污染企业在《办法》颁行后，股权发行可能性及股权募集金额显著提升，股权发行折价率也显著降低。且重污染企业有着更为显著的空间距离负向调节作用，能够抵消《办法》所带来的正（负）向影响。在政府补助方面，重污染企业在《办法》颁行后，获得了较多的政府补助，在空间距离负向调节作用方面也显著高于非重污染企业，并总体比低污染企业获得的政府补助要高。

表 6-4　空间距离、环境信息披露政策与政府资源分配的分组回归结果

Panel A：审计质量

Dep.	*EquityIssue_dum*		*EquityIssue*		*UnderPricing*		*Subsidy*	
	Big4	Non-Big4	Big4	Non-Big4	Big4	Non-Big4	Big4	Non-Big4
Distance	0.124 (0.71)	0.564 (1.58)	-8.096 (-0.75)	-2.572** (2.29)	0.005 (0.01)	-0.649 (-1.50)	-1.418 (-1.01)	-0.928*** (0.60)
MDEI	0.313** (2.37)	6.059*** (2.85)	1.912* (1.88)	2.202* (1.98)	0.250** (2.34)	-1.044** (-2.58)	2.644* (1.89)	3.136* (1.82)
Distance×MDEI	-0.005 (-0.55)	-0.025** (-2.07)	-0.219 (-1.24)	-0.416** (-2.85)	-0.070 (-1.51)	0.229* (1.83)	-0.012*** (-2.65)	-0.045*** (-3.64)
MDEI+Distance×MDEI	0.305** (2.32)	6.021*** (2.83)	0.857* (1.90)	1.566** (2.46)	0.143** (2.05)	-0.694* (1.80)	2.626* (1.87)	3.067* (1.82)

Panel B：股权集中度

Dep.	*EquityIssue_dum*		*EquityIssue*		*UnderPricing*		*Subsidy*	
	High	Low	High	Low	High	Low	High	Low
Distance	1.541 (1.55)	-0.003 (-0.51)	1.226 (0.43)	-0.651 (-0.74)	0.001 (0.80)	0.678* (1.83)	-1.345*** (-2.66)	-0.779* (-1.82)
MDEI	1.162*** (2.96)	1.704*** (5.30)	1.338* (1.86)	2.038*** (3.66)	-0.018** (-2.43)	-2.107* (-1.85)	1.124* (1.94)	4.210** (2.15)
Distance×MDEI	-0.019 (-1.28)	-0.024** (-2.54)	-0.270* (-1.90)	-0.279*** (-2.94)	0.012 (1.60)	0.321** (2.77)	-0.049*** (-4.95)	-0.046** (-2.49)
MDEI+Distance×MDEI	1.133** (2.54)	1.667*** (4.34)	0.925* (1.81)	1.612*** (8.44)	0.003** (2.05)	-1.617* (-1.87)	1.049* (1.910)	4.140*** (9.32)

续表

Panel C：市场化程度								
Dep.	*EquityIssue_dum*		*EquityIssue*		*UnderPricing*		*Subsidy*	
	High	Low	High	Low	High	Low	High	Low
Distance	0.001	−0.733	0.025	0.035	0.006	0.014	−0.290	−0.138**
	(0.43)	(−0.60)	(0.57)	(0.49)	(0.17)	(1.34)	(−1.52)	(−2.44)
MDEI	1.213***	1.472***	1.374*	1.944***	−1.024*	−1.361***	5.656**	6.886***
	(3.18)	(3.92)	(1.91)	(8.24)	(1.93)	(−7.65)	(2.07)	(18.96)
Distance×MDEI	−0.001*	−0.043**	−0.071	−0.159**	0.044	0.139***	−0.205**	−0.261**
	(−1.91)	(−2.26)	(−1.29)	(−2.43)	(1.11)	(2.76)	(2.12)	(−2.52)
MDEI+Distance×MDEI	1.211***	1.406***	1.266*	1.701***	−0.957	−1.149***	5.343**	6.487***
	(2.97)	(3.58)	(1.90)	(6.46)	(−1.79)	(−9.88)	(2.01)	(10.18)

Panel D：*GDP*								
Dep.	*EquityIssue_dum*		*EquityIssue*		*UnderPricing*		*Subsidy*	
	High	Low	High	Low	High	Low	High	Low
Distance	0.021	−0.003	−6.278	−0.006	−1.119	2.254	−2.008	−0.881***
	(1.41)	(−0.76)	(−0.93)	(−0.49)	(−0.92)	(1.05)	(−1.41)	(−3.01)
MDEI	1.117***	1.398***	1.028**	1.168***	−0.943*	−1.111**	0.756**	2.567***
	(2.68)	(3.67)	(2.55)	(4.02)	(−1.88)	(−2.54)	(2.24)	(3.44)
Distance×MDEI	−0.018	−0.023**	−0.441	−0.015***	0.129	0.152**	−0.077**	−0.118**
	(−0.44)	(−2.63)	(−1.42)	(−5.11)	(0.43)	(2.18)	(−2.12)	(−2.45)
MDEI+Distance×MDEI	1.089**	1.363***	0.354*	1.145***	−0.746*	−0.879**	0.638**	2.387***
	(2.35)	(3.54)	(1.82)	(3.46)	(1.79)	(2.43)	(2.79)	(9.40)

续表

Panel E：污染行业

Dep.	*EquityIssue_dum*		*EquityIssue*		*UnderPricing*		*Subsidy*	
	High	Low	High	Low	High	Low	High	Low
Distance	-0.001 (-0.92)	0.968 (1.15)	-0.612* (-1.98)	-0.571 (-0.67)	0.137*** (3.12)	0.150 (1.59)	-1.688** (-2.43)	-0.311 (-1.57)
MDEI	1.792*** (4.55)	1.231*** (3.48)	2.390*** (3.36)	1.748* (1.90)	-0.971*** (-3.44)	-0.485* (-1.79)	0.669* (1.90)	6.543** (2.42)
Distance×MDEI	-0.019*** (-3.71)	-0.016* (-1.83)	-0.254*** (-3.77)	-0.201** (-2.13)	0.294*** (9.62)	0.126* (1.88)	-0.040*** (-3.73)	-0.062*** (-3.09)
MDEI+Distance×MDEI	1.763*** (3.78)	1.207*** (3.17)	2.002*** (2.99)	1.441* (1.88)	-0.522*** (3.26)	-0.292* (1.89)	0.608* (1.89)	6.448** (2.05)

注：***、**、*分别表示在1%、5%、10%水平上显著。

6.1.4.4 稳健性检验

为了检验主要回归结果的稳健性，我们进行两个稳健性检验：一是安慰剂检验；二是使用市场化较高的债务融资作为因变量，考察是否存在与股权融资、政府补贴一样的效应。

表 6-5 报告了安慰剂检验的结果。这是我们将《办法》颁行时间从原来的 2008 年人为设定至 2007 年，选取 2005—2006 年数据作为《办法》颁行前的样本，将 2008—2009 年数据作为《办法》颁行后的样本，重新运行回归。可以看出，第（1）～（4）列中 *Distance*×*MDEI* 的系数均不显著，*MDEI* 和 *MDEI*+*Distance*×*MDEI* 的系数仅在第（2）列中显著。总体来看，表 6-4 中的显著性结果消失了，表明改变《办法》颁行时间的设定后，空间距离、环境信息披露政策变更与政府资源分配之间的关系不再显著，说明该影响只存在于实际的《办法》颁行之后。进一步验证了本节提出的假设。

表 6-5 安慰剂检验的结果

Dep.	*EquityIssue_dum* (1)	*EquityIssue* (2)	*UnderPricing* (3)	*Subsidy* (4)
Distance	0.064 (1.29)	-2.984 (-1.57)	0.006 (0.89)	0.008 (0.51)
MDEI	1.133 (1.59)	-69.008** (-2.43)	-0.066 (-0.56)	-0.241 (-1.04)
Distance×*MDEI*	-0.061 (-1.12)	3.086 (1.56)	-0.002 (-0.25)	-0.003 (-0.12)
SOE	-0.643*** (-2.98)	-0.541 (-0.13)	0.037 (0.85)	-0.099 (-0.88)
ROE	0.465 (0.55)	24.741 (1.29)	0.108 (0.46)	0.071** (2.19)
CFO	-0.469 (-0.33)	49.888* (1.81)	0.311 (1.04)	1.138* (1.88)
Growth	0.119 (1.56)	-0.044 (-0.03)	-0.006 (-0.77)	0.019 (0.83)
Size	0.649*** (6.60)	20.653*** (5.09)	-0.002 (-0.10)	0.718*** (10.85)
LEV	-1.508*** (-2.62)	-24.223 (-1.62)	0.212 (1.51)	-0.503 (-1.44)

续表

Dep.	*EquityIssue_dum* (1)	*EquityIssue* (2)	*UnderPricing* (3)	*Subsidy* (4)
MB	-0.023 (-0.25)	3.170 (1.400)	0.005 (0.24)	-0.014 (-0.35)
Market	-0.047 (-0.89)	-0.238 (-0.21)	0.003 (0.25)	0.033 (0.98)
GDP	0.252*** (2.26)	3.635 (0.92)	0.014 (0.90)	0.118** (2.38)
Pollution	-0.184 (-0.89)	2.939 (0.75)	0.034 (0.84)	
CSR	-1.125* (-1.79)	-21.589** (-2.43)	0.022 (0.09)	
Turnover	-0.012 (-0.32)	1.043 (1.57)	-0.003 (-0.41)	
Beta	0.319 (0.68)	-37.214* (-1.80)	0.150 (1.51)	
Herfindahl_5				0.183 (0.38)
Independent				0.101 (1.50)
Constant	-19.414*** (-9.07)	-381.081*** (-4.97)	-0.466 (-0.96)	-2.166 (-1.58)
Test：*MDEI*+ *Distance*×*MDEI*	1.040 (0.79)	-64.293* (1.91)	-0.069 (0.91)	-0.246 (1.02)
Year Fixed Effect	YES	YES	YES	YES
Industry Fixed Effect	YES	YES	YES	YES
Pseudo R^2/ Adj. R^2	0.203	0.631	0.196	0.155
F-value	204.07	3.45	3.54	15.48
Obs.	2228	132	132	1413

注：***、**、*分别表示在1%、5%、10%的水平上显著。

债务发行被认为是市场化程度较高的事项，受到政府的干预相对较少。表6-6报告的是空间距离、环境信息披露政策变更与债务发行的回归结果。研究结果表明，无论对债务发行的可能性（*DebtIssue_dum*）还是债务发行金额（*DebtIssue*），交乘项 *Distance*×*MDEI* 均不显著。这说明企业环境信息披露更多的是为了获取政府控制的资源，而对市场化的资源则不具有显著的影响。

表 6-6 空间距离、环境信息披露政策变更与债务发行的回归结果

Dep.	*DebtIssue_dum*	*DebtIssue*
Distance	-0. 073 (-0. 80)	-0. 023 (-1. 18)
MDEI	1. 764*** (5. 39)	0. 347*** (2. 82)
Distance×MDEI	-0. 009 (-0. 09)	-0. 038 (-1. 60)
SOE	-0. 200 (-1. 27)	0. 108 (1. 11)
ROE	0. 096 (0. 88)	-0. 009 (-0. 02)
CFO	-0. 538 (-1. 13)	-0. 388 (-1. 15)
Growth	-0. 230 (-1. 64)	-0. 117 (-1. 70)
Size	0. 947*** (13. 48)	0. 659*** (9. 63)
LEV	0. 646 (1. 35)	-0. 689** (-2. 56)
Dividend	3. 935 (0. 54)	4. 184 (1. 13)
Market	-0. 017 (-0. 34)	-0. 034 (-1. 07)
GDP	-0. 029 (-0. 56)	0. 020 (0. 74)
CSR	0. 244 (1. 47)	4. 184 (1. 13)
Cashholding	-3. 694** (-5. 30)	-0. 750* (-1. 86)
Tobin Q	-0. 053 (-0. 62)	-0. 009 (-0. 18)
COD	-6. 277*** (-3. 76)	-4. 121 (-1. 26)
Constant	-24. 573*** (-15. 49)	-11. 990*** (-7. 58)

续表

Dep.	*DebtIssue_dum*	*DebtIssue*
Test：*MDEI+Distance×MDEI*	1.750*** (3.95)	0.289** (2.44)
Year Fixed Effect	YES	YES
Industry Fixed Effect	YES	YES
Pseudo R^2/Adj. R^2	0.264	0.650
F-value	585.74	24.57
Obs.	5378	285

注：***、**、*分别表示在1%、5%、10%水平上显著。

6.1.5 本节研究结论

本节选取 2005—2007 年和 2009—2011 年中国 A 股制造业上市公司数据作为研究样本，基于环境信息披露政策变更的研究视角，结合企业与生态环境监管部门的空间距离，研究了环境信息披露对政府资源分配的影响。研究结果表明：①环境信息披露政策的完善能够提高企业的环境信息披露水平；②环境信息披露水平的提高能够为企业带来更多的政府资源，具体表现在股权发行可能性增大、股权募集金额增加、股权发行折价率降低和政府补助增加；③在《办法》颁行后，空间距离的增大能够减少企业得到的政府资源。进一步研究发现，上述效应在非四大审计、低股权集中度、低市场化程度地区、低 GDP 地区、重污染行业的企业中更加显著。

针对以上问题，本节提出如下建议：①从地方政府获得更多资源是企业进行环境信息披露的重要动机，监管部门应关注地方政府对企业环境信息披露机会主义行为的影响问题；②与地方政府距离较远的企业获得政府资源的可能性相对较小，监管部门应对远距离企业予以重点关注；③监管部门应按照企业特征及企业所在地、所在行业的情况分类监管上市公司，重点关注非四大审计、低股权集中度、低市场化程度地区、低 GDP 地区、重污染行业的企业。

6.2 环境信息披露与融资约束

6.2.1 研究背景

现有研究表明，企业信息披露水平的提高可以降低信息不对称程度，从而实现企业融资约束的缓解（Diamond and Verrecchia，1991；张纯、吕伟，2007）。Iatridis（2013）以马来西亚先进的新兴市场为研究对象，发现环境信息披露水平的提高也可以降低企业面临的融资约束。然而国内学者对环境信息披露与融资约束的关系研究主要集中在股权融资成本方面（叶陈刚等，2015），尚未涉及环境信息披露与融资约束关系的直接研究。基于市场的差异性，国外研究成果在国内是否成立有待进一步检验。虽然有学者基于国内上市公司研究指出社会责任信息披露有助于降低企业的融资约束，且披露质量越高，融资约束程度越低（何贤杰等，2012），但社会责任信息中糅杂了很多其他信息，很难分辨出环境信息的作用。此外，现有研究对内生性问题未能有效解决。信息披露与融资约束之间的内生性是目前横截面数据难以解决的，这需要一个外生事件作为“天然实验”的基础。而2008年原国家环保总局颁行的《办法》能够有效地解决上述问题。因此，这里我们基于《办法》颁行的“天然实验”背景，探索《办法》颁行前后环境信息披露对融资约束的影响。

我们选取上市制造业企业作为研究对象，将2004—2006年三年作为《办法》颁行前样本，2009—2011年三年作为《办法》颁行后样本，从政策变动的视角研究环境信息披露对企业融资约束的影响。研究结果表明，《办法》颁行后，企业的融资约束显著降低，且环境信息披露水平越高，对融资约束的缓解程度就越大。进一步研究发现，在重污染企业和内部控制质量较高的企业中，环境信息披露对企业融资约束的缓解作用更加显著。本节可能的贡献主要体现在：①探索研究了国内上市公司环境信息披露对融资约束的影响问题。目前还没有文献直接系统地研究企业环境信息披露对融资约束的影响机理问题。②从政策变动的视角展开研究，在一定程度上解决了内生性问题。

6.2.2 信息不对称与融资约束

由于资本市场的不完善性，融资约束普遍存在于企业当中，其中信息不对称是企业面临融资约束的主要原因之一。Myers 和 Majluf（1984）研究指出公司在融资过程中，由于公司内部人与外部投资者之间存在信息不对称问题，企业外部融资成本大于内部融资成本。Fazzari 等（1988）也研究指出信息不对称问题是导致内外部融资成本差异的原因。依据信息不对称理论，信息在经济个体中是不对称分布的，掌握信息较多的交易方往往处于有利地位，而掌握信息较少一方则处于不利地位。外部投资者为了保障自己的权益，往往会增加风险溢价要求，从而导致企业外部融资成本大于内部融资成本，形成了融资约束问题。因此，解决融资约束问题的关键是减少信息不对称。Diamond 和 Verrecchia（1991）研究指出信息披露水平的提高可以降低信息不对称程度，进而降低企业的外部融资成本。Botosan（1997）以 122 家制造业公司的 1990 份年度报告为基础，研究发现企业信息披露水平与权益资本成本之间是负相关关系。Healy 等（1999）提出企业信息披露等级的增加可以同时增加债务和权益融资。同时国内学者张纯、吕伟（2007）也提供了企业信息披露水平与融资约束负相关关系的直接证据。

随着社会对环境问题的日益关注，有关企业环境行为信息的披露和融资约束的相关性问题也开始引起学者们的关注。Richardson 等（1999）基于信息不对称角度提出社会责任信息的披露可以降低企业的资本成本。Goss 和 Roberts（2011）研究发现披露社会责任信息的企业能够以较低的利率获得银行贷款，并且贷款期限更长。也有学者基于企业环境信息直接展开研究，指出企业和环境信息披露水平的提高可以降低外部股权融资成本（Plumlee et al.，2015；叶陈刚等，2015）。Iatridis（2013）以马来西亚先进的新兴市场为研究对象，发现较高的环境信息披露质量会改善投资者对企业的预期，将较高的环境信息披露水平视作有效的企业治理水平，进而减少企业面临的资本约束，使其更容易进入资本市场。然而国内学者尚未涉及环境信息披露与融资约束关系的直接研究，国外研究成果在国内是否成立有待进一步检验。此外，国内外的文献研究未有效解决内生性问题。大部分研究都是基于横截面数据进行的，虽然部分研究以环境事件为研究背景（Darrell and Schwartz,

1997；Deegan et al.，2000），但同样没有得到让人满意的结果。因此，本小节选择《办法》的颁行作为“天然实验”的背景，对比研究《办法》颁行前后环境信息披露对融资约束的影响，既能够有效解决内生性问题，又可以系统地研究环境信息披露对融资约束的影响机理。

6.2.3 理论分析与研究假设

为了推进和规范企业公开环境信息的行为，加强对上市公司环境保护工作的监督，我国于2008年5月1日颁行了《环境信息公开办法（试行）》，首次对企业公开环境信息的内容和形式进行了明确的规定。卢馨、李建明（2010）以我国2007—2008年沪市A股制造业上市公司为样本研究发现，我国上市公司环境信息披露在《办法》出台后，披露的内容、披露方式均有了明显的改善。王建明（2008）也研究指出环境信息披露法律法规的颁布及实施可以提高企业的环境信息披露水平。企业环境信息属于非财务信息部分，其披露水平的提高有利于降低企业的信息不对称，提高企业信息披露的透明度。此外，企业环境信息披露水平的提高，还可以向市场传递良好的企业形象，增加投资者对企业的信心，提升企业的信用等级，对企业融资约束的缓解产生积极作用。但是针对《办法》颁行前，我国环境信息披露总体质量较差，实用性较低的情况（肖淑芳、胡伟，2005），可能无法发挥出其对融资约束的缓解作用。《办法》颁行后，对企业的环境信息披露行为进行了规范，加大了对环境信息披露力度的要求，增强了披露信息的全面性和可比性，从而加强了环境信息披露对融资约束的影响。叶陈刚等（2015）也研究指出，行业监管法律水平的提高，可以显著提升环境信息披露对降低股权融资成本的积极作用。因此，企业的融资约束很可能在《办法》颁行后得到一定程度的缓解。据此，提出以下两个假设：

假设6-3：《办法》颁行后，企业的融资约束得到缓解。

假设6-4：《办法》颁行后，环境信息披露水平越高对企业融资约束的缓解程度越大。

《办法》颁行后，虽然提升了整体环境信息披露水平（卢馨、李建明，2010），但对重污染企业和非重污染企业带来的制度压力是不同的。《办法》强制要求重污染企业披露环境行为信息，披露的要求明确且一致，而对非重污染企业仍以鼓励自愿公开为主。王建明（2008）研究指出环境信息披露水平受到环境监管制度压力的影响，监管制度压力越大，环境信息披露水平越高。非重污染企业受到的法律制度压力较《办法》颁行前没有明显的变化，其环境信息披露行为仍存在一定的选择性。卢馨和李建明（2010）发现《办法》颁行后，企业的环境信息披露仍主要集中于重污染行业。由此可知，《办法》给重污染企业带来的影响要显著大于非重污染企业，则企业环境信息披露水平对融资约束的缓解作用也应该在重污染企业更加显著。据此提出假设 6-5：

假设 6-5：相对于非重污染企业，《办法》颁行后环境信息披露对融资约束的缓解作用在重污染企业更加显著。

《办法》鼓励企业自愿公开其环境行为信息，而不同的企业在环境信息公开意愿方面存在差异。Ho 和 Wong（2001）研究发现审计委员会的存在与自愿性信息披露程度正相关，而家族成员在董事会的比例与自愿性信息披露的程度则是负相关关系。Barako 等（2006）也指出审计委员会的存在提高了企业自愿性信息披露水平。王霞等（2013）实证研究发现内部治理水平会对企业的环境信息披露行为产生影响。这些研究结果表明，良好的内部治理环境和完善的内部控制机制能够促进企业公开其环境行为信息，提高环境信息披露质量。同时，《办法》对环境信息的披露内容进行了规范，增强了企业公开的环境信息的全面性和可比性，更好地满足了外部投资者的信息需求。因此，我们认为《办法》颁行后，内部控制质量较好的企业环境信息披露水平对融资约束的缓解作用更加显著。据此提出假设 6-6：

假设 6-6：相对于内部控制质量较差的企业，《办法》颁行后环境信息披露对融资约束的缓解作用在内部控制质量较好的企业更加显著。

6.2.4 模型构建

6.2.4.1 样本选择与数据来源

这里我们选取上市制造业企业作为研究对象，由于《办法》是在 2007 年 2 月 8 日经原国家环保总局会议通过，于 2008 年 5 月 1 日施行，因此剔除 2007—2008 年数据，将 2004—2006 年三年作为《办法》颁行前样本，2009—2011 年三年作为《办法》颁行后样本。在数据的汇总过程中，我们剔除了 ST

（包括 SST）公司和具有异常值、极端值的样本，最后整理得到 3943 个样本观测值。本小节环境信息披露指标数据是手动收集计算得到，其他财务数据均来自 CCER 数据库。

6.2.4.2 模型的构建

为了验证假设 6-3 和假设 6-4，我们借鉴 Erel 等（2015）的做法构建了回归模型（6-3）和模型（6-4）。模型（6-3）是从时间角度分析政策颁行前后企业融资约束的变化，模型（6-4）是为了检验《办法》颁行后企业环境信息披露水平对融资约束的影响。

$$CashHolding\_chg = \alpha_0 + \alpha_1 CFO + \alpha_2 Post + \alpha_3 CFO \times Post + Controls + \varepsilon \quad (6-3)$$

$$\begin{aligned} CashHolding\_chg = & \beta_0 + \beta_1 CFO + \beta_2 Post + \beta_3 CFO \times Post + \beta_4 EID \\ & + \beta_5 CFO \times EID + \beta_6 Post \times EID + \beta_7 CFO \times Post \times \\ & EID + Controls + \varepsilon \end{aligned} \quad (6-4)$$

其中，*CFO* 的系数 α_1 表示企业在《办法》颁行前受到的融资约束程度。α_3 系数表示《办法》颁布对企业融资约束的影响，α_3 为负，则表明《办法》颁行后企业的融资约束得到缓解。本小节重点关注的系数是 β_7，它度量了《办法》颁行后企业环境信息披露对融资约束的影响。此外，综合 Almeida 等（2004）及 Erel 等（2015）的相关研究，本小节还选取了一些控制变量（Controls），具体定义见本章附表 6-A。

6.2.5 实证分析

6.2.5.1 描述性统计

表 6-7 所示为对全变量的统计分析结果。从中可以看出，现金持有量变化额（*CashHolding_chg*）的均值是-0.0200，中位数为-0.0121，表明上市制造业公司样本中超过一半的企业现金持有量是逐年不断减少的。环境信息披露水平（*EID*）的均值 4.2242，最小值为 0，最大值为 18，也可以看出我国制造业企业总体的环境信息披露仍处于一个较低的水平。*Post* 的均值为 0.6137，表明《办法》颁布后的样本占到总样本的 61.37%。

表 6-7　全变量的统计分析结果

Variable	均值	标准差	最小值	P25	中位数	P75	最大值
CashHolding_chg	-0.0200	0.0903	-0.7266	-0.0594	-0.0121	0.0224	0.6829
EID	4.2242	4.0627	0.0000	0.0000	3.0000	7.0000	18.0000
Post	0.6137	0.4870	0.0000	0.0000	1.0000	1.0000	1.0000
CFO	0.0506	0.0754	-0.4700	0.0090	0.0472	0.0921	0.4824
Size	21.5737	1.0841	18.2659	20.8286	21.4262	22.1520	26.4873
Shortdebt	0.3842	0.1685	0.0028	0.2635	0.3837	0.5041	0.9724
TobinQ	1.8178	1.6603	0.0968	0.7655	1.3246	2.2923	33.2701
ROE	0.0681	0.1975	-7.6746	0.0309	0.0711	0.1182	3.6179
Adm	2.1720	0.7644	1.0000	2.0000	2.0000	3.0000	3.0000
Largest	0.3804	0.1543	0.0362	0.2595	0.3632	0.4967	0.8649
ICIdum	0.5100	0.5000	0.0000	0.0000	1.0000	1.0000	1.0000

6.2.5.2　多元回归分析

（1）环境信息披露对融资约束的影响

我们首先实证检验了《办法》的颁行对企业融资约束的影响，回归结果见表 6-8 第（1）列所示。从中可以看出，*CFO* 的系数在回归模型（6-3）中在 1%水平上显著为正，说明在《办法》颁行前上市制造业企业现金持有量对内部现金流的敏感性较强，上市制造业企业面临融资约束问题。而交乘项 *Post×CFO* 的系数为-0.1320，在 1%的水平上显著为负，说明在《办法》颁行后企业的现金—现金流敏感度下降，融资约束程度降低，证明了假设 6-3。

表 6-8 第（2）列是模型（6-4）的实证检验结果。由交乘项 *Post×CFO×EID* 的回归系数-0.0089（在 5%的水平上显著）可知，《办法》颁行后企业环境信息披露水平的提高可以缓解其面临的融资约束，这支持了假设 6-4。假设 6-3 和假设 6-4 均在实证结果中得到验证，说明《办法》的颁行规范了企业的环境信息披露行为，提高了环境信息的披露质量，加强了环境信息披露对融资约束的影响，使得企业的融资约束程度在《办法》颁行之后得到缓解。

表 6-8 环境信息披露对融资约束的影响研究

Dep：*CashHolding_chg*	(1)	(2)
Post	0.0105	-0.0083
	(1.51)	(-0.54)
CFO	0.3990***	0.3390***
	(11.29)	(7.11)
Post×CFO	-0.1320***	0.0255
	(-3.17)	(0.29)
EID		0.0005
		(1.63)
CFO×EID		-0.0050
		(-1.10)
Post×EID		0.0010
		(1.42)
Post×CFO×EID		-0.0089**
		(-2.37)
Size	0.0113***	0.0049***
	(2.97)	(3.39)
Shortdebt	0.0342**	0.1020***
	(2.01)	(3.61)
TobinQ	0.0067***	0.0037
	(4.39)	(1.10)
ROE	-0.0150*	-0.0166**
	(-1.77)	(-2.13)
Adm	-0.0012	-0.0109***
	(-0.31)	(-5.64)
Largest	-0.0096	-0.0342***
	(-0.41)	(-2.80)
ICIdum	0.0151***	0.0048*
	(4.20)	(1.65)
Constant	-0.3140***	-0.1520***
	(-3.89)	(-4.05)
Year Fixed Effect	YES	YES

续表

Dep：*CashHolding_chg*	(1)	(2)
Firm Fixed Effects	YES	YES
N	3943	3943
Adj. R^2	0.2909	0.1235
F-value	24.09	27.09

注：*、**、***分别表示在10%、5%、1%水平上显著。

（2）进一步分析

为了进一步探索《办法》的颁行给不同污染程度企业带来的影响，按是否是重污染企业①分组进行多元回归分析，回归结果见表6-9。从中可以看出，重污染企业和非重污染企业模型（6-3）中的*CFO*系数均在1%水平上显著为正，交乘项*Post×CFO*在10%和5%水平上均显著为负，说明重污染企业和非重污染企业的融资约束在《办法》颁行后均得到缓解。而模型（6-4）中的三项交乘项*Post×CFO×EID*只在重污染企业显著为负（在5%水平上），在非重污染企业内则不显著，说明《办法》颁行之后环境信息披露对融资约束的缓解作用只在重污染企业内发挥作用。这可能与《办法》作用于重污染企业的外部制度压力大于非重污染企业有关，非重污染企业的环境信息披露仍存在较大的选择性。同时这样的回归结果也证明了假设6-5，即《办法》颁行后环境信息披露对融资约束的缓解作用在重污染企业更加显著。

表6-9　按是否是重污染企业分组的回归结果

Dep：*CashHolding_chg*	重污染行业		非重污染行业	
	(1)	(2)	(1)	(2)
Post	0.0121*	-0.0131	0.0092	-0.0157
	(1.91)	(-0.76)	(1.05)	(-1.43)
CFO	0.3700***	0.2850***	0.4700***	0.4330***
	(8.91)	(4.72)	(7.58)	(11.08)
Post×CFO	-0.0952*	0.0870	-0.1550**	-0.1070**

① 根据2010年原环保部公布的《上市公司环境信息披露指南（征求意见稿）》，定义火电、钢铁、水泥、电解铝、煤炭、冶金、化工、石化、建材、造纸、酿造、制药、发酵、纺织、制革和采矿业等16类行业为重污染行业。

续表

Dep：*CashHolding_chg*	重污染行业		非重污染行业	
	(1)	(2)	(1)	(2)
	(-1.94)	(0.81)	(-2.12)	(-2.53)
EID		0.0004		0.0003
		(0.49)		(0.27)
CFO×EID		-0.0006		-0.0126
		(-0.12)		(-1.03)
Post×EID		0.0010		0.0011
		(1.00)		(0.86)
Post×CFO×EID		-0.0151**		-0.0003
		(-1.97)		(-0.02)
Control	YES	YES	YES	YES
Year Fixed Effect	YES	YES	YES	YES
Firm Fixed Effects	YES	YES	YES	YES
N	2205	2205	1738	1738
Adj. R^2	0.3089	0.1347	0.2724	0.1514
F-value	16.92	16.16	15.34	14.04

注：*、**、***分别表示在10%、5%、1%水平上显著。

根据不同企业对环境信息披露意愿的不同，进一步按照企业内部控制质量的高低进行分组回归，回归结果见表6-10。这里我们按照企业内部控制指数的中位数进行分组，定义高于中位数的样本为内部控制质量较高组，低于中位数的则为内部控制质量较低组，由于交乘项 *Post×CFO* 和三项交乘项 *Post×CFO×EID* 均只在内部控制质量较高的企业显著为负，而在内部控制质量较低的样本组不显著，说明《办法》的颁行带来的环境信息披露对融资约束的缓解作用只在内部控制质量较高企业发挥作用，证明了假设6-6。内部控制质量较高的企业更愿意公开其环境行为信息，从而在《办法》颁行后有更好的表现，融资约束得到缓解。

表 6-10 按企业的内部控制质量高低分组的回归结果

Dep：*CashHolding_chg*	高内部控制		低内部控制	
	(1)	(2)	(1)	(2)
Post	-0.0049	-0.0066	0.0294***	-0.0024
	(-0.39)	(-0.70)	(3.24)	(-0.18)
CFO	0.4310***	0.2900***	0.3770***	0.3580***
	(7.59)	(5.46)	(7.69)	(6.75)
Post×CFO	-0.1410**	-0.0928	-0.0669	0.0966
	(-2.08)	(-1.18)	(-1.08)	(0.99)
EID		0.0005*		0.0004
		(1.66)		(0.92)
CFO×EID		-0.0017		-0.0180***
		(-0.84)		(-3.03)
Post×EID		0.0017***		-0.0005
		(2.97)		(-0.56)
Post×CFO×EID		-0.0117***		-0.0110
		(-3.51)		(-1.49)
Control	YES	YES	YES	YES
Year	YES	YES	YES	YES
N	2011	2011	1932	1932
Adj. R^2	0.3398	0.0992	0.3285	0.1568
F-value	11.68	10.72	12.67	19.41

注：*、**、***分别表示在10%、5%、1%水平上显著。

6.2.5.3 稳健性检验

为了验证研究结论的可靠性，这里进一步考虑用模型更改和相似变量替换两种方法进行稳健性检验。一是采用 HP 指数、KZ 指数与 WW 指数作为融资约束程度的衡量变量重新进行回归。二是采用环境信息披露水平（*EID*）的相似变量 *EID_time* 和 *EID_sig* 替换原模型中的 *EID* 进行检验。三是采用《办法》颁行后样本进行稳健性检验。

（1）模型替换

参照 Hadlock 和 Pierce（2010）的做法，我们以企业规模和上市年龄两个外生变量构建了 HP 指数，通过方程（$HP=-0.737Size+0.043Size^2-0.040Age$）

来度量企业的融资约束程度。其中，*Size* 为企业资产的自然对数，单位为百万元；*Age* 为企业上市开始到现在的年限。HP 指数的绝对值值越大，表明上市公司面临的融资约束越小。参照 Lamont 等（2001）对融资约束的衡量方法，我们构建了 KZ 指数（$KZ=-1.001909CFO+3.139193TLTD-39.36780TDIV-1.314759CASH+0.2826389Q$）。其中，*TLTD* 为长期负债与总资产的比值；*TDIV* 为企业股利支付总额与总资产的比值；*CASH* 为流动资产与总资产的比值；*Q* 为托宾 Q 值。参照 Whited 和 Wu（2006）构建的衡量融资约束的多变量指标体系——WW 指数（$WW=-0.091CFO-0.062DIVPOS+0.021TLTD-0.044Size+0.102ISG-0.035SG$）。其中，*DIVPOS* 为哑变量，表示企业当年是否支付现金股利；*ISG* 为行业销售增长率；*SG* 为企业的销售增长率。

基于上述对融资约束的衡量方法，我们重新构建了检验环境信息披露与融资约束的多元回归模型：

$$FC=\gamma_0+\gamma_1 Post+Controls+\varepsilon \tag{6-5}$$

$$FC=\lambda_0+\lambda_1 Post+\lambda_2 EID+\lambda_3 Post\times EID+Controls+\varepsilon \tag{6-6}$$

其中，*FC* 分别代表 HP 指数、KZ 指数和 WW 指数。

表 6-11 报告了模型（6-5）和模型（6-6）的稳健性检验结果。可以发现，模型（6-5）中 *Post* 变量在 1%水平上显著为正，表明《办法》颁行后 SA 指数值增加，则企业的融资约束程度降低。同时模型（6-6）中交乘项 *Post×EID* 的系数也在 1%水平上显著为正，与本部分的原结论一致，说明《办法》颁行后企业的融资约束显著降低，且环境信息披露水平越高，对融资约束的缓解程度就越大，假设 6-3 和假设 6-4 成立。

表 6-11 环境信息披露与融资约束其他衡量方式的回归结果

Dep.	HP 指数		KZ 指数		WW 指数	
	(1)	(2)	(3)	(4)	(5)	(6)
Post	0.1051***	0.0639***	-1.4181**	-1.3573**	-0.0280***	-0.0141***
	(6.22)	(3.17)	(-2.22)	(-2.12)	(-4.49)	(-2.75)
EID		0.0029*		0.0152		-0.0011
		(1.66)		(1.62)		(-1.13)
Post×EID		0.0043**		-0.0173*		-0.0018*
		(2.20)		(-1.72)		(-1.70)

续表

Dep.	HP 指数		KZ 指数		WW 指数	
	(1)	(2)	(3)	(4)	(5)	(6)
Control	YES	YES	YES	YES	YES	YES
Year Fixed Effect	YES	YES	YES	YES	YES	YES
Firm Fixed Effects	YES	YES	YES	YES	YES	YES
N	3943	3943	3943	3943	3943	3943
Adj. R^2	0. 2047	0. 2176	0. 4706	0. 4708	0. 2979	0. 3165
F-value	20. 51	25. 17	30. 23	31. 36	26. 80	29. 14

注：*、**、***分别表示在 10%、5%、1%水平上显著。

（2）变量替换

EID_time 是借鉴 Patten（1992）的方法，用来衡量企业环境信息披露的时间性，而 *EID* 则是对环境信息披露总量的估量，两者都能对上市公司环境信息披露水平进行衡量，只是衡量的侧重点不同。*EID_time* 具体的打分方式是：现在与过去对比的信息，赋值 3 分；有关未来的信息，赋值 2 分；关于现在的信息，赋值 1 分，未披露赋值 0 分，所有项目得分汇总用来表示企业环境信息披露水平。同样 *EID_sig* 是借鉴 Darrell 和 Schwartz（1997）的方法，衡量企业环境信息披露的显著性，其具体的打分方式是：将年报分为财务部分和非财务部分，既在财务部分又在非财务部分披露的环境信息，赋值 3 分；在财务部分披露，赋值 2 分；仅在非财务部分披露，赋值 1 分，最后按项目数量对应得分汇总。

从表 6-12 的稳健性检验结果来看，回归结果与模型（6-3）的结果基本保持一致，即《办法》颁行后企业环境信息披露水平的增加可以缓解其面临的融资约束，假设 6-4 得到证实。

表 6-12　相似变量替换的稳健性检验结果

Dep：*CashHolding_chg*	(1)	(2)
Post	-0. 0111	-0. 0091
	(-0. 71)	(-0. 59)
CFO	0. 3180***	0. 3320***
	(6. 25)	(7. 45)

续表

Dep：*CashHolding_chg*	(1)	(2)
Post×CFO	0.0487	0.0285
	(0.46)	(0.30)
EID_time	-0.0012**	
	(-2.02)	
CFO×EID_time	0.0071	
	(0.69)	
Post×EID_time	0.0034***	
	(3.00)	
Post×CFO×EID_time	-0.0280**	
	(-2.31)	
EID_sig		-0.0001
		(-0.14)
CFO×EID_sig		-0.0020
		(-0.44)
Post×EID_sig		0.0020**
		(2.03)
Post×CFO×EID_sig		-0.0163***
		(-2.97)
Control	YES	YES
Year	YES	YES
N	3943	3943
Adj. R^2	0.1237	0.1230
F-value	26.93	26.98

注：*、**、***分别表示在10%、5%、1%水平上显著。

（3）使用《办法》颁布实施后样本回归

为了验证结果的稳健性，我们使用《办法》颁行后的2006—2011年样本进行重新回归。表6-13报告了《办法》颁行后样本回归结果。研究结果表明，《办法》颁行后环境信息披露能够显著缓解企业融资约束问题，与主要回归结果一致。

表 6-13　《办法》颁行后样本回归

Dep.	*CashHolding_Chg*
CFO	0.3710***
	(4.52)
EID	-0.0014**
	(-2.05)
CFO×EID	-0.0132***
	(-13.01)
Control	YES
Year Fixed Effect	YES
Firm Fixed Effects	YES
N	2420
Adj. R^2	0.1298
F-value	25.76

注：*、**、***分别表示在10%、5%、1%水平上显著。

6.2.6　本节研究结论

本节以《办法》的颁行为背景，从政策变动的视角出发，较系统地探索了环境信息披露对融资约束的影响。结果表明，《办法》颁行后企业的融资约束显著降低，且环境信息披露水平越高，对融资约束的缓解程度就越大。进一步研究发现，在承受较大制度压力的重污染企业和自愿性披露意愿更高的内部控制质量较高的企业，环境信息披露对企业融资约束的缓解作用更加显著。然而，针对非重污染企业和内部控制质量较差的企业，环境信息披露对融资约束的影响仍不显著，这一研究结果说明我国上市公司环境监管制度仍需进一步完善。《办法》颁行的目的是加强和规范企业的环境信息披露行为，然而由于《办法》对不同企业产生的制度压力的差异性，使得法律规范的执行力度受限，无法充分发挥外部监管制度在环境信息透明度建设中应发挥的最大作用，也使得环境信息披露对融资约束的缓解作用得不到有效的发挥。据此，本节提出以下两点建议：①政府应该继续出台规范企业环境信息披露的法律法规，通过严格、有针对性、强制性的环境法律法规和专业的环境监管，完善上市公司环境信息披露监管体系。②提升环境信息披露在融资条款中的地位。随着绿色金融体系的逐步构建，企业在环境保护方面的表现会对其融资决策产生影响。提升环境信息披露在融资条款中的地位，进一步提高环境信息披露的重要性和实用性，促使企业自愿承担社会责任，披露更多的环境信息，从而实现融资约束的缓解。

6.3 环境信息披露与政府补助、违规风险

6.3.1 研究背景

现有研究发现外部公共压力会对企业环境信息披露产生影响。为了保持合法性，企业会披露更多的环境信息及承担更多的社会责任（Deegan et al.，1996；Brown et al.，1998；Cormier et al.，2005；肖华等，2008；陈小林等，2010；沈洪涛等，2012；王霞等，2013）。然而，在我国合法性理论并不能完全解释企业管理层的环境信息披露行为。究其原因，一方面，在我国政府是环境信息披露的主要推动者，并且掌握着众多的稀缺资源。企业管理层在面临外部压力时，很可能会顺应政府的要求而披露更多的环境信息以获得稀缺资源。在这些稀缺资源中，政府补助是最为直接的，也是政府能够较为灵活分配的一种资源。另一方面，由于在我国环境信息披露还没有成为一种常态，大多数企业很可能会采取比较保守低调的方式来披露环境信息，相对应地，较多的环境信息披露反而会引起更多的关注，从而可能会引发后续违规被查处的风险。那么企业究竟是如何在获得政府补助与规避违规风险之间进行权衡的呢？本节以《办法》的颁行作为政策变动的主要参照，分析政策发生变动后环境信息披露的变化，以及对政府补助与违法违规被发现可能性的影响，并研究政府补助与违法违规可能性对环境信息披露的影响。研究结论表明，《办法》颁行后我国企业显著增加了环境信息的披露，同时获得的政府补助和违法违规被查的概率也有所提高。进一步分析表明，《办法》颁行后，企业管理层较为关心政府补助，而对于违法违规风险的关注相对较少。本节的可能贡献主要体现为：①在《办法》颁行的背景下研究环境信息披露对政府补助与违法违规风险的影响，减少了研究的内生性问题，得出的研究结论较为客观；②拓展了合法性理论，从资源获得与风险规避的角度研究了企业环境信

息披露政策的权衡，丰富了现有理论研究。

6.3.2 相关研究综述

现有研究认为，媒体报道、环境法律法规以及在境外上市影响企业环境信息披露水平（毕茜等，2012；沈洪涛等，2012；田中禾等，2013）。在披露后果方面，环境信息披露显著影响IPO融资成本（罗党论等，2014）、有助于降低信息不对称（孟晓俊等，2010）。对于政府补助的研究，Vishny等（1994）认为，政府在利用政府补助促进企业自身发展的同时激励企业与政府部门一起追求政策性目标的实现。一方面，政府补助是政府维持高就业率的一种手段（Carlsson，1983；Eckaus，2006；王凤翔等，2006；唐清泉等，2007）。另一方面，政府补助是地方政府“促投资、谋增长”的一种手段（许罡等，2014）。但Cull等（2005）认为，政府在决定补助对象时存在信息不对称问题。政治关联的公司获得政府补助的可能性更大，而且数量也显著多于无政治关联的民营企业（Faccio et al.，2006；潘越等，2009；林润辉等，2015）。对于违规风险的研究，企业环境违规行为会导致股价下跌（Hamilton，1995；Lanoie et al.，1997；Yamaguchi，2008；Capelle - Blancard et al.，2010）。同时，企业的环境违规行为还将导致销售额降低以及成本增加（Porter et al.，1995；Mohr et al.，2005）。

综上所述，现有研究存在的问题主要体现在：①信息传递具有反馈作用，环境信息披露经济后果研究存在内生性问题；②对环境信息披露决策诸多可能后果的权衡性研究不足。实际上，企业是众多契约关系的集合体，具有极强的外部性，与资本市场众多参与者之间的关系都是联立的。企业的环境信息披露会影响投资者等利益相关者的行为，投资者的行为又反过来影响企业的相关决策，循环往复，直至达到均衡状态，实现共赢；另外，放射状的契约关系使企业的决策后果是多方向的，企业管理层需要在各个后果之间进行权衡，以期做出最有利的决策。因此，本节以《办法》的颁行作为制度背景，不仅能有效解决内生性问题，并且可以深入分析企业管理层在环境信息披露中的权衡过程，从而得出客观性规律。

6.3.3 理论分析与研究假设

6.3.3.1 环境信息披露与政府补助

在理性层面，政府与企业互为彼此的利益相关者，属于声誉共同体的关系（李焰等，2013）。对于政府而言，保护环境是其主要的政治目标。企业在推动经济发展的同时也是环境污染的主体，其能否积极有效地协助政府是维护环境可持续发展的关键，政府对企业存有依赖。在过程层面，企业环境信息披露对相关部门进行环境治理具有重要作用（王霞等，2013）。在交易层面，为了获得企业的支持，政府会与企业建立联系并向企业投入资源。向企业提供补助是政府建立联系的方法之一，较之过去依赖行政手段干预企业，这实际上是一种进步（王凤翔等，2006）。从补贴效果来看，政府补贴有助于上市公司社会效益的发挥（唐清泉等，2007）。因此，这里我们预期，政府会根据企业的环境信息披露水平来决定企业是否有资格获得政府补助以及补助金额的数量。由于存在信息不对称，高水平的环境信息披露会给企业带来良好声誉，政府部门会认为企业是支持其环保政策且遵守相关法律法规的，因此无论是出于鼓励还是补偿的目的，政府都会增加提供给企业的补助（可能性）。据此，我们提出假设 6-7：

假设 6-7：在其他条件一定的情况下，环境信息披露水平与政府补助正相关。

6.3.3.2 环境信息披露与违规风险

外部关注是把“双刃剑”，受关注的企业既可能因此成为“明星企业”，也可能受到谴责与惩处。环境信息披露会加大关注者对企业环保行为的敏感度，那么环境信息披露引起的外部关注带给企业的究竟是光环还是惩处呢？期待可能性理论认为根据行为时的具体情况，能够期待行为人实施合法行为的可能性。如果有期待可能性，即能够期待行为人在行为时实施合法行为，行为人违反此期待实施了违法行为，即产生责任；如果无期待可能性，即行为人在行为时只能实施严重违法行为，不能期待其实施合法行为。

企业的一切活动都是人的活动，可见企业环境行为是可控的。基于此，外部关注者根据当时的情景对企业行为作出比较和判断时一般认为企业的环境保护行为具有期待可能性，即关注者认为企业经营中会采取合法的环保措施，一旦发现企业存在破坏环境等不环保行为，企业将需要承担相应的违规责任。据此，我们提出假设6-8：

假设6-8：在其他条件一定的情况下，环境信息披露水平与违规风险呈正相关关系。

6.3.3.3 政府补助、违规风险与环境信息披露

资源依赖理论认为任何企业的生存都离不开资源，而很多资源企业是无法完全自给自足的，因此每个企业都或多或少依赖于外部环境。在政企关系中，政府地位的特殊性使得政府拥有许多企业需要的稀缺资源且具有溢出效应，政府补助就是其中的一种。首先，政府补助具有质量甄别及信息传递的价值，对于企业而言，得到政府补助则意味着被贴上了"社会合法性"的标签，公众会认为企业具有良好发展前景和社会声誉。其次，政府补助具有经济补偿价值，能够给企业提供资金用于升级设备、购买环保设施等，有助于进一步支持企业的环境治理。

政府部门是法律法规的制定者、推行者以及监督者，而真正将规定落实到位以实现相关政策目标的是企业，那么政府对企业也具备依赖性，政企的利益是息息相关的。对于想要从政治机制中实现组织利益的企业家来说，清楚政治决策者面临的压力和诉求以及如何才能将自身利益与政治决策者的需要相联系非常关键（Pfeffer and Salancik，2003）。因此，我们认为当企业认为政府补助的溢出效应高于违规风险带来的后果时，其可能会通过增加环境信息披露来支持政府的政策，进而提升自己的重要性，促使政府对企业的依赖相对增加，从而获取政府补助。在《办法》颁行前，环境信息尚未得到足够重视，环境信息披露对政府补助的影响效果并不显著。然而，《办法》颁行后，环境信息的地位有增无减，此时企业的环境信息披露状况会显著影响政府部门的政府补助发放情况。据此，我们提出假设6-9（a）：

假设6-9（a）：当政策变动后，相较于规避违规风险，企业更愿意为了获得下一期的政府补助而增加环境信息的披露。

然而，从另一角度思考，政府补助带来的溢出效应具有不确定性。如雷鹏等（2015）发现，政府补助虽有助于缓解企业的融资约束，但对企业的研

发综合效率却存在负面影响。周霞（2014）基于生命周期的视角发现政府补助资金的使用效率与企业所处的发展阶段有关，它既可能促进企业的研发投入，从而增强企业竞争力，也可能引发管理者和员工寻租或偷懒等行为，导致资源的低效配置。此外，环境信息披露还会导致违规风险，所以环境信息披露的增加给企业带来的结果是不确定的。Kahneman（2000）将心理研究领域的综合洞察力应用到经济学领域，并提出了前景理论。该理论研究认为在面临不确定性时，人们对损失和获得具有不同的敏感程度，损失时的痛苦感要远超过获得时的幸福感。基于此，我们认为在环境信息披露程度的选择上，企业可能更在意违规行为被发现所带来的后果，如声誉的破坏及其引发的一系列违规成本。据此，我们提出假设 6-9（b）：

假设 6-9（b）：当政策变动后，相较于获得政府补助，企业更愿意为了规避下一期的违规风险而减少环境信息的披露。

6.3.4 实证分析

6.3.4.1 模型设定

为了检验政策变动对环境信息披露的影响，我们构建了模型（6-7）：

$$EID\ (EID\_sig,\ EID\_amount,\ EID\_time) = \alpha_0+\alpha_1 MDEI+Controls+\varepsilon \tag{6-7}$$

为了检验环境信息披露对政府补助的影响，我们构建了模型（6-8）：

$$Subsidy\ (Subsidy\_dum) = \alpha_0+\alpha_1 EID+Controls+\varepsilon \tag{6-8}$$

为了检验环境信息披露对违规风险的影响，我们构建了模型（6-9）：

$$Illegal = \alpha_0+\alpha_1 EID+Controls+\varepsilon \tag{6-9}$$

为了检验政府补助（可能性）、违规风险对环境信息披露的影响，我们构建了模型（6-10）：

$$EID_{t+1}\ (EID\_sig_{t+1},\ EID\_amount_{t+1},\ EID\_time_{t+1}) = \alpha_0+\alpha_1 Illegal_t+\alpha_2 Subsidy_t\ (Subsidy\_dum_t)\ +Controls+\varepsilon \tag{6-10}$$

6.3.4.2 数据选取与数据来源

这里我们选取重污染行业制造业上市公司 2005—2006 年、2009—2011 年的数据为研究对象，[①] 并进行了以下处理：剔除了 ST、SST 及 * ST 等被特殊处理的公司；剔除了相关变量数据缺失的观测值。整理筛选后共得 2082 个有效观测样本。环境信息披露变量数据均来自上市公司年报及社会责任报告中的环境信息相关部分，而年报及社会责任报告均手工收集于巨潮资讯网、深圳证券交易所以及上海证券交易所，其他数据收集于 CCER、CSMAR 等数据库。

6.3.4.3 描述性统计

从表 6-14 的描述统计结果可以看到，*EID*、*EID_sig*、*EID_amount*、*EID_time* 的最小值与最大值差距较大，平均数偏低，说明我国环境信息披露水平不稳定且普遍偏低。*Subsidy_dum* 的平均数为 0.87，方差为 0.11，而 *Subsidy* 的方差为 28.8，说明我国大多数上市公司能获得政府补助，但各企业获得的补助金额差距较大。*Illegal* 的平均数为 0.12，说明目前重污染行业上市公司违规行为是存在的，但违规企业不多。*MDEI* 的平均值为 0.7，说明样本公司所处的环境公共压力比较大。

表 6-14 描述统计结果

变量	样本数	平均数	中位数	方差	最小值	最大值
EID	2082	5.44	5.00	18.76	0.00	18.00
EID_sig	2082	3.78	3.00	8.57	0.00	14.00
EID_amount	2082	5.05	4.00	16.38	0.00	17.00
EID_time	2082	3.43	3.00	8.50	0.00	14.00
Subsidy_dum	2082	0.87	1.00	0.11	0.00	1.00
Subsidy	2082	13.42	15.26	28.80	0.00	20.88
Illegal	2082	0.12	0.00	0.10	0.00	1.00
MDEI	2082	0.70	1.00	0.21	0.00	1.00
SOE	2082	0.53	1.00	0.25	0.00	1.00
ROE	2082	0.07	0.07	0.02	-2.77	0.62
Growth	2082	0.14	0.06	0.35	-1.48	14.14
Size	2082	21.63	21.46	1.26	18.74	26.17

① 这里我们选择《办法》颁行前后三年作为样本期间，但由于政府补助、企业违规违法数据从 2005 年开始，因此 2004 年数据并未放入研究样本。

续表

变量	样本数	平均数	中位数	方差	最小值	最大值
LEV	2082	0.43	0.45	0.04	0.01	0.90
CSR	2082	0.17	0.00	0.14	0.00	2.00
Herfindahl_5	2082	0.18	0.16	0.02	0.00	0.73
Market	2082	8.73	8.44	4.95	0.06	12.60
GDP	2082	2.25	1.84	1.95	0.04	5.49
Wage	2082	3.28	3.24	1.67	1.26	7.70
MB	2082	3.40	2.62	6.58	0.55	25.56
Big4	2082	0.06	0.00	0.05	0.00	1.00
Independent	2082	3.27	3.00	0.69	0.00	8.00
Operation	2082	3.04	3.05	0.06	0.00	3.38

6.3.4.4 回归分析

为了检验环境信息披露、政府补助以及违规风险之间的关系，分析企业究竟是如何在获得政府补助与规避违规风险之间进行权衡进而披露环境信息的，这里我们分别对模型（6-7）至模型（6-10）进行回归分析。

（1）政策变动对环境信息披露的影响

表6-15是对模型（6-7）回归的结果。从中可以看到，政策变动与环境信息披露指数均为正相关，且都在0.1%水平上显著，说明在《办法》颁行后，政府以及公众参与带给企业的压力增加，企业会选择提高环境信息披露水平。该结果与沈洪涛等（2012）、王霞等（2013）的研究结论一致。

表6-15 政策变动与环境信息披露回归结果

Dep.	*EID*	*EID_sig*	*EID_amount*	*EID_time*
MDEI	4.090***	2.879***	3.834***	2.831***
	(5.19)	(4.57)	(4.87)	(3.97)
SOE	1.132***	0.783***	1.057***	0.740***
	(4.11)	(4.56)	(4.34)	(4.23)
ROE	−0.449	−0.222	−0.378	−0.503
	(−1.02)	(−0.94)	(−0.84)	(−1.43)
CFO	0.300	0.316	0.675	0.693
	(0.31)	(0.49)	(0.64)	(1.01)

续表

Dep.	*EID*	*EID_sig*	*EID_amount*	*EID_time*
Growth	-0.107	-0.075*	-0.091	-0.080
	(-1.68)	(-1.78)	(-1.38)	(-1.41)
Size	0.499***	0.282***	0.427***	0.308**
	(4.69)	(3.09)	(3.98)	(3.28)
LEV	2.552***	1.765***	2.399***	1.518***
	(3.50)	(3.18)	(3.33)	(2.94)
CSR	3.317***	1.818**	2.513**	1.698**
	(3.54)	(2.70)	(2.88)	(2.95)
Herfindahl_5	-0.559	-0.652	-1.089*	-1.176**
	(-1.10)	(-1.17)	(-1.82)	(-2.04)
Market	0.133***	0.093***	0.124***	0.095**
	(3.63)	(3.39)	(3.62)	(2.23)
GDP	-0.089	-0.027	-0.031	-0.026
	(-1.08)	(-0.38)	(-0.33)	(-0.44)
Wage	-0.385***	-0.240***	-0.366***	-0.178***
	(-3.42)	(-3.68)	(-3.53)	(-3.58)
MB	-0.173***	-0.136***	-0.167***	-0.103***
	(-5.24)	(-4.35)	(-5.46)	(-3.77)
Constant	-9.550***	-5.274**	-8.035**	-6.250**
	(-3.56)	(-2.25)	(-2.85)	(-2.76)
Year Fixed Effect	YES	YES	YES	YES
Firm Fixed Effects	YES	YES	YES	YES
N	2559	2559	2559	2559
Adj. R^2	0.421	0.383	0.394	0.421

注：***、**和*分别代表在1%、5%和10%水平上显著（双尾）。

（2）环境信息披露对政府补助的影响

表6-16是对模型（6-8）进行回归的结果。从中可以看出，环境信息披露各指数与政府补助（可能性）均在0.1%水平上显著正相关，说明随着环境信息披露的增加，企业获得政府补助数量及可能性都会显著增加。假设6-7得到证实。

（3）环境信息披露对违规风险的影响

表6-17是对模型（6-9）进行回归的结果。从中可以看出，环境信息披露各指数与违规风险显著正相关，说明企业环境信息披露水平提高，会导致违规风险增加。假设6-8获得支持。

（4）政府补助（可能性）、违规风险与环境信息披露

为了验证假设6-9（a）和假设6-9（b），我们将$Illegal_t$和$Subsidy_t$（$Subsidy\_dum_t$）一起作为解释变量对模型（6-10）进行回归，结果见表6-18。从中可以看出，$Illegal_t$与EID_{t+1}、EID_sig_{t+1}、EID_amount_{t+1}和EID_time_{t+1}均负相关但不显著；$Subsidy_t$（$Subsidy\_dum_t$）与EID_{t+1}、EID_sig_{t+1}、EID_amount_{t+1}和EID_time_{t+1}均正相关且在0.1%水平上显著。该结果与假设6-9（a）一致。这说明，为了降低下一期的违规风险，企业会选择减少环境披露；而为了（继续）获得政府补助的企业会增加环境信息披露。当面对这样矛盾的选择时，企业权衡之后会选择提高环境信息披露水平。原因可能在于：尽管环境信息披露水平的提高可能带来违规风险，但事实上无论环境信息的披露水平如何，在政策变动较大的环境之下，企业的违规风险永远存在，唯一能够降低违规风险的办法便是企业真正做到在经营过程中不污染环境、做好环境保护措施。因此，降低环境信息披露水平是治标不治本的做法。相反，环境信息披露提高所带来的政府补助（可能性）的提高则是切切实实的，对于企业而言，充分利用政府补助的溢出效应是正确的选择。

（5）政策变动前后对比

为了进一步验证政策变动对于环境信息披露的选择是否具有影响，我们将全样本分成《办法》颁行前与《办法》颁行后两组，《办法》颁行前表示企业和政府面临的政策变动比较小，《办法》颁行后意味着政策变动比较大。回归结果见表6-19、表6-20。其中，表6-19将$Subsidy_dum_t$和$Illegal_t$作为解释变量，由回归结果可以看出：《办法》颁行前$Illegal_t$和$Subsidy_dum_t$的系数均为负数且不显著；《办法》颁行后$Subsidy_dum_t$与EID_{t+1}、EID_sig_{t+1}、EID_amount_{t+1}均显著正相关，而与EID_time_{t+1}正相关但不显著，该结果与$Illegal_t$正好相反。这说明随着政策变动的增大，企业为了增加下一期获得政府补助的可能性会提高环境信息披露水平（包括环境信息披露显著性和披露数量），这与先前的检验一致。表6-20将$Subsidy_{t-1}$和$Illegal_{t-1}$作为解释变量，结果显示《办法》颁行后，$Subsidy_{t-1}$与EID、EID_sig、EID_amount的关系由

颁行前的相关但不显著变成了显著正相关，而 $Illegal_{t-1}$ 的系数一直不显著，说明《办法》颁行后，政策变动促使企业会为了增加下一期政府补助的金额而提高环境信息披露水平，与先前的检验结果一致。

6.3.5 本节研究结论

本节以《办法》的颁行为研究背景，以重污染行业制造业上市公司为研究对象，从管理者决策视角分析了当企业处在政策变动背景下如何在获得政府补助与规避违规风险之间进行选择，从而确定环境信息披露水平及质量问题。研究结论具体包括：①政策变动后，企业环境信息披露水平质量有了显著提高，同时，环境信息披露水平及质量越高，获得的政府补助越大，且违规被查处的概率越大；②从企业管理层披露动机上看，当政策变动后，相较于规避违规风险，企业更愿意为了获得下一期的政府补助而增加环境信息披露水平、提高环境信息披露质量。因此，我们研究了在外部政策变动背景下，企业管理层进行环境信息披露的真实动机。来自外部政策变动所产生的压力并不是企业管理层的全部动机，企业管理层在披露决策过程中会在政府补助与避免被规制之间进行权衡。在政府大力倡导环保的背景下，企业管理层会倾向于披露更多且更有质量的环境信息以获得政府补助。

为了规范环境信息披露行为，提高环境信息披露水平及质量，我们建议可以从外部治理机制和奖惩机制两点着手。第一，外部治理机制的运用。媒体、审计等中介机构在资本市场具有鉴证和传播功能，投资者等利益相关者对其存在依赖与信任，因此独立第三方的监督、审核和传播有助于增强企业的信息增量价值意识和违规风险意识，进而改善企业环境信息披露水平。第二，环境信息披露奖惩制度的完善。一方面，加大环境信息披露处罚力度。首先在清楚界定违规行为的基础上建立详细明确的处罚机制。然后通过问卷调查、不定期抽查等其他途径验证企业环境信息披露的完整性与真实性，并与已经披露的环境信息进行对比，最后根据对比结果实施相应的处罚。另一方面，应充分发挥政府补助的积极作用，但同时也应考虑到政府补助的短暂性激励作用。第一，需要明确政府补助的发放标准，注重长期环境信息披露行为与质量的同时避免受“热手效应”的影响；第二，规范政府补助发放行为，提高透明性，加大其他利益主体的参与作用，积极引导企业管理层环境信息披露行为进入可持续发展的轨道。

表 6-16 环境信息披露与政府补助回归结果

Dep.	*Subsidy_dum*					*Subsidy*		
	(1)	(2)	(3)	(4)	(5)	(6)	(7)	(8)
EID	0.0971***				0.280***			
	(5.12)				(10.29)			
EID_sig		0.138***				0.390***		
		(5.16)				(10.26)		
EID_amount			0.0975***				0.271***	
			(6.11)				(8.20)	
EID_time				0.131***				0.336***
				(4.17)				(5.01)
SOE	-0.321***	-0.324***	-0.318***	-0.300***	-1.205***	-1.196***	-1.186***	-1.156***
	(-3.06)	(-3.07)	(-3.00)	(-3.66)	(-5.80)	(-5.10)	(-5.46)	(-6.40)
ROE	0.741	0.725*	0.732	0.746**	1.839**	1.799**	1.813*	1.876***
	(1.73)	(1.98)	(1.65)	(1.96)	(2.24)	(3.86)	(1.95)	(5.46)
CFO	-0.071	-0.068	-0.076	-0.110	-0.997	-1.043	-1.124	-1.198
	(-0.22)	(-0.23)	(-0.23)	(-0.44)	(-0.92)	(-1.00)	(-0.96)	(-1.32)
Growth	0.045	0.046	0.045	0.049	0.036	0.035	0.030	0.032
	(1.39)	(1.25)	(1.21)	(1.21)	(0.70)	(0.61)	(0.48)	(0.38)
Size	0.038	0.040	0.042	0.033	0.821***	0.853***	0.852***	0.872***
	(0.59)	(0.52)	(0.62)	(0.50)	(9.27)	(7.35)	(9.46)	(9.78)

续表

Dep.	Subsidy_dum					Subsidy		
	(1)	(2)	(3)	(4)	(5)	(6)	(7)	(8)
LEV	1.023**	1.023**	1.027**	1.057**	0.569	0.592	0.615	0.740
	(2.41)	(2.46)	(2.62)	(3.20)	(0.92)	(0.95)	(1.19)	(1.70)
CSR	0.181	0.257	0.271	0.296	-0.124	0.100	0.139	0.265
	(0.67)	(1.43)	(0.76)	(0.95)	(-0.39)	(0.33)	(0.42)	(0.90)
Herfindahl_5	-1.357**	-1.337**	-1.336**	-1.264**	-4.546***	-4.458**	-4.449***	-4.385***
	(-2.22)	(-2.29)	(-2.09)	(-2.57)	(-4.82)	(-4.12)	(-4.10)	(-4.18)
Market	0.041	0.041	0.042	0.042	0.002	0.003	0.001	0.001
	(0.75)	(0.68)	(0.77)	(0.83)	(0.03)	(0.05)	(0.11)	(0.21)
GDP	-0.427***	-0.432***	-0.437***	-0.441***	0.096	0.081	0.076	0.072
	(-3.37)	(-6.58)	(-4.78)	(-4.26)	(1.52)	(1.10)	(1.12)	(1.33)
Wage	1.640***	1.640***	1.650***	1.640***	1.520***	1.510***	1.530***	1.510***
	(6.40)	(10.28)	(8.23)	(7.35)	(10.00)	(9.72)	(10.77)	(8.65)
MB	0.003	0.006	0.003	0.001	0.206***	0.211***	0.207***	0.200**
	(0.07)	(0.17)	(0.06)	(0.02)	(4.20)	(8.29)	(4.74)	(3.54)
Constant	-3.156**	-3.207**	-3.261**	-3.019**	-10.75***	-11.41***	-11.40***	-11.62***
	(-2.57)	(-2.19)	(-2.56)	(-2.69)	(-5.74)	(-4.44)	(-5.93)	(-7.06)
Year Fixed Effects	YES	YES	YES	YES	YES	YES	YES	YES
Firm Fixed Effects	YES	YES	YES	YES	YES	YES	YES	YES
N	2559	2559	2559	2559	2559	2559	2559	2559
Pseudo R^2/Adj. R^2	0.102	0.118	0.121	0.101	0.291	0.248	0.227	0.203

注：***、**和*分别代表在1%、5%和10%水平上显著（双尾）。

表 6-17 环境信息披露与违规风险回归结果

Dep. *Illegal*	(1)	(2)	(3)	(4)
EID	0.136**			
	(2.82)			
EID_sig		0.188**		
		(2.76)		
EID_amount			0.143**	
			(2.82)	
EID_time				0.195**
				(2.79)
SOE	-0.353***	-0.352***	-0.355***	-0.340***
	(-6.03)	(-6.04)	(-6.09)	(-5.64)
ROE	-0.148	-0.158	-0.160	-0.139
	(-0.91)	(-0.98)	(-0.99)	(-0.85)
CFO	-0.749**	-0.754**	-0.852**	-0.794**
	(-2.35)	(-2.37)	(-2.69)	(-2.51)
Growth	0.025	0.023	0.023	0.019
	(1.33)	(1.24)	(1.26)	(1.04)
Size	-0.245***	-0.231***	-0.240***	-0.233***
	(-6.51)	(-6.54)	(-6.56)	(-6.60)
LEV	0.212	0.225	0.212	0.231
	(1.43)	(1.54)	(1.43)	(1.59)
CSR	-0.386	-0.309	-0.303	-0.326
	(-1.70)	(-1.51)	(-1.52)	(-1.56)
Herfindahl_5	-0.753**	-0.701**	-0.709**	-0.643**
	(-2.79)	(-2.49)	(-2.54)	(-2.19)
Big4	0.074	0.083	0.076	0.054
	(0.46)	(0.51)	(0.47)	(0.34)
Independent	0.011	0.012	0.011	0.006
	(0.36)	(0.37)	(0.35)	(0.18)
Market	-0.031	-0.037**	-0.033*	-0.044**
	(-1.65)	(-2.04)	(-1.76)	(-2.61)

续表

Dep. *Illegal*	(1)	(2)	(3)	(4)
Operation	0. 054	0. 101	0. 070	0. 142
	(0. 25)	(0. 48)	(0. 33)	(0. 70)
Constant	4. 026***	3. 601***	3. 885***	3. 618***
	(3. 95)	(3. 84)	(3. 94)	(3. 89)
Year Fixed Effects	YES	YES	YES	YES
Firm Fixed Effects	YES	YES	YES	YES
N	4223	4223	4223	4223
Adj . R^2	0. 119	0. 109	0. 117	0. 108

注:***、**和*分别代表在1%、5%和10%水平上显著（双尾）。

表 6-18 政府补助（可能性）、违规风险与环境信息披露滞后一期回归结果

Dep.	$Subsidy\_dum_t$				$Subsidy_t$			
	EID_{t+1}	EID_sig_{t+1}	EID_amount_{t+1}	EID_time_{t+1}	EID_{t+1}	EID_sig_{t+1}	EID_amount_{t+1}	EID_time_{t+1}
$Illegal_t$	-0. 265	-0. 183	-0. 119	-0. 237	-0. 421	-0. 298	-0. 256	-0. 346
	(-0. 76)	(-0. 76)	(-0. 36)	(-0. 95)	(-1. 15)	(-1. 16)	(-0. 72)	(-1. 28)
$Subsidy\_dum_t$	2. 134***	1. 518***	1. 972***	1. 405***	0. 382***	0. 258***	0. 337***	0. 203***
$Subsidy_t$	(5. 98)	(6. 13)	(5. 77)	(5. 51)	(4. 91)	(4. 75)	(4. 49)	(3. 55)
Controls	YES	YES	YES	YES	YES	YES	YES	YES
Year Fixed Effects	YES	YES	YES	YES	YES	YES	YES	YES
Firm Fixed Effects	YES	YES	YES	YES	YES	YES	YES	YES
N	1159	1159	1159	1159	1019	1019	1019	1019
Pseudo R^2/Adj. R^2	0. 197	0. 201	0. 195	0. 187	0. 125	0. 109	0. 118	0. 102

注：***、**和*分别代表在 1%、5%和 10%水平上显著（双尾）。

表 6-19 政府补助可能性、违规风险与环境信息披露滞后一期回归结果（《办法》颁行前后对比）

Dep.	《办法》颁行前				《办法》颁行后			
	EID_{t+1}	EID_sig_{t+1}	EID_amount_{t+1}	EID_time_{t+1}	EID_{t+1}	EID_sig_{t+1}	EID_amount_{t+1}	EID_time_{t+1}
$Illegal_t$	-0.089	-0.075	-0.040	-0.220	-0.604	-0.444	-0.440	-0.563**
	(-0.09)	(-0.13)	(-0.04)	(-0.57)	(-1.65)	(-1.73)	(-1.23)	(-2.01)
$Subsidy\_dum_t$	-0.039	0.028	-0.052	-0.088	1.792**	1.072*	1.663**	0.254
	(-0.15)	(0.13)	(-0.16)	(-0.58)	(2.15)	(1.83)	(2.04)	(0.40)
Controls	YES	YES	YES	YES	YES	YES	YES	YES
Year Fixed Effects	YES	YES	YES	YES	YES	YES	YES	YES
Firm Fixed Effects	YES	YES	YES	YES	YES	YES	YES	YES
N	301	301	301	301	858	858	858	858
Adj. R^2	0.121	0.102	0.102	0.109	0.158	0.146	0.147	0.148

注：***、**和*分别代表在1%、5%和10%水平上显著（双尾）。

表 6-20 政府补助、违规风险与环境信息披露滞后一期回归结果（《办法》颁行前后对比）

Dep.	《办法》颁行前				《办法》颁行后			
	EID	*EID_sig*	*EID_amount*	*EID_time*	*EID*	*EID_sig*	*EID_amount*	*EID_time*
$Illegal_{t-1}$	-0.711	-0.339	-0.488	-0.384	-0.620	-0.456	-0.453	-0.549*
	(-1.33)	(-0.81)	(-0.93)	(-1.45)	(-1.66)	(-1.74)	(-1.24)	(-1.91)
$Subsidy_{t-1}$	0.151	0.093	0.104	0.010**	0.255**	0.169**	0.227**	0.066
	(1.43)	(1.45)	(1.23)	(2.31)	(2.63)	(2.49)	(2.39)	(0.88)
Controls	YES	YES	YES	YES	YES	YES	YES	YES
Year Fixed Effects	YES	YES	YES	YES	YES	YES	YES	YES
Firm Fixed Effects	YES	YES	YES	YES	YES	YES	YES	YES
N	181	181	181	181	838	838	838	838
Adj. R^2	0.097	0.091	0.095	0.097	0.167	0.158	0.149	0.118

注：***、**和*分别代表在1%、5%和10%水平上显著（双尾）。

6.4 环境信息披露与审计意见、审计费用

6.4.1 研究背景

除了审计成本之外（Abbott et al.，2003；Charles et al.，2010），额外的风险影响因素也会影响审计费用定价和审计意见形成。这些风险影响因素包括：高酌量性应计项目、缺乏稳健性、内部控制缺陷、高短期收益、政治关联、高自由现金流、信用评级不佳及贿赂等不道德的商业行为（DeFond and Zhang，2014）。审计师会根据客户与审计师的审计风险调整审计费用，如果风险超过预期水平会要求额外的审计费用（Jiang and Son，2015）。额外审计风险同样也是影响审计意见的重要因素（Francis et al.，2005；Sengupta and Shen，2007）。然而，如果客户企业能够向审计师展示他们已经控制了这些风险，那么不但审计费用会减少，也能获得标准审计意见。

2008 年我国《环境信息公开办法（试行）》颁行，要求超标准排污的重污染企业必须披露主要类型的环境信息。其他企业也被鼓励披露环境信息，接受公众和媒体的监督。《办法》不但提升了环境信息的重要性，也使审计师在进行审计定价和审计意见决策时更多关注环境信息。《办法》颁行后，由于存在信息效应和信号效应，更多的环境信息可能减少审计师的参与风险。第一，环境信息披露影响审计师对客户企业内在风险的评价。在一定程度上，环境信息披露能够减少客户公司与审计师之间的信息不对称。《办法》给企业管理层施加了巨大的公共压力，为了维持合法性，管理层倾向于增加环境信息披露水平来应对这种公共压力（Aerts and Cormier，2009）。如果重污染企业或环境敏感型企业在《办法》颁行后环境信息披露比以前变少了，那么对于审计师而言，这些企业可能存在潜在的客户业务风险。第二，高质量环境信息代表着更少的控制风险，以及表明客户管理层的诚实、信用及可信赖。一些研究发现，大型企业和国有控制的企业倾向于披露更多的环境信息（Clarkson et al.，2008；Zeng et al.，2010）。大型企业和国有控制的企业通常都有良好的内部控制机制，因此，环境信息披露被视为良好内部控制的标志。同时，企业管理层的诚实可信及可信赖促进了财务报告的评估，减少了审计

工作。第三，高质量环境信息能够减少环境审计师的业务风险。《办法》具有鲜明的政府重视环境信息的导向性。如果客户企业没有披露足够的环境信息，审计师需要增加额外的工作核实环境风险以避免诉讼和声誉风险。

实践中，为了降低审计风险，2006 年 2 月我国颁布的《中国注册会计师审计准则第 1631 号——财务报表审计中对环境事项的考虑》指出审计师进行审计时需对影响财务报表的所有重大环境信息予以适当的关注。然而，现有研究对于环境信息披露是否有助于降低审计风险，减少审计费用和获得标准意见还没有深入的研究。因此，在《办法》颁行的背景下，我们考虑到《办法》的影响效应，研究了环境信息披露、审计意见与审计费用之间的关系。进一步研究中，我们考虑内外部影响因素，研究了环境信息披露对审计意见和审计费用的影响。最后，我们研究了环境信息披露对审计意见和审计费用影响的作用路径。研究结果表明，环境信息披露水平与非标审计意见、审计费用具有显著的负向关系。并且，这种负向关系在《办法》颁行后，以及当环境信息采用货币和数量性等硬环境信息披露时更显著。进一步研究结果表明，环境信息披露的审计效应会因内外部环境不同而不同。这种负向影响关系会在低媒体关注、高内部控制质量和重污染企业中表现得更加显著。

我们对现有研究的贡献主要表现为：①探索了环境信息披露的审计效应。我们研究发现，环境信息披露能够减少信息不对称和降低审计风险，因此，可以减少审计费用和获得非标审计意见的可能性。换句话说，审计师通过环境信息能够评估审计风险，从而减少风险溢价。很少有研究涉及环境信息披露对审计费用和审计意见的影响。事实上，客户企业主动披露环境信息有助于降低审计费用，客户企业也可获得满意的审计意见。②选择《办法》颁行作为外生事件，提供了新的研究视角。由于《办法》颁行前，环境信息披露没有显著的改变，我们也无法观测到由环境信息所引起的审计费用和审计意见的变化。《办法》颁行后，环境信息披露水平有了显著的增加，我们有可能观测到随着环境信息披露的增加，审计费用及审计意见的变化。我们发现，诸如《办法》的环境政策具有显著的正向审计效应，相比较于其他企业，严格遵循《办法》的企业可以支付较少的审计费用和大概率获得标准审计意见。

6.4.2 相关研究综述

经典审计理论认为，审计费用不但包括审计过程中发生的成本，还包括对潜在风险的补偿（Simunic，1980；Houston et al.，1999）。很多研究证实审计费用是被审计对象的规模、风险与复杂性的重要反映（Taylor and Simon，1999）。DeFond 等（2016）归纳了审计师业务风险包含的三个要素，包括：与客户生存和盈利能力相关的客户业务风险；审计师可能在不知情的情况下未能适当修改其对重大错报财务报表的意见的审计风险；来自审计师因涉嫌审计失败和其他成本（如费用实现和声誉影响）而产生潜在诉讼费用的审计师业务风险。Wang 等（2019）进一步将审计师业务风险分成三种形式：①诉讼风险。主要来自未检测到的重大错报超出预定的可接受审计风险水平。②剩余诉讼风险。指与审计师诉讼相关的潜在损失，原因与重大错报无关。③非诉讼风险。该风险超出诉讼风险和剩余诉讼风险，并限制未来审计和非审计收入的机会或损害审计师的声誉。Stanley（2011）发现，客户业务风险影响财务报告的可靠性（如审计风险）和审计师预期损失（如审计师业务风险）。这样，审计师对客户企业业务风险的评估在审计定价中起着重要的作用（Simunic，1980；Pratt and Stice，1994）。Stanley（2011）认为，审计费用的披露可以被认为是客户业务风险的主要体现指标，感知客户风险越高，审计费用就越高（Lyon and Maher，2005；Venkataraman et al.，2008）。Cho 等（2017）发现，审计师通过修改审计程序和实质性测试来增加审计工作，并对增加的现金流风险收取更高的费用。很多研究集中于内部控制风险与审计费用之间的关系研究，研究发现披露内部控制重大缺陷的企业一般有较高的审计费用，而对重大缺陷的补救则导致审计费用减少（Munsif et al.，2011）。Jiang 和 Son（2015）研究发现，在应对控制风险时，审计师除了调整审计工作之外，还会调整审计风险溢价，调整的程度取决于潜在内部控制问题的严重性。Yang 等（2018）得到同样的研究结论。他们研究了从 10-K 表格中获取的四种风险衡量指标与审计费用之间的关系，结果表明审计费用与公司特征中的财务、战略和运营风险具有显著的正向关系。相应地，企业风险管理（ERM）能够减少审计费用。Bailey 等（2017）研究发现，高质量的 ERM 系统能够逐步减少审计费用、审计延迟，以及迟交的可能性。

对于审计意见，多数研究认为审计意见与盈余管理相关，当企业的应计质量较低时，获取持续经营的审计意见也较低（Sengupta and Shen，2007；Herbohn and Ragunathan，2008）。然而，Tsipouridou 和 Spathis（2014）研究认为审计意见与盈余管理并不相关。客户企业的财务特征，诸如盈利能力及规模，决定了持续经营意见的获取。Krishnan 和 Krishnan（1996）发现，审计意见实际上是两个不同方向作用力权衡的结果。一是如果审计师发布保留意见，可能导致客户企业损失的预期成本；二是审计师本应发布保留意见但未发布审计意见所产生诉讼或声誉损失的预期成本。研究结果表明，审计师的诉讼风险、外部人所有权的程度、客户在审计师投资组合中的相对重要性以及未来增长是审计意见决策中的重要决定因素。Ireland（2003）发现，大公司、高杠杆公司以及接受过上一年审计修改的公司更有可能接受审计意见修改。Spathis（2003）发现，保留意见的决定与财务信息中的财务危机、非财务信息中的诉讼有着显著的正向关系。Francis 等（2005）研究认为，信息风险是影响审计意见的重要因素。Sengupta 和 Shen（2007）也认为信息风险可以用来解释审计师的决策行为。同样也有研究从审计师的角度研究审计意见决定的影响因素。Firth 等（2012）发现会计师事务所的组织形式会影响他们的审计意见，合伙制（有限责任制）有更多（少）财务风险及更大（小）责任风险，因此，更倾向于发布无保留（清洁）审计意见。

综上所述，现有研究认为客户风险评估是审计费用和审计意见的决定因素。实际上，《办法》使环境信息披露成为衡量审计业务风险的主要指标。一些研究已经开始研究包括环境信息披露在内的非财务信息的审计效应。Brazel 等（2009）认为审计师可以有效地利用非财务信息衡量和判断财务报表欺诈。2007 年美国公众公司会计监督委员会（PCAOB）已经讨论了非财务信息的潜在作用，作为独立和有效的衡量财务数据有效性的指标，已经开始被用作财务欺诈的检测指标。因此，环境事项具有潜在的诉讼和声誉损失（Johnstone and Bedard，2001；Bedard and Johnstone，2004），这样，审计师会在审计费用上收取风险溢价（Jiang and Son，2015）。Chen 等（2016）也发现审计费用与是否单独发布社会责任报告显著正相关，而这种正相关关系在几种情况下最为显著：当企业管理者认为对企业社会责任报告需求更大时；当社会责任报告更长或发行时有外部保障时；当企业有很强的社会责任关注时；当社会责任报告偶尔发布时。

现有研究已经确定了环境信息披露可以影响审计师的业务风险，进而影响审计费用和审计意见。然而，在现有研究中有两个问题一直没有得到较好地解决。①审计师如何对客户企业环境信息披露做出反应？审计师是否会接受《办法》颁行后审计风险的降低效应？然而，现有研究忽略了《办法》这种效应，而且存在很大的内生性问题。②环境信息披露是如何影响审计费用和审计意见的？目前影响路径没有得到深入的研究。因此，我们将充分利用《办法》颁行这个外生事件来研究环境信息披露是如何影响审计费用和审计意见的。

6.4.3 理论分析与研究假设

6.4.3.1 环境信息披露与审计费用

现有研究表明，审计风险是审计费用的决定因素。作为一种典型的非财务信息，环境信息披露对审计风险具有非常大的影响。特别是在《办法》颁行后，环境信息的重要性越来越大。《办法》颁行后的环境信息披露能够减少企业固有风险、控制风险和审计师业务风险。Wang 等（2019）发现企业社会责任报告通过信息效应和信号效应影响审计费用。这样，环境信息披露也可能通过两种方式影响审计费用。

一方面，环境信息披露能够减少审计师对客户企业固有风险，同时在信息效应下，环境信息披露也是检测欺诈性财务报告的重要参考。包含环境信息在内的社会责任报告能够减少利益相关者之间的信息不对称（Cho et al.，2013；Lu and Chueh，2015）。Cormier 和 Ledoux（2011）也发现环境信息披露能够有效减少信息不对称。面对《办法》所带来的公共压力，客户企业的管理层倾向于披露更多的环境信息来维持合法性。当环境信息水平高时，可持续发展能力的信息不对称性降低。因而，审计风险也被降低了，相应地，用于补偿审计工作的审计费用也减少了。然而，披露较少环境信息的企业可能存在一些固有风险。这样，审计师可以通过判断环境信息披露的水平来衡量客户企业的固有风险。进而，外部审计师可以借助环境信息来提升舞弊行为的查处。与财务报告数据不一样，一般很难隐藏非财务信息的操纵行为（包括环境信息）（Bell et al.，2005），因此，环境信息的编制与报告具有独立的来源，这与财务信息不同。这样，外部审计师通过对比财务报告数据与环境信息的异常不一致性来发现财务报告的舞弊行为。高环境信息披露意味着低审计风险。

另一方面，从信号效应的视角来看，环境信息披露代表着企业具有良好的行为规范和长期视野的企业文化。对于企业而言，环境信息披露越多意味着越完善的内部控制。很多研究结果表明，披露较多环境信息的企业一般都具有良好的内部控制，原因在于这些企业多数都是大型企业和国有控股企业（Clarkson et al.，2008；Zeng et al.，2010）。这样，审计师也可以通过环境信息披露水平来评估控制风险。对于企业管理层而言，良好的环境信息披露表明企业管理层能够预测未来和从长远上控制风险（Porter and Kramer，2006）。企业管理层的诚实、守信及可信赖进一步提升了审计师对企业内部控制有效性的认识（Guiral et al.，2014），审计师如果对企业管理层有着良好的判断则有助于减少审计工作。环境意识较好企业的管理层一般不会采用应计和真实活动操纵进行盈余管理（Kim et al.，2012），以及隐藏不好信息（Kim et al.，2014）。披露较少的环境信息会使审计师花费额外的时间去寻找潜在的环境风险。由于环境事项具有潜在的诉讼风险、信誉和声誉损失，忽视或对环境信息关注过少都可能导致额外的审计风险。《办法》颁行后，环境信息成为利益相关者关注的焦点。不完整的环境信息能够直接或间接导致未检测到的重大错报超过可接受的审计风险（诉讼风险）水平。例如，未决环境诉讼直接影响审计师的诉讼风险。现有研究发现可以通过对比财务信息与环境信息的一致性来发现重大错报。然而，不充足的环境信息可能间接影响审计师的诉讼风险。此外，来自环境事项的潜在诉讼风险可能导致审计师的声誉及信誉损失。由于环境信息披露不充分，审计师需要评估额外的审计风险，并要求审计溢价定价。因此，企业管理层披露较多的环境信息代表着更高的盈余质量（Khan and Azim，2015）、更好的盈利预测和更少的信息不确定性（Cormier and Magnan，2015）。环境信息披露越多，审计师要求的审计风险溢价越少。据此，我们提出假设 6-10：

假设 6-10：审计费用与环境信息披露水平具有显著负向关系，这种关系在《办法》颁布实施后更加明显。

6.4.3.2 环境信息披露与审计意见

如果审计师发现客户企业的风险很难被控制在可接受的范围内，他们会倾向于发表非标准审计意见。可见，非标准审计意见来源于环境的不确定性。这些不确定性因素包括经营风险、诉讼风险和对可持续发展能力的担忧。这些风险中有很多可以通过收集足够的审计证据来消除或降低。然而，有些风险却很难解决，如环境信息风险。在我国，审计师很难验证环境信息的准确性及完整性，因此，企业披露的环境信息是审计师的唯一参考，同样也对审计意见的形成具有重要作用。一方面，在履行社会责任的过程中，企业已经检查了外部环境和解决了外部变化与危机（Orlitzky et al.，2003），这样可以有效地降低经营风险。另一方面，环境信息披露传递了企业环境责任方面的良好业绩信号。Khan 和 Azim（2015）认为，有社会责任感的企业会利用所有的资源履行社会责任来达到社会的期望，因此也会报告更好的盈余质量，减少盈余管理。Plumlee 等（2015）研究表明，自愿性环境信息披露质量与企业价值具有显著正向关系。《办法》颁行后，环境信息披露水平发生了显著提高（Yao and Li，2018），审计师可以收集更多的环境信息来评估环境风险。因此，环境信息能够减少审计师对客户企业风险的评估，有助于获得标准审计意见。据此，我们提出假设 6-11：

假设 6-11：环境信息披露与非标准审计意见获得的可能性具有显著的负向关系，《办法》颁行后，这种效应更加显著。

6.4.4 实证分析

6.4.4.1 数据与样本

我们选取 2004—2006 年与 2009—2011 年的制造业上市公司作为研究样本。由于《办法》是在 2007 年颁布，2008 年实施，为了避免数据影响，我们排除了 2007 年与 2008 年的样本。同时，我们还剔除了 ST 企业、当年进行 IPO 的企业和缺少相关财务数据的样本。最终获得 4263 个年度—企业观测样本。环境信息数据手工收集于上市公司的年报，内部控制数据来自 DIB（迪博）内部控制与风险管理数据库。媒体关注度数据来源于 CNKI（China National Knowledge Infrastructure，国家知识基础设施）的《中国重要报纸全文数据库》；模型所需的其他数据来源于 CCER 和 CSMAR。

6.4.4.2 模型构建

为了检验环境信息披露对审计费用的影响，我们构建模型了（6-11）和模型（6-12）：

$$Fee=\beta_1 EID_{-1}+Controls+\zeta \tag{6-11}$$

$$Fee=\beta_1 EID_{-1}+\beta_2 MDEI+\beta_3 MDEI\times EID_{-1}+Controls+\zeta \tag{6-12}$$

其中，*Fee* 代表的是审计费用的自然对数。*EID* 是按照原环保部要求企业披露的 10 项指标，采用逐项打分汇总的方法，即货币性信息得 3 分，具体非货币性信息得 2 分，一般性非货币性信息得 1 分，未披露得 0 分，然后汇总得到披露总量评分。最后，在总评分的基础上加 1，并取自然对数。模型（6-12）是双重差分模型。*MDEI* 代表《办法》所产生的效应，即《办法》颁行后取 1，否则取 0。我们主要关注交乘项系数 β_3 的方向及显著性。如果 $\beta_3<0$，说明《办法》的颁行对审计费用具有负向作用。其他控制变量定义见附表 6-A。

为了检验环境信息披露对审计意见的影响，我们构建了 logistic 回归模型（6-13）和模型（6-14）：

$$Opinion=\beta_1 EID_{-1}+Controls+\zeta \tag{6-13}$$

$$Opinion=\beta_1 MDEI+\beta_2 EID_{-1}+\beta_3 EID_{-1}\times MDEI+Controls+\zeta \tag{6-14}$$

在模型（6-13）和模型（6-14）中，当公司被出具非标准审计意见时，Opinion 取 1，否则取 0。其他变量定义同模型（6-11）和模型（6-12）。

6.4.4.3 描述性统计

表 6-21 报告的是描述性统计结果。Panel A 展示的是全样本的描述性统计。*Fee* 的均值为 13.198，最小值为 12.044，最大值为 15.956. *Opinion* 的均值为 0.057，说明 5.7% 的企业被出具了非标准审计意见。*EID* 的均值为 0.945，标准差为 0.869，说明制造业上市公司的环境信息披露差距很大。*Pollution* 的均值为 0.580，说明制造业上市公司中 58% 的企业是重污染企业。*Media* 的均值为 2.115，最小值为 0，最大值为 5.298。*IC* 的均值为 6.417，最小值为 0.02，最大值为 6.859. Panel B 和 Panel C 分别展示的是《办法》颁行前后的描述性统计结果。我们能够看出，《办法》颁行后，环境信息披露有了显著提高。Panel D 展示的是《办法》颁行前后的变量方差分析对比。结果显示，*Fee*，*Opinion*，*EID*，*EID_soft* 及 *EID_hard* 具有显著的组间差异，表明《办法》颁行后，审计费用、审计意见与环境信息披露水平、质量比《办法》颁行前具有更为显著的差异。

表 6-21 描述性统计结果

Panel A：全样本

Variable	N	均值	最小值	P25	中位数	P75	最大值	标准差
Fee	4263	13. 198	12. 044	12. 766	13. 122	13. 459	15. 956	0. 631
Opinion	4263	0. 057	0. 000	0. 000	0. 000	0. 000	1. 000	0. 231
EID	4263	0. 945	0. 000	0. 000	1. 099	1. 609	2. 890	0. 869
EID_soft	4263	0. 245	0. 000	0. 000	0. 000	0. 693	1. 792	0. 398
EID_hard	4263	0. 825	0. 000	0. 000	0. 693	1. 386	2. 833	0. 860
Pollution	4263	0. 580	0. 000	0. 000	1. 000	1. 000	1. 000	0. 494
Media	4263	2. 115	0. 000	1. 386	2. 079	2. 833	5. 298	1. 166
IC	4263	6. 417	0. 020	6. 466	6. 538	6. 586	6. 859	0. 809
Size	4263	21. 487	19. 289	20. 751	21. 371	22. 075	25. 377	1. 090
LEV	4263	0. 476	0. 054	0. 337	0. 489	0. 619	0. 944	0. 195
ROA	4263	0. 038	-0. 220	0. 012	0. 036	0. 068	0. 209	0. 195
Beta	4263	1. 110	0. 422	0. 971	1. 128	1. 270	1. 622	0. 239
INV	4263	19. 478	14. 125	18. 666	19. 421	20. 242	23. 599	1. 346
Roc	4263	0. 071	-0. 786	0. 011	0. 066	0. 138	0. 841	0. 152
Crr	4263	1. 925	0. 248	0. 961	1. 324	1. 941	15. 036	2. 109
Loss	4263	0. 102	0. 000	0. 000	0. 000	0. 000	1. 000	0. 302
Merger	4263	0. 639	0. 000	0. 000	1. 000	1. 000	1. 000	0. 480
MB	4263	1. 764	0. 232	0. 751	1. 317	2. 232	7. 901	1. 467
Cat	4263	1. 523	0. 131	0. 849	1. 283	1. 936	6. 188	0. 985

续表

Panel A：全样本								
Variable	N	均值	最小值	P25	中位数	P75	最大值	标准差
Date	4263	4. 435	3. 219	4. 317	4. 489	4. 682	4. 787	0. 317
CFO	4263	0. 054	-0. 239	0. 008	0. 049	0. 100	0. 335	0. 087
*INT*0-1	4263	0. 050	0. 000	0. 000	0. 000	0. 000	1. 000	0. 219
Panel B：《办法》颁行前（2004—2006）								
Variable	N	均值	最小值	P25	中位数	P75	最大值	标准差
Fee	1764	13. 281	12. 044	12. 899	13. 199	13. 567	15. 956	0. 613
Opinion	1764	0. 087	0. 000	0. 000	0. 000	0. 000	1. 000	0. 282
EID	1764	0. 722	0. 000	0. 000	0. 000	1. 386	2. 890	0. 826
EID_soft	1764	0. 138	0. 000	0. 000	0. 000	0. 000	1. 792	0. 325
EID_hard	1764	0. 647	0. 000	0. 000	0. 000	1. 386	2. 833	0. 809
Panel C：《办法》颁行后（2009—2011）								
Variable	N	均值	最小值	P25	中位数	P75	最大值	标准差
Fee	2499	13. 081	12. 044	12. 612	12. 948	13. 337	15. 956	0. 639
Opinion	2499	0. 036	0. 000	0. 000	0. 000	0. 000	1. 000	0. 185
EID	2499	1. 103	0. 000	0. 000	1. 386	1. 946	2. 833	0. 864
EID_soft	2499	0. 320	0. 000	0. 000	0. 000	0. 693	1. 792	0. 426
EID_hard	2499	0. 950	0. 000	0. 000	1. 386	1. 609	2. 773	0. 872

续表

Panel D：ANOVA（《办法》颁行前后对比）						
变量	来源	SS	Df	MS	F-value	P-value
Fee	组间	41. 067	1	41. 067	105. 38	0. 000
	组内	1660. 587	4261	0. 390		
	合计	1701. 654	4262	0. 399		
Opinion	组间	2. 702	1	2. 702	51. 05	0. 000
	组内	225. 560	4261	0. 053		
	合计	228. 262	4262	0. 054		
EID	组间	1666. 382	1	1666. 382	180. 55	0. 000
	组内	39326. 882	4261	9. 229		
	合计	40993. 264	4262	9. 618		
EID_soft	组间	90. 449	1	90. 449	182. 81	0. 000
	组内	2108. 217	4261	0. 495		
	合计	2198. 666	4262	0. 516		
EID_hard	组间	980. 371	1	980. 371	124. 39	0. 000
	组内	33581. 660	4261	7. 881		
	合计	34562. 031	4262	8. 109		

6.4.4.4　主要回归分析

为了检验环境信息披露对审计费用的影响，我们运行回归模型（6-11）和模型（6-12）。回归结果分别列示在表 6-22 中的第（1）列和第（2）列。第（1）列结果表明，环境信息披露与审计费用在 1%水平上显著负相关。第（2）列中交乘项 *EID*×*MDEI* 的系数为-0.009，且在 5%水平上显著负相关。该结果表明，《办法》的颁行有助于提升环境信息披露与审计费用之间的负向关系。

为了检验环境信息披露对审计意见的影响，我们运行逻辑回归模型（6-13）和模型（6-14）。回归结果列示在表 6-22 中的第（3）列和第（4）列。第（3）列的回归结果显示，环境信息披露与非标准审计意见的可能性在 5%水平上显著负相关。第（3）列中交乘项 *EID*×*MDEI* 的系数为-0.101，在 5%水平上显著负相关。研究结果表明，《办法》的颁行有助于降低非标准审计意见获得的可能性。

回归结果与假设 6-10 和假设 6-11 一致。也就是说，环境信息披露水平显著降低审计费用与非标审计意见获得的概率。更为重要的是，《办法》的颁行能够提升这种负向影响作用。

表 6-22　环境信息披露对审计费用、非标准审计意见的影响结果

Dep.	*Fee*		*Opinion*	
	(1)	(2)	(3)	(4)
EID_{-1}	-0.014***	-0.010***	-0.112**	-0.003
	(-3.50)	(-2.67)	(-1.99)	(-1.20)
MDEI		0.041		-0.035***
		(1.31)		(-2.77)
EID_{-1}×*MDEI*		-0.009**		-0.101**
		(-2.30)		(-2.39)
Pollution	-0.044	-0.038	-1.223	-0.032
	(-0.52)	(-0.45)	(-0.61)	(-0.96)

续表

Dep.	Fee		Opinion	
	(1)	(2)	(3)	(4)
Media	-0. 006	-0. 005	0. 231 *	0. 002
	(-0. 483)	(-0. 57)	(1. 75)	(0. 58)
IC	-0. 028 ***	-0. 029 ***	-0. 367 ***	-0. 024 ***
	(-3. 12)	(-2. 80)	(-3. 85)	(-5. 90)
Size	0. 437 ***	0. 436 ***	0. 097	0. 021 ***
	(17. 42)	(23. 59)	(0. 37)	(2. 89)
LEV	-0. 201 **	-0. 196 ***	3. 204 ***	0. 105 ***
	(-2. 06)	(-2. 68)	(3. 45)	(3. 62)
MB	0. 032 ***	0. 031 ***	-0. 007	0. 010 ***
	(2. 98)	(3. 19)	(-0. 04)	(2. 63)
Beta	-0. 130 ***	-0. 125 ***	-1. 101 **	-0. 009
	(-2. 79)	(-3. 03)	(-2. 00)	(-0. 53)
ROA	-0. 536 *	-0. 562 **	-8. 954 ***	-0. 361 ***
	(-1. 69)	(-2. 17)	(-2. 78)	(-3. 53)
Roc	-0. 267 **	-0. 256 **	-0. 912	-0. 158 ***
	(-2. 24)	(-2. 33)	(-0. 86)	(-3. 66)
Crr	-0. 024 ***	-0. 024 ***	-0. 043	0. 002
	(-2. 96)	(-3. 24)	(-0. 28)	(0. 80)
INV	0. 008	0. 010	-0. 536 ***	-0. 022 ***
	(0. 50)	(0. 70)	(-3. 52)	(-3. 83)
Loss	0. 048	0. 048	0. 329	0. 105 ***
	(0. 98)	(1. 10)	(0. 72)	(6. 04)
Merger	0. 077 ***	0. 077 ***	-0. 004	-0. 001
	(4. 08)	(4. 06)	(-0. 01)	(-0. 04)

续表

Dep.	*Fee*		*Opinion*	
	(1)	(2)	(3)	(4)
Cat	0. 131***	0. 082***	−0. 402**	−0. 009**
	(2. 88)	(7. 56)	(−2. 10)	(−2. 08)
Date	0. 106***	0. 107***	1. 582**	0. 032***
	(3. 48)	(3. 50)	(2. 32)	(2. 70)
CFO	0. 421*	0. 415**	−1. 503	0. 171**
	(1. 88)	(2. 05)	(−0. 71)	(2. 15)
INT_{0-1}	0. 005	0. 007	−0. 009	−0. 017
	(0. 12)	(0. 16)	(−0. 02)	(−1. 06)
Fee_{-1}	0. 834***	0. 827**		
	(84. 67)	(79. 45)		
$Opinion_{-1}$			0. 410***	0. 432***
			(20. 16)	(25. 28)
Constant	3. 557***	3. 529***	0. 889	0. 026
	(8. 22)	(12. 06)	(0. 20)	(0. 22)
Year Fixed Effect	YES	YES	YES	YES
Industry Fixed Effect	YES	YES	YES	YES
Adj. R^2/*Pseudo* R^2	0. 553	0. 545	0. 427	0. 421
N	2470	2470	2375	2375

注：***、**和*分别代表在1%、5%和10%水平上显著（双尾）。

6. 4. 4. 5 分组回归分析

为了进一步分析具体哪些因素影响环境信息披露的审计效应，我们从媒体关注、行业类型和内部控制三个方面进行分组回归。

（1）媒体关注

从审计师的角度来看，媒体关注增加了审计师的敏感性。一方面，当媒体关注度较高时，投资者更多地依靠审计师，因此，审计师识别、鉴证压力和审计风险都会增加。审计师面对严峻的审计风险，对环境信息的依赖程度会降低。

为了验证媒体关注的影响作用，我们将样本分成高关注组与低关注组，运行模型（6-11）至模型（6-14）。回归结果列示在表 6-23 的 Panel A。研究结果表明，当媒体关注度较低时，环境信息披露与审计费用、审计意见在 1%和 5%水平上显著负相关（-0.009，$t=-2.89$；-0.002，$t=-2.17$）。此外，《办法》颁行后，这种负向关系更加显著（交乘项 *EID×MDEI* 的系数与显著性分别为：-0.006，$t=-2.05$；-0.001，$t=-2.23$）。然而，当媒体关注度较高时，这种结果并不显著。

（2）行业分类

在重污染行业，环境信息是影响决策的重要因素，审计师会对此进行充分的关注。相比较而言，非重污染行业的企业则没有足够的环境信息供审计师参考。为了验证行业因素的影响，我们将研究样本分为重污染企业和非重污染企业两类。回归结果列示在表 6-23 中的 Panel B。研究结果表明，在重污染分组中，环境信息披露水平与审计费用、审计意见在 5%和 1%水平上显著负相关。同样，在《办法》颁行后，这种负向关系更加显著（交乘项 *EID×MDEI* 的系数与显著性分别为：-0.004，$t=-2.26$；-0.002，$t=-2.23$）。在非重污染分组中则没有显著的影响结果。

（3）内部控制

Chan（2008）研究发现，标有内部控制缺陷的公司比其他公司拥有更多的操纵性应计项目。一般说来，内部控制质量越高，会计稳健性就越高（Goh and Li，2011）。因此，当企业内部控制质量较高时，环境信息披露的参照作用也相对较高，这样也有助于提高环境信息的审计效应。相比较而言，当企业内部控制质量较低时，审计师需要进一步分析企业环境和管理层特征来决定后续的审计程序，这样，审计费用就会上升。

为了验证内部控制的影响作用，我们根据内部控制指数的中位数将研究样本分为高内部控制水平和低内部控制水平。回归结果列示在表 6-23 中的 Panel C。当企业内部控制质量较高时，环境信息披露的审计效应显著，均在 1%显著水平上减少审计费用、降低非标准审计意见的可能性。同时，在《办法》颁行后，这种负向效应更加明显。但在内部控制质量较低的分组则没有这样的显著效应。

表 6-23 分组回归结果

Panel A：媒体关注								
Dep.	低媒体关注				高媒体关注			
	Fee		*Opinion*		*Fee*		*Opinion*	
	(1)	(2)	(1)	(2)	(1)	(2)	(1)	(2)
EID_{-1}	-0.009***	-0.014	-0.002**	-0.001	-0.020	-0.021	-0.003	-0.003
	(-2.89)	(-1.33)	(-2.17)	(-1.13)	(-0.52)	(-0.49)	(-0.32)	(-1.41)
MDEI		-0.049*		-0.031**		-0.029		-0.056
		(-1.89)		(-2.31)		(-0.86)		(-1.08)
$EID_{-1}\times MDEI$		-0.006**		-0.001**		-0.002		-0.002
		(-2.05)		(-2.23)		(-0.33)		(-0.73)
Control	YES	YES	YES	YES	YES	YES	YES	YES
Year Fixed Effect	YES	YES	YES	YES	YES	YES	YES	YES
Industry Fixed Effect	YES	YES	YES	YES	YES	YES	YES	YES
Adj. R^2/*Pseudo* R^2	0.397	0.398	0.444	0.317	0.552	0.551	0.317	0.335
N	1280	1280	1145	1145	1190	1190	1230	1230
Panel B：污染行业								
Dep.	重污染企业				非重污染企业			
	Fee		*Opinion*		*Fee*		*Opinion*	
	(1)	(2)	(1)	(2)	(1)	(2)	(1)	(2)
EID_{-1}	-0.014***	-0.017	-0.002**	-0.001	-0.014	-0.018	-0.004	-0.009
	(-2.73)	(-1.63)	(-2.55)	(-0.29)	(-1.16)	(-1.17)	(-1.19)	(-1.48)

续表

Panel B：污染行业

Dep.	重污染企业				非重污染企业			
	Fee		*Opinion*		*Fee*		*Opinion*	
	(1)	(2)	(1)	(2)	(1)	(2)	(1)	(2)
MDEI		-0.007		-0.041***		-0.022		-0.055
		(-0.96)		(-2.85)		(-0.73)		(-1.44)
EID_{-1}×*MDEI*		-0.004**		-0.002**		0.006		0.008
		(-2.26)		(-2.23)		(0.56)		(0.99)
Control	YES	YES	YES	YES	YES	YES	YES	YES
Year Fixed Effect	YES	YES	YES	YES	YES	YES	YES	YES
Industry Fixed Effect	YES	YES	YES	YES	YES	YES	YES	YES
Adj. R^2/*Pseudo* R^2	0.495	0.495	0.421	0.422	0.561	0.561	0.471	0.472
N	1430	1430	1374	1374	1040	1040	1001	1001

Panel C：内部控制质量

Dep.	高内部控制水平				低内部控制水平			
	Fee		*Opinion*		*Fee*		*Opinion*	
	(1)	(2)	(1)	(2)	(1)	(2)	(1)	(2)
EID_{-1}	-0.019***	-0.021	-0.096***	0.001	-0.008	-0.011	-0.073	-0.035
	(-5.09)	(-1.57)	(-2.91)	(1.55)	(-0.74)	(-1.10)	(-1.22)	(-0.69)
MDEI		-0.034**		-0.002**		0.018		-1.024
		(-1.99)		(-2.43)		(0.69)		(-1.43)

续表

Panel C：内部控制质量								
Dep.	高内部控制水平				低内部控制水平			
	Fee		*Opinion*		*Fee*		*Opinion*	
	(1)	(2)	(1)	(2)	(1)	(2)	(1)	(2)
EID_{-1}×*MDEI*		-0.002**		-0.001**		0.003		-0.009
		(-2.35)		(-2.19)		(-0.49)		(-0.13)
Control	YES	YES	YES	YES	YES	YES	YES	YES
Year Fixed Effect	YES	YES	YES	YES	YES	YES	YES	YES
Industry Fixed Effect	YES	YES	YES	YES	YES	YES	YES	YES
Adj. R^2/*Pseudo* R^2	0.526	0.526	0.303	0.302	0.411	0.411	0.344	0.356
N	1224	1224	1125	1125	1246	1246	1250	1250

注：***、**和*分别代表在1%、5%和10%水平上显著（双尾）。

6.4.4.6 进一步研究

在风险导向的审计模型中，审计师必须考虑企业整体的完整性和管理的完整性（Beaulieu，1994，2001）。承担社会责任，参与社会公益活动表明企业管理层具有较高的道德标准（Groening et al.，2011），因此，该企业的盈余管理也会减少。因此，环境信息披露可能通过影响盈余管理进而影响审计意见和审计费用。处于相对高水平的环境信息披露意味着企业管理层有前瞻性思维和长远眼光，这样的管理层一般比较重视声誉。因而，这些企业管理层不太可能操纵财务信息，这样，被出具非标准审计意见的可能性也比较低。可靠的财务信息也可以减少审计师收集的信息数量，从而也影响审计费用。

为了检验环境信息影响审计费用和审计意见的作用路径，我们构建了模型（6-15）和模型（6-16）：

$$DA=\beta_1 EID+Controls+\zeta \tag{6-15}$$

$$DA=\beta_1 EID+\beta_2 MDEI+\beta_3 EID\times MDEI+Controls+\zeta \tag{6-16}$$

借鉴修正的琼斯模型，我们使用异常酌量性应计利润的绝对值（DA）来衡量盈余管理。具体计算见模型（6-17）：

$$TAC_{it}/A_{i(t-1)}=\partial_0/A_{i(t-1)}+\partial_1(\Delta S_{it}-\Delta AR_{it})/A_{i(t-1)}+\partial_2(FA_{it}/A_{i(t-1)})+\xi_{it} \tag{6-17}$$

其中，TAC_{it}代表的是 i 公司 t 期间总应计利润，是净经营现金流量扣除当期净利润的差额。$A_{i(t-1)}$代表 i 公司 t-1 期的资产总额。ΔS_{it}是销售收入的变化额。ΔAR_{it}是应收账款的变化额。FA_{it}是固定资产的原始价值。

我们运行模型（6-15）和模型（6-16）。回归结果列示在表 6-24。回归结果表明，环境信息披露与应计盈余管理在 1%水平上显著负相关（-0.004，t=-3.02）。交乘项 $EID\times MDEI$ 的系数是-0.006，且在 5%水平上显著负相关（t=-2.26）。该结果表明，《办法》颁行后，环境信息披露对盈余管理的减少作用更加明显。回归结果确定了盈余管理是环境信息披露影响非标准审计意见和审计费用的重要路径。

表 6-24 环境信息披露对盈余管理的影响

Dep：DA	(1)	(2)
EID	-0.004***	-0.001
	(-3.02)	(-0.33)
MDEI		0.025***
		(5.97)
EID×MDEI		-0.006**
		(-2.26)
Size	-0.004***	-0.004***
	(-3.39)	(-3.31)
LEV	0.036***	0.036***
	(5.33)	(5.40)
ROA	-0.031	-0.034*
	(-1.59)	(-1.72)
IC	-0.007***	-0.007***
	(-4.90)	(-4.94)
INT_{0-1}	-0.009*	-0.008*
	(-1.85)	(-1.79)
Constant	0.176***	0.171***
	(7.16)	(6.96)
Year Fixed Effect	YES	YES
Industry Fixed Effect	YES	YES
Adj. R^2	0.161	0.162
N	4263	4263

注：***、**和*分别代表在1%、5%和10%水平上显著（双尾）。

6.4.4.7 稳健性检验

（1）环境信息披露的不同衡量方式对审计意见、审计费用的影响根据 Clarkson 等（2008）的做法，我们将环境信息划分为软环境信息（*EID_soft*）和硬环境信息（*EID_hard*）两类。为了检验环境信息的不同衡量方式对审计费用和审计意见的影响，我们使用 *EID_hard* 和 *EID_soft* 分别替代 *EID* 运行模型（6-11）至模型（6-14）。回归结果见表 6-25。研究结果表明，硬环境信息与审计费用之间具有显著的负向关系。考虑到《办法》的影响，$EID\_hard_{-1} \times MDEI$ 的系数为-0.001，且在 5%水平上显著。这说明《办法》颁行后，硬环境信息的审计效应比《办法》颁行前作用更加明显。然而，软环境信息与审计费用、审计意见不具有显著的负向关系。这说明审计师在环境信息选择上倾向于选用更为容易验证的硬环境信息作为审计意见和审计费用决策的重要参照。

（2）环境信息披露的不同衡量方式对盈余管理的影响

为了进一步验证环境信息披露对审计意见和审计费用的作用路径，我们使用 *EID_hard* 和 *EID_soft* 分别替代 *EID* 运行模型（6-15）和模型（6-16）。表 6-26 报告了回归结果。研究结果表明，硬环境信息与盈余管理之间具有显著的负向关系，在《办法》颁行后，这种负向关系更加显著。但软信息的这种效应则并不明显。

表 6-25 软硬环境信息对审计费用、审计意见的影响

Dep.	*Fee*				*Opinion*			
	(1)	(2)	(3)	(4)	(1)	(2)	(3)	(4)
EID_hard_{-1}	-0.013***	-0.013			-0.003**	-0.002		
	(-4.87)	(-1.09)			(-2.20)	(-0.93)		
EID_soft_{-1}			-0.001	-0.011			-0.342	-0.060
			(-0.08)	(-0.61)			(-1.06)	(-0.25)
MDEI		-0.030**		0.011		-0.045***		-1.303***
		(-1.98)		(0.43)		(-4.83)		(-3.67)
$EID\_hard_{-1} \times MDEI$		-0.001**				-0.001**		
		(-2.02)				(-2.17)		
$EID\_soft_{-1} \times MDEI$				-0.017				-0.474
				(-0.77)				(-1.48)
Control	YES	YES	YES	YES	YES	YES	YES	YES
Year Fixed Effect	YES	YES	YES	YES	YES	YES	YES	YES
Industry Fixed Effect	YES	YES	YES	YES	YES	YES	YES	YES
Adj. R^2/Pseudo R^2	0.535	0.535	0.532	0.532	0.398	0.397	0.436	0.437
N	2470	2470	2470	2470	2375	2375	2375	2375

注：***、**和*分别代表在1%、5%和10%水平上显著（双尾）。

表 6-26　软硬环境信息对盈余管理的影响

Dep. DA	(1)	(2)	(3)	(4)
EID_hard	-0.001***	-0.001		
	(-3.39)	(-0.54)		
EID_soft			-0.001	0.002
			(-0.63)	(0.75)
MDEI		-0.023***		0.020***
		(5.90)		(5.40)
EID_hard×MDEI		-0.002**		
		(-1.97)		
EID_soft×MDEI				-0.004
				(-1.28)
Size	-0.004***	-0.004***	-0.004***	-0.004***
	(-3.34)	(-3.28)	(-3.78)	(-3.76)
LEV	0.036***	0.036***	0.035***	0.035***
	(5.36)	(5.43)	(5.23)	(5.22)
ROA	-0.033*	-0.036*	-0.030	-0.032
	(-1.69)	(-1.80)	(-1.56)	(-1.63)
IC	-0.007***	-0.007***	-0.007***	-0.007***
	(-4.94)	(-4.99)	(-4.87)	(-4.85)
INT_{0-1}	-0.009*	-0.008*	-0.009*	-0.009*
	(-1.84)	(-1.78)	(-1.91)	(-1.89)
Year Fixed Effect	YES	YES	YES	YES
Industry Fixed Effect	YES	YES	YES	YES
Adj. R^2	0.162	0.163	0.160	0.160
N	4263	4263	4263	4263

注：***、**和*分别代表在1%、5%和10%水平上显著（双尾）。

（3）考虑内生性的情况下环境信息对审计费用、审计意见的影响

由于我们的样本中只包含制造业上市公司，没有控制样本，容易导致内生性问题。为了验证内生性问题，我们建立了双重差分模型，并使用三个控制样本进行稳健性测试。具体模型见模型（6-18）和模型（6-19）：

$$Fee/Opinion=\beta_1 Treatment+\beta_2 MDEI+\beta_3 Treatment\times MDEI+Controls+\xi \quad (6-18)$$

$$Fee/Opinion = \beta_1 Treatment + \beta_2 MDEI + \beta_3 Treatment \times MDEI$$
$$\beta_4 EID-1 + \beta_5 Treatment \times EID-1 + \beta_6 MDEI \times EID-1$$
$$+ \beta_7 Treatment \times MDEI \times EID-1 + Controls + \xi$$

(6-19)

在模型（6-18）和模型（6-19）中，*Treatment* 代表的是实验样本，包括制造业上市公司、重污染行业上市公司，以及在《办法》颁行前没有披露环境信息，但在《办法》颁行后开始披露环境信息的上市公司。β_3 表示的是实验样本的审计意见和审计费用在《办法》颁行前后的变化额。β_7 表示的是考虑环境信息披露数量的情况下实验样本的审计意见和审计费用在《办法》颁行前后的变化额。

第一，我们把制造业上市公司作为实验样本，把除金融行业上市公司以外的其他行业上市公司作为控制样本。控制样本的选择采用同年份和相似规模的原则进行确定。最终得到 6918 个公司年份观测值。我们运行模型（6-18）和模型（6-19），回归结果见表 6-27 中的 Panel A。结果表明，《办法》颁行后制造业上市公司比其他行业上市公司具有更为显著的审计费用减少和获取更少非标准审计意见的特征。另外，制造业上市公司环境信息披露越多，这种减少效应越明显。

第二，我们把重污染行业的上市公司作为实验样本，并按照同年度和相似规模的标准确定控制样本。回归结果见表 6-27 中的 Panel B。结果表明，重污染行业上市公司在《办法》颁行后比其他行业具有更为显著的审计费用减少和获取非标准审计意见更少的特征。由于《办法》对重污染行业的要求更高，所以我们的研究结果验证了重污染行业环境信息披露的审计效应。

第三，我们把在《办法》颁行前没有披露环境信息，但《办法》颁行后开始披露环境信息的上市公司作为实验样本。然后我们在《办法》颁行前就已经自愿披露环境信息的上市公司作为控制样本。我们期望实验样本比控制样本会有更显著的审计效应。回归结果见表 6-27 中的 Panel C。结果表明，在《办法》颁行前没有披露环境信息，但《办法》颁行后开始披露环境信息的上市公司作为实验样本，比一直自愿披露环境信息的控制样本具有更为显著的审计费用减少和非标准审计意见减少的效应。并且，当环境信息披露越多，这种减少效应越明显。结果表明，《办法》具有显著的审计效应，内生性并不影响我们的研究结论。

表 6-27　考虑内生性的情况下环境信息对审计费用、审计意见的影响

Panel A：实验组是制造业企业

Dep.	*Fee*	*Fee*	*Opinion*	*Opinion*
Treatment	-0. 122	0. 137	0. 044	-0. 540
	(-0. 28)	(0. 87)	(0. 23)	(-0. 64)
MDEI	-0. 052**	-0. 140***	-0. 036***	-1. 120***
	(-2. 07)	(-8. 17)	(-3. 20)	(-2. 95)
Treatment×MDEI	-0. 048**	-0. 010	-0. 113**	-0. 141
	(-2. 12)	(-0. 60)	(-2. 04)	(-0. 38)
EID_{-1}		-0. 009**		0. 089
		(-2. 00)		(1. 24)
EID_{-1}×*Treatment*		0. 007		-0. 113
		(1. 38)		(-1. 32)
EID_{-1}×*MDEI*		0. 010**		-0. 170*
		(2. 11)		(-1. 71)
Treatment×MDEI×EID_{-1}		-0. 007**		-0. 134**
		(-1. 98)		(-2. 16)
Controls	YES	YES	YES	YES
Year Fixed Effect	YES	YES	YES	YES
Industry Fixed Effect	YES	YES	YES	YES
Adj. R^2/Pseudo R^2	0. 586	0. 584	0. 332	0. 324
N	6918	6918	6918	6918

Panel B：实验组是重污染企业

Dep.	*Fee*	*Fee*	*Opinion*	*Opinion*
Treatment	-0. 056	-0. 059	-0. 032	-1. 061
	(-0. 51)	(-0. 54)	(-0. 69)	(-1. 35)
MDEI	-0. 030	-0. 033	-0. 036***	-1. 222***
	(-1. 29)	(-1. 33)	(-3. 37)	(-3. 17)
Treatment×MDEI	-0. 041*	-0. 038	-0. 062**	-0. 037
	(-1. 78)	(-1. 27)	(-2. 13)	(-1. 09)

续表

Panel B：实验组是重污染企业				
Dep.	*Fee*	*Fee*	*Opinion*	*Opinion*
EID_{-1}		-0.017**		-0.034
		(-2.20)		(-0.43)
EID_{-1}×*Treatment*		0.007		-0.156
		(0.78)		(-1.37)
EID_{-1}×*MDEI*		0.002		-0.029
		(0.26)		(-0.32)
Treatment×*MDEI*×EID_{-1}		-0.003**		-0.110***
		(-2.26)		(-2.84)
Controls	YES	YES	YES	YES
Year Fixed Effect	YES	YES	YES	YES
Industry Fixed Effect	YES	YES	YES	YES
Adj. R^2/Pseudo R^2	0.588	0.589	0.402	0.401
N	6382	6382	6382	6382
Panel C：实验组是在《办法》颁行前没有披露环境信息，但《办法》颁行后披露环境信息的企业				
Dep.	*Fee*	*Fee*	*Opinion*	*Opinion*
Treatment	-0.001	-0.001	0.070	0.161
	(-1.27)	(-0.14)	(0.19)	(0.43)
MDEI	-0.016	-0.007	-0.892***	-0.596*
	(-1.37)	(-0.27)	(-2.88)	(-1.65)
Treatment×*MDEI*	-0.008***	0.046	-0.449**	-0.945
	(-4.20)	(0.85)	(-2.18)	(-0.95)
EID_{-1}		-0.027**		-0.077
		(-5.11)		(-1.47)
EID_{-1}×*Treatment*		0.024		-0.017
		(1.45)		(-0.14)
EID_{-1}×*MDEI*		0.018***		-0.117*
		(2.95)		(-1.65)
Treatment×*MDEI*×EID_{-1}		-0.038*		-0.223**
		(-1.76)		(-2.05)
Controls	YES	YES	YES	YES
Year Fixed Effect	YES	YES	YES	YES

续表

Panel C：实验组是在《办法》颁行前没有披露环境信息，但《办法》颁行后披露环境信息的企业				
Dep.	*Fee*	*Fee*	*Opinion*	*Opinion*
Industry Fixed Effect	YES	YES	YES	YES
Adj. R^2/Pseudo R^2	0. 520	0. 521	0. 392	0. 395
N	3066	3066	3066	3066

注：***、**和*分别代表在1%、5%和10%水平上显著（双尾）。

（4）基于变化模型的分析

为了测试主要回归结果的稳健性，我们采用变化模型进行稳健性分析。表6-28报告了具体的回归结果。ΔEID，ΔEID_hard 和 ΔFee 具有显著的负向关系，但 ΔEID_soft 不具有显著的负向关系。这个结果与主要回归结果的结论一致。

表6-28　基于变化模型的分析结果

Dep. ΔFee	(1)	(2)	(3)
ΔEID	-0. 095***		
	(-13. 94)		
ΔEID_hard		-0. 093***	
		(-42. 94)	
ΔEID_soft			-0. 002
			(-0. 37)
Controls	YES	YES	YES
Year Fixed Effect	YES	YES	YES
Industry Fixed Effect	YES	YES	YES
Adj. R^2	0. 114	0. 519	0. 016
N	1786	1786	1786

注：***、**和*分别代表在1%、5%和10%水平上显著（双尾）。

（5）使用最新数据的回归分析

为了验证结论的稳健性，我们将样本区间延长到2017年，具体研究2009—2011年和2012—2017年两个时间段的回归结果。表6-29报告的是具体的回归结果。从回归结果可以看出，两个时间段的环境信息披露与审计费用、审计意见都具有显著的负向关系。与主要回归结果一致。

表 6-29 2009—2017 年环境信息披露与审计费用、审计意见回归结果

Dep.	2009—2011		2012—2017	
	Fee	*Opinion*	*Fee*	*Opinion*
EID_{-1}	-0.009***	-0.084**	-0.016***	-0.094***
	(-2.90)	(-2.03)	(-5.60)	(-2.86)
Controls	YES	YES	YES	YES
Year Fixed Effect	YES	YES	YES	YES
Industry Fixed Effect	YES	YES	YES	YES
Adj. R^2/Pseudo R^2	0.532	0.487	0.649	0.538
N	1499	1499	9481	9481

注：***、**和*分别代表在1%、5%和10%水平上显著（双尾）。

6.4.5 本节研究结论

我们以《办法》的颁行作为研究背景探索环境信息披露的审计效应。研究结果表明：①环境信息披露水平与审计费用、非标准审计意见出具概率有显著的负向关系，而且这种负向效应在《办法》颁行后更加显著；②环境信息披露的审计效应突出表现在重污染行业、低媒体关注企业与内部控制良好的企业；③相较于软环境信息，硬环境信息具有更为显著的审计效应；④环境信息披露通过减少企业盈余管理作为路径减少审计费用和非标准审计意见出具的可能性。

根据我们的研究结论，环境信息披露的审计效应应被充分利用起来。①政府应建立环境信息披露奖惩制度，鼓励企业提升环境信息披露水平。未来应逐步强制要求企业披露环境信息，特别是硬环境信息。②在高污染企业、低媒体关注企业与内部控制良好的企业，管理层应将精力多放在非财务信息上，特别是硬性环境信息。③审计师应多关注环境信息，并区别对待。当媒体关注度较高时，应该更多关注环境信息的可靠性；如果内部控制比较好，非财务信息的参考价值是比较大的。除此之外，信息的有效性能够反映行业的差异。对于不同的行业，我们应考虑非财务信息的差异。

6.5 本章小结

本章在充分考虑我国转型经济背景下，研究了企业管理层进行环境信息机会主义披露的动因。具体研究结论如下：

（1）环境信息机会主义披露有助于获得政府资源。研究结果表明，环境信息披露水平的提高能够为企业带来更多的政府资源。具体表现为：股权发行可能性增大、股权募集金额增加、股权发行折价率降低和政府补助增加；且在《办法》颁行后，空间距离的增大会减少企业得到的政府资源。进一步研究发现，这种减少效应在非四大审计、低股权集中度、低市场化程度地区、低 GDP 地区、重污染行业的企业中更加显著。

（2）环境信息机会主义披露有助于缓解融资约束。研究结果表明，《办法》颁行后，企业的融资约束显著降低，且环境信息披露水平越高，对融资约束的缓解程度就越大。进一步研究发现，在承受较大制度压力的重污染企业和自愿性披露意愿更高的内部控制水平较高的企业，环境信息披露对企业融资约束的缓解作用更加显著。

（3）环境信息机会主义披露是企业管理层在获得资源与承担风险之间的权衡。研究结果表明，从企业管理层披露动机上来看，当政策变动后，相较于规避违规风险，企业更愿意为了获得下一期的政府补助而提高环境信息披露水平及质量。因此，来自外部政策变动所产生的压力并不是企业管理层的全部动机，企业管理层在披露决策过程中会在政府补助与避免被规制两者之间进行权衡。在政府大力倡导环保的背景下，企业管理层会倾向于披露更多且更有质量的环境信息以获得政府补助。

（4）环境信息机会主义披露具有显著的审计效应。研究结果表明，环境信息披露水平与审计费用、非标准审计意见出具概率有显著的负向关系，且这种负向效应在《办法》颁行后更加显著；环境信息披露的审计效应突出表现在重污染行业、低媒体关注企业及内部控制良好的企业；相较于软环境信息，硬环境信息具有更为显著的审计效应。

附表 6-A 变量定义

变量符号	变量含义
CashHolding_chg	现金持有量变化额，本年年末现金及有价证券/总资产-上一年年末现金及有价证券/总资产
Subsidy_dum	哑变量，若有政府补助则记为 1，否则记为 0
Fee	审计费用的自然对数
Opinion	当企业获得非标准审计意见取 1，否则取 0
Subsidy	来自企业年报中的政府补助金额
Illegal	哑变量，发生违规事项的取 1，否则取 0
EID	环境信息披露水平①，货币性信息得 3 分，具体非货币性信息得 2 分，一般性非货币性信息得 1 分，未披露得 0 分。然后汇总计算得到
EID_sig	将年报分为非财务部分和财务部分。仅在非财务部分披露，赋值 1 分；仅在财务部分披露，赋值 2 分；既在财务部分又在非财务部分披露，赋值 3 分。按项目数量对应得分汇总
EID_amount	仅用文字描述的取值 1 分；数量化但非金额信息取值 2 分；货币化金额信息取值 3 分。按项目数量对应得分汇总
EID_time	关于现在的信息取值 1 分；有关公司对未来的展望与预测的信息，取值 2 分；现在与过去对比的信息取值 3 分。按项目数量对应得分汇总
EID_soft	一般是指使用文字进行描述性的环境信息。根据《办法》规定的项目，软环境信息一般包括 3 项得分：ISO 环境体系认证相关信息；生态环境改善措施；企业环境保护的理念和目标
EID_hard	一般是指使用数量、金额进行列示的环境信息。根据《办法》规定的项目，硬环境信息一般包括 7 项得分：企业环保投资和环境技术开发；与环保相关的政府拨款、财政补贴与税收减免；企业污染物的排放及排放减轻情况；政府环保政策对企业的影响；有关环境保护的贷款；与环保相关的法律诉讼、赔偿、罚款与奖励；其他与环境有关的收入与支出等项目
CFO	经营活动产生的现金流。经营活动产生的现金流量/总资产
Post	哑变量，《办法》颁行后为 1，颁行前为 0
Size	资产规模，总资产的自然对数值
Shortdebt	短期负债与总资产的比值

① 本章采用内容分析法来定量描述企业的环境信息披露。依照《办法》的要求和上海证券交易所出台的《上市公司环境信息披露指引》中对企业环境信息披露内容的规定，本章在收集、整理上市公司样本信息时，选择上市公司公开的环境信息内容中的十大项目作为本章环境信息披露指标构建的组成成分。这十大项目分别是：企业环保投资和环境技术开发情况；与环保相关的政府拨款、财政补贴与税收减免；企业污染物排放及减排情况；ISO 环境体系认证的相关消息；生态环境改善措施；政府环保政策对企业的影响；有关环境保护的贷款；与环保相关的法律诉讼、赔偿、罚款与奖励；企业环境保护的理念与目标和其他与环境有关的收入支出项目。通过对这十个项目的打分汇总得到企业的环境信息披露得分。

续表

变量符号	变量含义
ROE	资产收益率，净利润与总资产总额的比值
TobinQ	托宾 *Q* 值，资产的市场价值与其重置价值的比值
Adm	行政等级，大于地方取值为 1，等于地方取值为 2，小于地方取值为 3
Largest	第一大股东持有比例
ICIdum	哑变量，按照企业内部控制指数的中位数进行分组，如果大于中位数则赋值 1，小于中位数则赋值 0
Herfindahl_5	前五大股东持股比例的平方和
Market	根据樊纲等所编写《中国市场化指数：各地区市场化相对进程 2011 年报告》得到
GDP	公司所在城市人均 GDP，单位：万元
Wage	公司所在城市人均工资，单位：万元
MB	市值/账面价值
Big4	哑变量，国际“四大”取值为 1，否则为 0
Independent	董事会中独立董事的人数
Operation	企业经营环境指数。依据王小鲁等所编写《中国分省企业经营环境指数 2011 年报告》得到
Media	中国期刊网《重要报纸全文数据库》中检索到的关于各上市公司的新闻报道次数加 1 后的自然对数
IC	内部控制指数加 1 并取自然对数。内部控制指数来自 DIB 数据库
MTB	市值/账面价值
ROA	本期净利润/期末资产总额
Roc	经营现金净流量/营业收入
INV	年末存货净额的自然对数
Cat	营业收入/流动资产平均余额
Loss	哑变量。公司当年发生经营亏损取值 1，否则为 0
CFO	公司经营性现金净流量/期初资产总额
Crr	流动资产/流动负债
*INT*0-1	当 $0<ROE\leqslant 1\%$ 时取值 1，否则为 0
Date	当年年报实际披露日期与资产负债表日的时距（天）
Merger	企业当年进行兼并收购活动时取值 1，否则为 0
Beta	根据市场模型得到的风险系数
EquityIssue_ dum	股权发行可能性
EquityIssue	股权募集金额

续表

变量符号	变量含义
UnderPricing	股权发行折价率
Turnover	股票换手率
DebtIssue_ dum	债务发行的可能性
DebtIssue	债务发行金额
Dividend	现金股利与资产总额的比值
CashHolding	现金持有量
COD	年度财务费用与债务总额的比值
Year	年度哑变量
Industry	行业哑变量

7 基于空间距离与同业模仿的环境信息披露监测机制及应对预案研究

7.1 环境信息披露监测系统理论框架的构建

7.1.1 国内外环境监测系统回顾

当前国外最具代表性的环境监测系统是全球环境监测系统（GEMS）。该系统创建于1975年，是联合国环境规划署（UNEP）“地球观察”计划的核心组成部分，其任务就是监测全球环境并对环境组成要素的状况进行定期评价。其主要国际监测项目包括四大类：生态监测、污染物监测、自然灾害监测及环境监测研究。自20世纪70年代起，我国已陆续建立起环境监测体系。1980年，我国正式组建中国环境监测总站，由生态环境部主管，主要职能是承担涵盖空气、水、生态、土壤、近岸海域、噪声、污染源等多领域多要素的国家环境监测网络的管理与运行工作。国家网主要包括2100余个空气质量监测站点、2767个地表水监测断面、300个水质自动站、4万余个土壤监测点位。目前国内外环境监测系统主要针对的是实体监测，监测的对象主要是水、空气、土壤、污染物、噪声等，且以宏观监测为主，辅助以个体微观企业的处罚。然而，目前还没有哪个国家或地区对上市公司的环境信息披露实施监测。在我国的制度背景下，环境信息难以单纯依靠上市公司的自觉性来保证质量，因此，建立外部监督与监测机制对提升环境信息质量和保护投资者都具有重要的意义。

7.1.2　环境信息披露监测系统理论框架的构建基础

（1）区分行业要求上市公司进行强制性环境信息披露

本研究基于当前我国法律（《环境信息公开办法（试行）》《环境保护法》）和办法（《上市公司环境信息披露指引》）规定，以煤炭行业企业为例说明强制性披露的环境信息包括的7个大类内容。①企业的环境政策信息。主要包括：企业的环境理念、目标、政策、措施、战略及执行情况；企业的环境内部控制方法和执行情况；企业的环保考核方法和执行情况。②企业的环境责任信息。包括：企业生产过程中产生的污染物的名称、种类、去向和排放方式，以及污染物的数量、浓度、变化情况和达标或超标情况；企业连续三年资源消耗量对比情况；企业对下一年资源消耗量预测情况；企业缴纳的环保税，支付的环保赔偿和罚款；企业的或有环保负债信息；企业支付的其他与环境有关的费用。③企业的环境保护信息。包括：企业在环保方面的投入；企业环保设施的建设和运行情况，企业的环保科技投资情况；企业收到的与环保有关的政府拨款、补贴、税收减免以及为环保进行的贷款；企业采取的环保措施、生态环境改善措施和节能减排措施；企业对污染事故的应急预案。④企业环境绩效信息。包括企业当年取得的环境绩效；企业的废弃物处理和综合利用情况；企业节能减排取得的效果；企业环保技术的开发情况；企业获得的环保方面的奖金及奖励；企业获得的其他与环境有关的收入。⑤企业环境影响信息。包括：企业的ISO环境体系认证相关信息；企业与环保相关的法律诉讼；企业是否被国家生态环境部门列入污染严重企业名单；政府新公布的环境法律、法规、行业政策可能对企业生产经营产生的重大影响；企业的环保风险与应对措施以及环保风险对企业的生产经营活动产生的影响。⑥煤炭行业特有环境信息。包括：企业拥有的煤炭资源剩余量；企业的属于行业特有的生态环境破坏情况（如土地塌陷、水资源污染、煤矸石污染、运输粉尘污染）；企业的土地复垦情况及企业的预提复垦费用；企业环境恢复成本和矿井填埋成本；企业环境恢复情况；企业煤炭的运输方式，运输过程中产生的污染及治理方法。⑦企业环境信息质量控制信息。包括：企业环境信息审计情况；企业环境信息质量保证说明。

企业环境信息披露方式包括文字描述、表格对比、图形分析以及三种方式的结合，本研究设计的标准中采用了三者结合的方式。同时，本研究设计的标准把环境信息披露的详细程度划分为文字描述、数字描述和货币描述三个等级，概念性信息以文字方式描述，数量性信息以数字方式描述，金额信息以货币方式描述。在披露方法上，可以选择在董事会或监事会进行报告，也可以在年报中的重要事项、报表附注、社会责任报告、独立的环境信息报告中进行披露。多数研究认为，发布独立的环境信息报告是一种较好的环境信息披露方式，其可以披露财务报表中已经披露的与环境有关的信息，方便了信息需求者获取相关环境信息。

表 7-1 所示为根据环境信息披露的内容确定的对应的强制性披露方法、详细程度及方式。

表 7-1　强制性环境信息披露内容、方法及方式

披露内容	披露方法	详细程度	披露方式
企业的环境政策信息			
环境理念与目标	独立的环境报告	用文字描述	文字
环境政策	独立的环境报告	具体条文规定	文字
环境措施	独立的环境报告	具体行动，实施方法，执行现状	文字
环境战略	独立的环境报告	具体战略目标，实施方法，执行现状	文字、图形
环境内控	独立的环境报告	内控方法，控制程序，执行现状	文字、图形
环保考核	独立的环境报告	考核方法，奖惩措施，执行现状	文字
企业的环境责任信息			
污染物名称	独立的环境报告	具体每一项污染物的名称	文字、表格
污染物种类	独立的环境报告	污染物的类别、性质（固体、液体、气体、有毒、无毒等）	文字、表格
污染物去向	独立的环境报告	每一项污染物的最终去向（土地、河流、大气）	文字、表格
污染物排放方式	独立的环境报告	每一项污染物排放的方式文字说明	文字、表格
污染物的数量及浓度	独立的环境报告	固体污染物的数量以及液体和气体污染物的浓度用具体数字来表示	文字、图形、表格
污染物变化情况	独立的环境报告	污染物与上一年度相比的变化情况，用具体数字表示	文字、图形、表格

续表

披露内容	披露方法	详细程度	披露方式
污染物达标或超标情况	独立的环境报告	每一项污染物的标准，企业污染物排放实际情况与标准比较结果，用数字表示	文字、表格
企业连续三年资源消耗量对比	独立的环境报告	企业连续三年每年的资源消耗量及这三年对比，用具体数字及图形表示	柱形图、折线图、表格
下一年资源消耗量预测	独立的环境报告	预测方法文字说明，预测结果用数字表示	文字
环保税	报表中相关项目、独立的环境报告	每一项环保税目的具体金额用货币表示	报表、文字
环保赔偿和罚款	报表中相关项目、独立的环境报告	环保赔偿和罚款的事由，具体金额用货币表示	报表、文字
其他与环境有关的支出项目	报表中相关项目、独立的环境报告	其他的与环保有关的成本和费用等的事由，具体金额用货币表示	报表、文字
或有环保负债信息	报表中相关项目、独立的环境报告	企业的或有环保负债的事由，具体金额用货币表示	报表、文字
企业的环境保护信息			
环保投入	报表中相关项目、独立的环境报告	环保投入事由，环保投入金额用货币表示，资金去向文字说明	报表、文字、表格
环保设施建设	报表中相关项目、独立的环境报告	环保设施投资金额用货币表示，环保设施数量用数字表示	报表、文字、表格
环保科技投资	报表中相关项目、独立的环境报告	环保科技投资金额用货币表示	报表、文字、表格
与环保有关的政府拨款、补贴、税收减免	报表中相关项目、独立的环境报告	每一项拨款、补贴、税收减免的缘由，具体金额用货币表示，资金用途文字说明	报表、文字、表格
与环保有关的贷款	报表中相关项目、独立的环境报告	每一项贷款事由，贷款金额用货币表示，贷款用途文字说明	报表、文字、表格
环保措施	独立的环境报告	具体的环保举措，实施方法及现状	文字
生态环境改善措施	独立的环境报告	具体举措，实施方法及现状	文字
节能减排措施	独立的环境报告	具体举措，实施方法及现状	文字
环保设施的运行	独立的环境报告	环保设施运行情况用文字描述	文字
污染事故应急预案	独立的环境报告	可能出现的污染事故及针对该事故的应急预案	文字

续表

披露内容	披露方法	详细程度	披露方式
企业环境绩效信息			
取得的环境绩效	独立的环境报告	取得各项环保绩效文字说明	文字、图形、表格
废弃物处理	独立的环境报告	废弃物处理量用数字表示，废弃物处理方法及现状文字说明，带来的效益用货币表示	文字、表格、图形
废弃物综合利用情况	独立的环境报告	综合利用率用数字表示，综合利用方法及现状文字说明	文字、表格、图形
节能减排情况	独立的环境报告	节能减排量用数字表示，节能减排的方法及现状用文字描述，节能减排带来的效益用货币表示	文字、表格
环保技术开发情况	独立的环境报告	环保科技产出数量用数字表示，环保科技研发情况文字说明	文字、表格
环保奖金及奖励	报表中相关项目、独立的环境报告	获得奖金及奖励缘由文字说明，获得奖金金额用货币表示，获得奖励数量用数字表示	文字、表格
其他与环境有关的收入项目	报表中相关项目、独立的环境报告	其他的与环保有关的收入的事由，具体金额用货币表示	文字、表格
企业环境影响信息			
ISO 环境体系认证相关信息	独立的环境报告	认证的文字说明	文字
与环保相关的法律诉讼	独立的环境报告	诉讼缘由、结果及给企业带来的影响进行文字说明	文字
企业是否被国家生态环境部门列入污染严重企业名单	独立的环境报告	文字说明	文字
政府新公布的环境法律、法规、行业政策可能对企业经营产生的重大影响	独立的环境报告	颁布的具体的法律、法规、政策及其可能带来的影响的文字说明	文字
环保风险和应对措施及其对企业生产经营活动的影响	独立的环境报告	企业环保风险分析，风险应对措施，风险带来的影响说明	文字
煤炭行业特有环境信息			

续表

披露内容	披露方法	详细程度	披露方式
煤炭资源剩余量	独立的环境报告	煤炭资源剩余量的测量方法文字说明，剩余量用数字表示	文字
行业特有的生态环境破坏情况	独立的环境报告	行业特有的生态破坏方式说明，破坏情况说明	文字、表格
土地复垦情况	报表中相关项目、独立的环境报告	预提复垦费用的计算、确认和摊销方法，预提复垦费用用货币表示	文字、表格
环境恢复成本	报表中相关项目、独立的环境报告	环境恢复成本用货币表示，恢复情况进行文字说明	文字
矿井填埋成本	报表中相关项目、独立的环境报告	矿井填埋成本用货币表示，填埋情况进行文字说明	文字
环境恢复情况	独立的环境报告	环境恢复情况文字说明，相关数量用数字表示，金额用货币表示	文字、表格
煤炭运输方式	独立的环境报告	运输方式说明	文字、表格、图形
煤炭运输带来的污染及治理	独立的环境报告	运输带来的污染说明（原因、方式、结果），治理方法和成果说明	文字、表格
企业环境信息质量控制信息			
企业环境信息审计情况	审计报告、独立的环境报告	审计方法，审计结果说明	文字
环境信息质量保证的说明	独立的环境报告	文字描述	文字

（2）拥有完善的地理信息系统（GIS）

地理信息系统（GIS）是在计算机硬件支持下，对整个或部分地球表层空间中的有关地理分布数据进行采集、存储、管理、运算、分析、显示和描述的技术系统（汤国安，等，2012）。GIS 一般由四部分组成：硬件系统、软件系统、地理空间数据和系统管理操作人员。GIS 技术把地图这种独特的视觉化效果和地理分析功能与一般的数据库操作（查询和统计分析等）集成在一起。计算机软硬件是 GIS 的使用工具，空间数据库反映了 GIS 的地理内容，管理人员和用户决定了系统的工作方式和信息表达方式。硬件系统的基本组件主要有输入/输出设备、中央处理器、存储器等；软件系统包括计算机系统软件、地理信息系统软件和其他支持软件（通用的 GIS 软件包、数据库管理系统、计算机图形软件包、计算机图像处理系统等）应用分析程序。地理空间数据是以地球表面空间位置为参照的自然、社会和人文经济景观数据，包括图形、图像、文字、表格和数字等。主要包括已知坐标系中的位置（经纬度、平面直接坐标、极坐标等）、实体间的空间关系（度量关系、延伸关系和拓扑关系）、与几何位置无关的属性（土壤种类、行政区划、面积、长度、土地等级、人口数量等）。

GIS 系统的主要功能包括数据采集与输入、数据编辑与更新、数据存储与管理、空间数据分析与处理、数据与图形的交互显示。数据采集与输入是将系统外部原始数据传输到 GIS 系统内部，并将这些数据从外部格式转换为系统便于处理的内部格式的过程。数据编辑包括拓扑关系建立、图形编辑、图形整饰、图幅拼接、投影变换、误差校正及属性编辑。数据更新要求以新记录数据替代数据库中相对应的原有数据项和记录。数据存储与管理是建立地理信息系统数据库的关键步骤，涉及空间数据和属性数据的组织。空间数据分析与处理是地理信息系统的核心功能，也是地理信息系统与其他计算机系统的根本区别。数据与图形的交互显示是 GIS 的输出功能的体现，不仅可以输出全要素地图，也可以根据用户的需要，输出各种专题图、统计图等。GIS 强大的空间分析功能使其在测绘与地图制图、资源管理、城乡规划、灾害预测、土地调查与环境管理、国防、宏观决策等方面得到广泛的应用。

7.1.3 环境信息披露监测系统理论框架的基本内容

限于笔者对 GIS 的研究程度，本研究只对环境信息披露监测系统的理论框架进行设计，不涉及具体软件的开发与应用。建立环境信息披露监测系统的目的主要是将实证研究的结果充分运用到实际上市公司环境信息披露监测上，实时监测企业真实环境信息披露与预期水平之间的差异，以此作为监管部门监督检查的参考。环境信息披露监测系统理论框架的基本内容主要包括 GIS 系统模块、环境信息披露数据库模块、上市公司基本情况模块以及环境信息披露监测预警模块四个模块。

（1）GIS 系统模块

GIS 系统模块的主要目的是获取任何一家上市公司的主要经营地距离所辖生态环境监管部门的空间距离。该模块建立在 GIS 系统上，加入地区宏观经济指标数据库，主要包括人口数据、交通数据、拥挤程度数据、GDP 数据、市场化程度数据等。实际运行时，GIS 系统需要读取上市公司基本情况模块中上市公司运营地与所辖生态环境部门的坐标，得到上市公司运营地到所辖生态环境部门的最短坐标距离。再自动提取该上市公司所在地的人口、交通、拥挤程度、GDP、市场化程度数据，调整最短坐标距离为具有可比性的最短交通距离与时间。

（2）环境信息披露数据库模块

环境信息披露数据库模块通过输入端将所有上市公司历年的环境信息披露评分都录入数据库，并进行实时更新。实际运行时，调用上市公司基本情况模块中的行业数据，区分不同上市公司得到同业公司，并计算得到同业模仿数据。

（3）上市公司基本情况模块

上市公司基本情况模块主要涵盖了上市公司运营地、行业、所辖生态环境部门、上市公司基本面信息（实证回归中的控制变量指标）。其主要作用表现在三个方面：一是给 GIS 系统模块提供上市公司运营地与所辖生态环境部门地标数据；二是给环境信息披露数据库模块提供行业数据；三是给环境信息披露监测预警模块提供上市公司基本面数据。

（4）环境信息披露监测预警模块

环境信息披露监测预警模块是环境信息披露监测系统的核心模块，其主要功能为：一是分年度分行业提供上市公司环境信息披露情况；二是按照空间距离的远近提供上市公司环境信息披露情况；三是根据本研究第 6 章得出的空间距离、同业模仿与环境信息披露的关系，对比某个上市公司实际披露水平与预期披露水平的差异，给监管部门提供进一步规制的信息。实际运行时，需要调用其他三个模块中的空间距离、同业模仿以及相关控制变量的数据进行系统内部的拟合分析，主要产出是对比实际环境信息披露水平与拟合环境信息披露水平，并对差异进行一定的分析。

除了这四个模块之外，环境信息披露监测系统理论框架还包括输入输出系统的设置与应对预案的设置。环境信息披露监测系统输入的数据包括处理后的空间距离数据、同行模仿数据以及其他控制变量数据，这些数据需要定期更新，存储在系统中，随时调用。另外，该系统输出的内容包括所有上市公司总体披露趋势图、分行业披露趋势图、分省份披露趋势图以及具体某一个上市公司环境信息披露的预测值等。重点对单一上市公司的环境信息披露状况进行详细描述，包括行业排名、主要波动点解释以及重点因素的影响等。除此之外，还对环境信息披露状况进行分类，总结典型范例，输出应对措施。具体运行模式为在对应空间距离与同业模仿建立相关法律法规的基础上，主要基于环境信息披露监测系统，对监测系统输出的结果进行分类及深入分析，总结出不同行业的环境信息披露典型问题，并针对这些问题，提出应对预案，供监管部门参考。

7.1.4 环境信息披露监测系统理论框架的具体实施

图 7-1 所示为环境信息披露监测系统理论框架的具体运行结构。

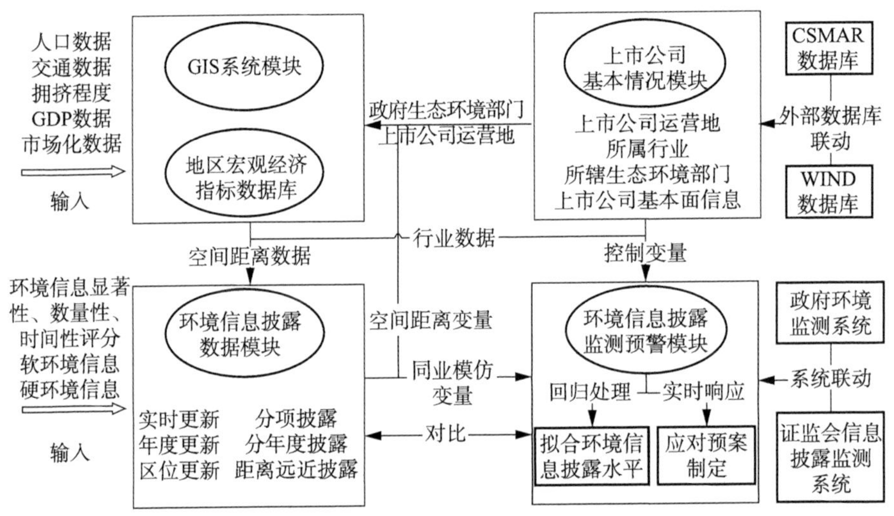

图 7-1 环境信息披露监测系统理论框架的具体运行结构

在 GIS 系统模块中内嵌入地区宏观经济指标数据库，并实时更新人口、交通、拥挤程度、GDP 及市场化数据。实际运营时，调取上市公司基本情况模块中的“政府生态环境部门”和“上市公司运营地”两个指标计算上市公司距离所辖生态环境部门的最短交通距离，并在系统中自动调整地区宏观经济指标数据库中的人口、交通、拥挤程度、GDP 及市场化数据，最终得到上市公司之间可比的最短交通距离。这个数据有两个用途，一是用于环境信息披露监测预警模块中的回归拟合，二是用于环境信息披露数据模块中的按照距离远近披露环境信息得分。

在上市公司基本情况数据模块中，与外部财务数据库（CSMAR）和宏观数据库（WIND）进行联动，实时更新上市公司运营地、所属行业、所辖生态环境部门以及上市公司基本面的财务数据。上市公司基本情况数据模块一方面给环境信息披露数据模块提供行业数据，得到同业模仿变量；另一方面，给环境信息披露监测预警模块提供进行拟合回归的控制变量数据。

在环境信息披露数据模块中，按照年度定期输入环境信息披露水平，以及表示环境信息显著性、数量性及时间性指标。除此之外，根据需要将软硬环境信息披露得分也录入到模块中。环境信息披露数据模块需要内置一个自动计算同业模仿数据的程序，即针对某一个公司，首先识别所属行业，然后根据其资产的 0.75~1.25 倍确定同行企业，最后取其环境信息披露得分的均值作为同业模仿的数据。同业模仿的数据主要用于环境信息披露监测预警模块中的拟合回归的需要。在输出方面，借助于空间距离和行业数据，对环境信息披露的得分按照年度、行业和空间距离远近进行数据统计，并使用报表进行报告。

环境信息披露监测预警模块是环境信息披露监测系统的核心模块，其主要功能是来自其他三个模块的空间距离、同业模仿以及其他控制变量数据拟合出回归模型。通过该模型能够计算出历年来上市公司应该达到的环境信息披露水平，并与这些上市公司的实际值进行对比，重点考察环境信息披露的实际值低于拟合值的上市公司。并且对比信息与政府环境监测系统、证监会信息披露监测系统进行联动，保持信息共享。另外，针对典型的环境信息披露机会主义行为，环境信息披露监测预警模块建立相应的响应机制，并制定应对预案。

7.2 应对预案的制定

在对应空间距离与同业模仿建立相关法律法规的基础上，主要基于环境信息披露监测系统，对监测系统输出的结果进行分类和深入分析，总结出不同行业的环境信息披露典型问题，并针对这些问题提出应对预案，供监管部门参考。根据理论分析和实证研究结果，应从空间距离和同业模仿两个环境信息披露机会主义实现路径上着手制定应对措施。

7.2.1 宏观应对预案

（1）减少环境信息披露法律法规的可操作性

由于环境信息的特殊性，对上市公司的环境信息披露应采用强制性披露，具体要求披露的内容、方式及程度。不再以鼓励性环境信息披露为主，而是要求转向强制性环境信息披露。区分行业制定环境信息强制性披露细则，要求制定得非常详细，尽量减少企业管理层的自由裁量权。

（2）分行业制定监管政策

环境信息具有很强的行业差异性，不同行业的环境信息披露情况不同。根据前文的研究，同业模仿是同行业内上市公司环境信息机会主义披露的重要方式，因此，应根据不同行业的同业模仿情况，分行业制定不同的环境信息披露监管政策。对同业模仿较为严重行业的上市公司应加强监管，分析行业内上市公司在环境信息披露方面的相似度，并判断环境信息披露的合理性。

（3）加强远距离企业的监管

限于生态环境监管部门的有限资源及环境信息难以验证的特性，距离监管部门越远的上市公司越有动力进行机会主义环境信息披露。因此，对于监管部门而言，应加强对这些上市公司的监管，重点判断这些公司环境信息披露的完整性和可靠性。

7.2.2 微观应对预案

（1）典型企业清单式特征识别

对所有上市公司根据行业、空间距离进行分类，得到具有环境信息披露机会主义行为典型企业的基本特征。并结合实证研究的分析结果，重点对充分利用同业模仿与空间距离进行环境信息机会主义披露的上市公司进行深入分析。得到这些公司的具体特征，并使用清单进行逐条列示。具体列示内容包括：上市公司空间距离、行业特征、基本面特征、产权特征、经营产品特征等。在后续环境信息披露监测中，凡是满足这些基本特征的上市公司都应成为监管的主要对象。

（2）预防性方案建立

环境信息披露监测系统以预防性控制为主，因此，环境信息披露监测主要用来预警上市公司管理层的机会主义披露行为。实践中，重点考虑不同类型企业的环境信息披露机会主义行为的动机与实现路径，制定有针对性的预防与治理方案。一旦监测系统发现某企业出现该行为，应根据其特征采用具有针对性的应对方案。

预防性方案包括两部分，一是预警。根据环境信息披露监测系统提供的数据，当上市公司实际披露的环境信息评分小于预期环境信息披露评分时，即出现了一定的警度。将这些警度按照严重程度进行分类，并根据不同警度设定不同的应对措施。二是预防性措施。当处于低警度时，一般采用提示性的方案，即提示公司注意环境信息披露的完整性和可靠性。当处于高警度时，应采用深入调查的方案。

（3）具体处理方式指引

为了规范监管部门的执法，具体处理方式指引需要建立起来。针对不同的情况，建立执法具体方式与程序。具体包括：针对不同情况，采用怎样的应对方案；针对不同警度，采用不同的执法程序。一般要求具体处理方式越详细越好。

7.3 本章小结

本章在理论分析和实证研究的基础上，构建了初步的环境信息披露监测系统理论框架。具体研究结论如下：

（1）建立环境信息披露监测系统的前提是实施强制性环境信息披露。本章以煤炭行业上市公司为例，具体设计了强制环境信息披露的内容、方式及具体要求。实施强制性环境信息披露的目的是系统性地防止机会主义披露，遏制不披露、不完全披露等行为。

（2）构建了用于环境信息披露预警的环境信息披露监测系统理论框架。该理论框架的基本内容主要包括四个模块：GIS 系统模块、环境信息披露数据模块、上市公司基本情况模块以及环境信息披露监测预警模块。在强制性环境信息披露的要求下，通过该监测系统能够对比上市公司实际环境信息披露与预期环境信息披露之间的差异，初步判断该上市公司在环境信息披露方面是否存在机会主义披露行为，给监管部门提供初步监管意见。

（3）建立了预防性的应对方案。本章对不同区域、不同模仿程度上市公司的环境信息披露水平进行了深入研究，并进行差别化分类，总结出不同类别的特征。并在此基础上，针对不同类别建立相应的应对方案，存入系统中，方便随时调用。

8 研究结论与政策建议

8.1 研究结论

本研究以《办法》作为外部公共压力变化的参照，通过构建理论模型、使用经验数据研究企业管理层进行环境信息机会主义披露的路径及经济后果，得到如下结论：

（1）《办法》的颁行显著提升了企业环境信息披露的水平与质量

本研究的理论分析和实证研究结果均表明，我国颁行的第一部针对环境信息公开的《办法》显著提升了企业的环境信息披露水平与质量。这说明来自中央政府的环境信息规制的法律法规对所有企业具有明显的正向影响效应。由于法律法规适用全国所有企业，因此《办法》的颁行对于我国企业环境信息披露水平与质量具有显著的增长效应。在我国这样以政府为主导的经济转型国家，该研究结论符合我们的研究预期。

（2）空间距离和同业模仿是企业管理层缓解《办法》所带来的公共压力的主要路径

面对《办法》颁行所带来的公共压力剧增，企业管理层在成本与收益权衡下通过空间距离和同业模仿两种路径来缓解这种公共压力。

《办法》的颁行会通过中央政府到地方政府再到企业起作用。虽然研究结论显示，《办法》最终对企业环境信息披露有显著提升作用，但这中间同时存在作用效力的衰减现象。其中，企业到地方政府生态环境监管部门的空间距离是一个重要的衰减因素。地方环境监管部门对所辖企业的监管存在一个有效半径，超过这个半径后监管效率会大大下降，因此，距离地方监管部门较远的企业会倾向于披露较少的环境信息。本研究结论表明，从线性回归结果来看，空间距离越大，环境信息披露越少；从非线性回归结果来看，在一定范围内，空间距离越大，环境信息披露越多，但超出一定范围后，空间距离越远，环境信息披露就越少。也就是说，距离地方监管部门较远的企业管理层会充分利用空间距离这一因素来进行负向环境信息的披露。从软硬环境信息的角度来看，企业管理层利用空间距离主要是对硬环境信息进行机会主义披露，即减少硬环境信息的披露。

距离地方监管部门较近的企业会倾向于使用同业模仿作为环境信息机会主义披露的另一个主要路径。由于距离较近，地方监管部门的监督较为有效，企业管理层难以进行环境信息机会主义披露。本研究结论表明，距离监管部门近的企业管理层倾向于学习同业公司的普遍做法，一般会提升环境信息披露水平。但从软硬环境信息的角度来看，距离监管部门较近的企业管理层一般会提高软环境信息的披露，很少提供硬环境信息的披露。

而处于中间情况的企业，其管理层则需要在空间距离与同业模仿之间进行选择，即同时存在两种力量的博弈。本研究结论表明，这些企业的管理层一般会利用同业模仿增加软环境信息的披露，也会利用空间距离减少硬环境信息的披露。

（3）环境信息披露机会主义行为的结果是企业管理层在成本与收益之间进行权衡的结果

本研究实证分析表明，企业管理层进行环境信息机会主义披露选择时，除了考虑空间距离、同业模仿以外，还需要对环境信息机会主义披露的经济后果进行有效的权衡。首先，环境信息机会主义披露是为了获得政府资源。在我国，政府掌握着很多重要的资源，迎合政府的需要是企业管理层进行环境信息机会主义披露的主要原因之一。本研究结论表明，企业进行环境信息机会主义披露能够获得更高的股权再融资机会、更多的股权再融资金额和更多的发行溢价。原因在于，股权再融资依然是政府所掌控的资源，在政府重点推动环境信息披露工作的背景下，迎合政府的需要有利于获得股权再融资资源。由于债务融资已经充分市场化，企业环境信息机会主义披露与债务融资的可能性及金额没有显著的关系。其次，环境信息机会主义披露是为了缓解融资约束。融资约束是企业重点考虑的问题，企业管理层在进行环境信息披露时也同样会考虑融资约束的缓解问题。本研究结论表明，《办法》的颁行能够有效缓解融资约束问题，而且企业环境信息披露越多，越能缓解融资约束。再次，企业管理层进行环境信息机会主义披露是在成本与收益之间进行权衡的结果。本研究分析了环境信息披露对政府补助（收益）与违规风险（成本）的影响，发现环境信息披露能够显著增加企业获得政府补助的概率与金额，也会加大违规风险，而最终表现为企业管理层会选择为获得政府补助进行环境信息机会主义披露。最后，环境信息机会主义披露具有显著的审计效应。本研究结论表明，《办法》颁行后，良好的环境信息披露能够有效减少审计费用，并且增加获得标准审计意见的概率。也就是说，环境信息披露能够给审计师传递企业内部控制良好的信号。审计师可以通过环境信息披露情况来衡量额外的审计风险，从而确定审计定价和审计意见。

（4）强制性环境信息披露下建立环境信息披露监测系统能够有效遏制企业管理层的环境信息披露机会主义行为

本研究在实证分析的基础上，通过借助 GIS 系统构建了环境信息披露监测系统来规范企业管理层的机会主义披露行为。在推行强制性环境信息披露的前提下，通过该监测系统能够对比上市公司实际环境信息披露与预期环境信息披露之间的差异，初步判断该上市公司在环境信息披露方面是否存在机会主义披露行为，给监管部门提供初步监管意见。

8.2 政策建议

对应研究结论，我们提出如下政策建议：

（1）建立以强制性披露为核心的环境信息披露规制法律法规

本研究通过理论分析与实证研究认为，政府颁布实施的环境信息披露规制政策法规对企业环境信息披露水平与质量具有显著的提升作用。为了更好地提升企业环境信息披露质量，建议采用强制性环境信息披露政策。从中央政府层面分行业制定强制性环境信息披露准则，各个地区依据中央政府制定的准则制定实施细则。如果整体推行存在难度，可以考虑选择在一些环境信息披露质量较好的省份进行试点，在总结经验的基础上再在全国范围内全面实施。由于环境信息具有行业差异性，因此，强制环境信息披露应按照行业制定具体的实施准则，主要包括环境信息披露的内容、方式与详细程度。在环境信息披露内容方面，按照行业规定好披露的项目，企业按照项目逐条进行披露，即使该企业没有某一项的信息，也需要披露“本公司不涉及此项目的披露”；在环境信息披露方式方面，对每一个披露项目具体规定使用文字、图表等方式进行披露，加大对硬环境信息的披露要求。对于要求必须使用数据进行披露的项目，企业必须按照要求进行披露。如确实无法使用数据进行披露，企业应说明难以披露的理由；在环境信息披露详细程度方面，强制性环境信息披露准则需要对重点环境信息进行披露详细程度的要求，如环境负债、排放污染物数量等项目给出明确的披露程度，压缩企业管理层在这些项目上的自由裁量权。

（2）加强监管空间距离较远企业的环境信息披露的完整性及可靠性

本研究结论显示，距离地方监管部门较远的企业管理层会倾向于降低环境信息披露水平与质量，并且距离越远，降幅越大。为此，生态环境监管部门应从两个方面对空间距离较远的企业进行严格监管。一方面，加大地方生态环境监管部门的有效监管半径。地方政府应投入更多的资源，并充分利用先进的监管技术，提升地方生态环境部门的监管有效半径，这样可以增加有效被监管企业的数量。另一方面，地方生态环境监管部门应对距离较远的企业环境信息实施严格的审查，主要借助于环境信息披露监测系统对比实际环境信息与披露环境信息之间的差异，核实企业环境信息披露的完整性。同时，还需要加强对距离较远企业环境信息披露可靠性的监管，主要借助于行业专家库，对环境信息的可靠性进行深入评估。评估的对象是企业披露的所有环境信息，包括软环境信息和硬环境信息。

（3）加强监管空间距离较近企业的硬环境信息披露的完整性

本研究结论表明，距离地方生态环境监管部门较近的企业会采用同业模仿进行环境信息机会主义披露。同业模仿分为正向同业模仿和负向同业模仿，在监管上应分开进行。对于正向模仿的行业，主要监管软环境信息的相似性，即对比历年来企业所披露软环境信息的重复程度。重点考察以文字描述内容的相似程度。同时，还需要对这些行业的硬环境信息进行严格监管，借助于环境信息披露监测系统核查硬环境信息披露的完整性。对于负向模仿的行业，由于这个行业内的企业披露环境信息的趋势有悖于正常行业的环境信息披露趋势，因此应重点监管这些企业的环境信息披露总量。要对环境信息披露的完整性和充分性进行重点考察，必要情况下需要这些企业提供环境报告的审计报告。

（4）提高在政府资源分配中对环境信息披露的审核标准

在政府资源分配中重点倾向于环境友好型企业是我国环境保护的一个重要导向。我们的研究结论显示，企业管理层通过环境信息的机会主义披露能够较容易获得再融资和政府补贴机会。我国从 2001 年开始正式实施环保核查工作。上市环保核查是指环境保护行政主管部门对首次申请上市并发行股票、申请再融资、资产重组或拟采取其他形式从资本市场融资的公司的环境保护管理、环境保护守法行为的全面核查、环境保护信息的持续披露、后续监管。上市公司环保核查的对象是重污染行业申请上市的企业、申请再融资的上市企业以及再融资募集资金投资于重污染行业的上市企业。可见，环境信息披露一直是环保核查的重点内容。2014 年我国取消了环保核查，但加强了对上市公司的日常环保监管，加大了监察力度，发现存在环境违法问题的上市公司应依法处理并督促整改。因此，对申请上市和再融资的企业应提高环境信息披露的审核标准。重点审查这类企业是否存在虚报或多报环境信息的情况。可以借助于第三方评估机构，对企业环境信息进行严格评估，核实环境信息的客观性和完整性。同时，对申请政府补助的企业也要进行环境信息披露的严格审核，特别是对申请环境方面政府补助的企业更要加强审核。

（5）建立企业环境信息披露的相关审计准则

除了在政府层面进行环境信息披露规制政策建设之外，还需要引入第三方的环境审计。与财务信息一样，对于投资者而言，环境信息也是非常重要的信息，环境信息的质量问题同样需要第三方机构进行鉴证。在政府层面，需要建立相应的环境审计准则保障审计质量。由于环境信息的特殊性，审计准则应充分考虑到行业差异，按照行业分类制定环境审计准则。

（6）建立与完善环境信息披露监测系统

本研究对环境信息披露监测系统理论框架进行了初步的构建，未来还需要对四大模块进行充分的细化，并不断调试，以提高环境信息披露的预测能力。同时，政府需要建立起适合环境信息披露监测系统实施的配套制度，以期达到良好的监测效果。

参考文献

[1] 毕茜，彭珏，左永彦. 环境信息披露制度、公司治理和环境信息披露 [J]. 会计研究，2012 (7)：39-47.

[2] 毕茜，彭珏. 上市公司环境信息披露政策主体选择研究 [J]. 财经问题研究，2013 (2)：95-101.

[3] 步丹璐，王晓艳. 政府补助、软约束与薪酬差距 [J]. 南开管理评论，2014，17 (2)：23-33.

[4] 步丹璐，郁智. 政府补助给了谁：分布特征实证分析——基于2007—2010年中国上市公司的相关数据 [J]. 财政研究，2012 (8)：58-63.

[5] 蔡庆丰，江逸舟. 公司地理位置影响其现金股利政策吗? [J] 财经研究，2013，39 (7)：38-48.

[6] 陈华. 基于社会责任报告的上市公司环境信息披露质量研究 [M]. 北京：经济科学出版社，2013.

[7] 陈小林，罗飞，袁德利. 公共压力、社会信任与环保信息披露质量 [J]. 当代财经，2010 (8)：111-121.

[8] 程博，许宇鹏，李小亮. 公共压力、企业国际化与企业环境治理 [J]. 统计研究，2018，35 (9)：54-66.

[9] 樊纲，王小鲁，朱恒鹏. 中国市场化指数：各地区市场化相对进程2011年报告 [M]. 北京：经济科学出版社，2011.

[10] 符淼. 地理距离和技术外溢效应：对技术和经济集聚现象的空间计量学解释 [J]. 经济学（季刊），2009，8 (4)：1549-1566.

[11] 郭剑花，杜兴强. 政治联系、预算软约束与政府补助的配置效率：基于中国民营上市公司的经验研究 [J]. 金融研究，2011 (2)：114-128.

[12] 郭芮光. 经济发展、空间距离对吉林省省际人口迁移的影响研究

[D]. 长春：吉林大学，2014.

[13] 韩杰，李丁，崔理想，等. 基于 GIS 的兰州市人口空间结构研究 [J]. 干旱区资源与环境，2015，29（2）：27-32.

[14] 何贤杰，肖土盛，陈信元. 企业社会责任信息披露与公司融资约束 [J]. 财经研究，2012（8）：61-72.

[15] 胡静，傅学良. 环境信息公开立法的理论与实践 [M]. 北京：中国法制出版社，2011.

[16] 黄珺，周春娜. 股权结构、管理层行为对环境信息披露影响的实证研究：来自沪市重污染行业的经验证据 [J]. 中国软科学，2012（1）：133-143.

[17] 雷鹏，梁彤缨，陈修德，等. 融资约束视角下政府补助对企业研发效率的影响研究 [J]. 软科学，2015（3）：38-42.

[18] 李欣泽，纪小乐，周灵灵. 高铁能改善企业资源配置吗：来自中国工业企业数据库和高铁地理数据的微观证据 [J]. 经济评论，2017（6）：3-21.

[19] 李焰，王琳. 媒体监督、声誉共同体与投资者保护 [J]. 管理世界，2013（11）：130-143.

[20] 林鹏. 空间距离对机构投资者公司治理效应影响的实证研究 [D]. 成都：西南财经大学，2013.

[21] 林润辉，谢宗晓，李娅，王川川. 政治关联、政府补助与环境信息披露：资源依赖理论视角 [J]. 公共管理学报，2015，12（2）：30-41.

[22] 刘茂平. 公司治理与环境信息披露行为研究：以广东上市公司为例 [J]. 暨南学报（哲学社会科学版），2013，35（9）：50-57.

[23] 刘帅，张建清. 空间距离、溢出效应与环境污染 [J]. 经济问题探索，2019（1）：149-158.

[24] 刘运国，刘梦宁. 雾霾影响了重污染企业的盈余管理吗：基于政治成本假说的考察 [J]. 会计研究，2015（3）：26-33.

[25] 刘星河. 公共压力、产权性质与企业融资行为：基于“PM2.5 爆表”事件的研究 [J]. 经济科学，2016（2）：67-80.

[26] 卢馨，李建明. 中国上市公司环境信息披露的现状研究：以 2007

年和 2008 年沪市 A 股制造业上市公司为例［J］. 审计与经济研究，2010，25（3）：62-69.

［27］鲁永刚，张凯 . 地理距离、方言文化与劳动力空间流动［J］. 统计研究，2019，36（3）：88-99.

［28］路晓燕，林文雯，张敏 . 股权性质、政治压力和上市公司环境信息披露：基于我国重污染行业的经验数据［J］. 中大管理研究，2012，7（4）：114-136.

［29］罗党论，王碧彤 . 环保信息披露与 IPO 融资成本［J］. 南方经济，2014，（8）：13-26.

［30］罗宏，黄敏，周大伟，等 . 政府补助、超额薪酬与薪酬辩护［J］. 会计研究，2014（1）：42-48.

［31］罗进辉 . 媒体报道与高管薪酬契约有效性［J］. 金融研究，2018（3）：190-206.

［32］罗明良，汤国安 . GIS 高等教育空间结构演变及研究取向分析［J］. 地理科学，2013，33（2）：251-256.

［33］吕久琴 . 政府补助影响因素的行业和企业特征［J］. 上海管理科学，2010（4）：104-110.

［34］马连福，赵颖 . 上市公司社会责任信息披露影响因素研究［J］. 证券市场导报，2007（3）：4-9.

［35］王法辉 . 基于 GIS 的数量方法与应用［M］. 姜世国，腾骏华，译 . 北京：商务印书馆，2009.

［36］毛新述，孟杰 . 内部控制与诉讼风险［J］. 管理世界，2013（11）：155-165.

［37］孟晓俊，肖作平，曲佳莉 . 企业社会责任信息披露与资本成本的互动关系：基于信息不对称视角的一个分析框架［J］. 会计研究，2010（9）：25-29.

［38］潘越，戴亦一，李财喜 . 政治关联与财务困境公司的政府补助：来自中国 ST 公司的经验证据［J］. 南开管理评论，2009（5）：6-17.

［39］沈洪涛，冯杰 . 舆论监督、政府监管与企业环境信息披露［J］. 会计研究，2012（2）：72-78.

［40］沈洪涛，黄珍，郭舫汝．告白还是辩白：企业环境表现与环境信息披露关系研究［J］．南开管理评论，2014，17（2）：56-63.

［41］沈洪涛，苏亮德．企业信息披露中的模仿行为研究［J］．南开管理评论，2012，15（3）：82-90.

［42］史建梁．排污权可交易中企业环境资产的确认及其会计处理［J］．天津财经大学学报，2010（12）：52-56.

［43］宋玉，沈吉，范敏虹．上市公司的地理特征影响机构投资者的持股决策吗——来自中国证券市场的经验证据［J］．会计研究，2012（7）：72-79.

［44］汤国安，杨昕，等．ArcGIS 地理信息系统空间分析实验教程（第 2 版）［M］，北京：科学出版社，2012.

［45］汤亚莉，陈自力，刘星．我国上市公司环境信息披露状况及影响因素的实证研究［J］．管理世界，2016（1）：158-159.

［46］唐清泉，罗党论．政府补贴动机及其效果的实证研究：来自中国上市公司的经验证据［J］．金融研究，2007（6）：149-163.

［47］田中禾，郭丽红．企业环境信息披露影响因素研究：来自沪市 A 股重污染行业的经验证据［J］．求索，2013（9）：26-28.

［48］汪媛．空间距离对跨期选择的影响［C］//中国心理学会．增强心理学服务社会的意识和功能：中国心理学会成立 90 周年纪念大会暨第十四届全国心理学学术会议论文摘要集．

［49］王凤翔，陈柳钦．地方政府为本地竞争性企业提供财政补贴的理性思考［J］．经济研究参考，2006（33）：18-23.

［50］王建明．环境信息披露、行业差异和外部制度压力相关性研究：来自我国沪市上市公司环境信息披露的经验证据［J］．会计研究，2008（6）：54-62.

［51］王姣娥，胡浩．基于空间距离和时间成本的中小文化旅游城市可达性研究［J］．自然资源学报，2012，27（11）：1951-1961.

［52］王霞，徐晓东，王宸．公共压力、社会声誉、内部治理与企业环境信息披露：来自中国制造业上市公司的证据［J］．南开管理评论，2013，16（2）：82-91.

［53］王小红，王海民，李斌泉．上市公司环境会计信息披露影响效应域

研究：以陕西省上市公司为例［J］. 当代经济科学，2011（4）：115-123.

［54］王小鲁，樊纲，余静文. 中国分省份市场化指数报告（2016）［M］. 北京：社会科学文献出版社，2007.

［55］王阳，牟兵兵，宛小昂. 空间距离与产品属性对消费者选择偏好的影响［J］. 心理与行为研究，2014，12（6）：840-846.

［56］王昭凤，范开阳. 企业模仿成本及其对模仿结果的影响［J］. 南开经济研究，2005（6）：105-110.

［57］肖华，李建发，张国清. 制度压力、组织应对策略与环境信息披露［J］. 厦门大学学报（哲学社会科学版），2013（3）：33-40.

［58］肖华，张国清. 公共压力与公司环境信息披露：基于“松花江事件”的经验研究［J］. 会计研究，2008（5）：15-22.

［59］肖淑芳，胡伟. 我国企业环境信息披露体系的建设［J］. 会计研究，2005（3）：47-52.

［60］肖作平，杨娇. 公司治理对公司社会责任的影响分析：来自中国上市公司的经验证据［J］. 证券市场导报，2011（6）：34-40.

［61］许罡，朱卫东，孙慧倩. 政府补助的政策效应研究：基于上市公司投资视角的检验［J］. 经济学动态，2014（6）：87-95.

［62］许和连，张萌，吴钢. 文化差异、地理距离与主要投资国在我国的FDI空间分布格局［J］. 经济地理，2012，32（8）：31-35.

［63］杨熠，李余，晓璐，沈洪涛. 绿色金融政策、公司治理与企业环境信息披露：以502家重污染行业上市公司为例［J］. 财贸研究，2011（5）：131-139.

［64］叶陈刚，王孜，武剑锋，等. 外部治理、环境信息披露与股权融资成本［J］. 南开管理评论，2015，18（5）：85-96.

［65］尹虹潘. 城市规模、空间距离与城市经济吸引区：一个简单的经济地理模型［J］. 南开经济研究，2006（5）：82-91.

［66］袁洋. 环境信息披露质量与股权融资成本：来自沪市A股重污染行业的经验证据［J］，中南财经政法大学学报，2014（1）：126-136.

［67］张爱卿，李文霞，钱振波. 从个体印象管理到组织印象管理［J］. 心理科学进展，2008，16（4）：631-636.

［68］张纯，吕伟．信息披露、市场关注与融资约束［J］．会计研究，2007（11）：48-58.

［69］张玮婷，王志强．地域因素如何影响公司股利政策："替代模型"还是"结果模型"？［J］经济研究，2015（5）：76-88.

［70］赵正群，胡锦光，王锡锌，等．政府信息公开法制比较研究［M］．天津：南开大学出版社，2013.

［71］郑春美，向淳．我国上市公司环境信息披露影响因素研究：基于沪市170家上市公司的实证研究［J］．科技进步与对策，2014（12）：98-102.

［72］周霞．我国上市公司的政府补助绩效评价：基于企业生命周期的视角［J］．当代财经，2014（2）：40-49.

［73］朱金凤，薛惠锋．公司特征与自愿性环境信息披露关系的实证研究：来自沪市A股制造业上市公司的经验数据［J］．预测，2005，27（5）：58-63.

［74］邹蔚然，钟茂初．地理区位影响工业污染排放吗：基于空间距离视角［J］．经济与管理研究，2016，37（12）：73-81.

［75］ABBOTT L J，PARKER S，PETERS G F，et al. The association between audit committee characteristics and audit fees［J］. Auditing：A Journal of Practice and Theory，2003，22（2）：17-32.

［76］ADSERA A，PYTLIKOVA M. The role of language in shaping international migration［J］. The Economic Journal，2015，125（586）：49-81.

［77］AERTS W，CORMIER D. Media legitimacy and corporate environmental communication［J］. Accounting，Organizations and Society，2009，34（1）：1-27.

［78］AERTS W，CORMIER D，Magnan M. Corporate environmental disclosure，financial markets and the media：an international perspective［J］. Ecological Economics，2008，64（3）：643-659.

［79］AERTS W，CORMIER D，MAGNAN M. Intro-industry imitation in corporate environmental reporting：an international perspective［J］. Journal of Accounting and Public Policy，2006，25（3）：299-331.

［80］AGARWAL S，HAUSWALD R. Distance and private information in lending［J］. Review of Financial Studies，2010，23（7）：2757-2788.

[81] AHARONY J, LEE J, WONG T. Financial packaging of IPO firms in China [J]. Journal of Accounting Research, 2000, 38 (1): 103-126.

[82] AKHTARUDDIN M, HOSSAIN M A, HOSSAIN M, et al. Corporate governance and voluntary disclosure in corporate annual reports of Malaysian listed firms [J]. Journal of Applied Management Accounting Research, 2009, 7 (1): 1-19.

[83] ALBUQUERQUE A. Peer firms in relative performance evaluation [J]. Journal of Accounting and Economics, 2009, 48 (1): 69-89.

[84] AlMEIDA H, CAMPELLO M, WEISBACH M S. The cash flow sensitivity of cash [J]. Journal of Finance, 2004, 59 (4): 1777-1804.

[85] Al-TUWAIJRI S A, CHRISTENSEN T E, HUGHES K E. The relations among environmental disclosure, environmental performance, and economic performance: A simultaneous equations approach [J]. Accounting, Organizations and Society, 2004, 29 (5): 447-471.

[86] ANDRIKOPOULOS A, KRIKLANI N. Environmental disclosure and financial characteristics of the firm: the case of Denmark [J]. Corporate Social Responsibility and Environmental Management, 2013, 20 (1): 55-64.

[87] ARENA C, BOZZOLAN S, MICHELON G. Environmental reporting: Transparency to stakeholders or stakeholder manipulation? An analysis of disclosure tone and the role of the board of directors [J]. Corporate Social Responsibility and Environmental Management, 2015, 22 (6): 346-361.

[88] ARKIN R M. Self-presentation style in J. T. Tedeschi (Ed.), impression management theory and social psychological research [M]. New York: Academic Press, 1981.

[89] BAE K H, STULZ R, TAN H. Do local analysts know more? A cross-country study of the performance of local analysts and foreign analysts [J]. Journal of Financial Economics, 2008, 88 (3): 581-606.

[90] BAILEY C, COLLINS D L, ABBOTT L J. The impact of enterprise risk management on the audit process: Evidence from audit fees and audit delay [J]. Auditing: A Journal of Practice and Theory, 2017, 37 (3): 25-46.

[91] BAILEY M, CAO R, KUCHLER T, et al. The economic effects of social networks: Evidence from the housing market [J]. Journal of Political Economy, 2018, 126 (6): 2224-2276.

[92] BAKER H E, KARE D D. Relationship between annual report readability and corporate financial performance [J]. Management Research News, 1992, 15 (1): 1-4.

[93] BALL R, KOTHARI S, ROBIN A. The effect of international institutional factors on properties of accounting earnings [J]. Journal of Accounting and Economics, 2000, 29 (1): 1-51.

[94] BARAKO D G, HANCOCK P, Izan H Y. Factors influencing voluntary corporate disclosure by Kenyan companies [J]. Corporate Governance An International Review, 2006, 14 (2): 107-125.

[95] BAUMEISTER R F. A self-presentation view of social phenomena [J]. Psychological Bulletin, 1982, 91 (1): 2-36.

[96] BEATTIE V, Jones M J. Measurement distortion of graphs in corporate reports: An experimental study [J]. Accounting, Auditing and Accountability Journal, 2002, 15 (4): 546-564.

[97] BEATTY R P, Ritter J R. Investment banking, reputation, and the underpricing of initial public offerings [J]. Journal of Financial Economics, 1986, 15 (1-2): 213-232.

[98] BEAULIEU P R. Commercial lenders' use of accounting information in interaction with source credibility [J]. Contemporary Accounting Research, 1994, 10 (2): 557-585.

[99] BEAULIEU P R. The effects of judgments of new clients' integrity upon risk judgments, audit evidence, and fees [J]. Auditing: A Journal of Practice and Theory, 2001, 20 (2): 85-99.

[100] BEDARD J C, JOHNSTONE K M. Earnings manipulation risk, corporate governance risk, and auditors' planning and pricing decisions [J]. The Accounting Review, 2004, 79 (2): 277-304.

[101] BELL R G, RUSSELL C. Environmental policy for developing countries

[J]. Issues in Science and Technology, 2002, 18 (3): 63-70.

[102] BELL T B, PEECHER M, SOLOMON I. The 21st century public-company audit: conceptual elements of KPMG's global audit methodology [M]. Montvale, New Jersey: KPMG, 2005.

[103] BEYER A, COHENDA, LYSTZ, et al.. The financial reporting environment: Review of the recent literature [J]. Journal of Accounting and Economics, 2010, 50 (2-3): 296-343.

[104] BHATTACHARYA S. Imperfect information, dividend policy, and "the bird in the hand" fallacy [J]. Bell Journal of Economics, 1979, 10 (1): 259-270.

[105] BIRD A, EDWARDS A, Ruchti T G. Taxes and peer effects [J]. The Accounting Review, 2018, 93 (5): 97-117.

[106] BIZJAK J M, LEMMON M L, NAVEEN L. Has the use of peer groups contributed to higher levels of executive compensation? [J]. Journal of Financial Economics, 2008, 90 (2): 152-168.

[107] BIZJAK J, LEMMON M, WHITBY R. Option backdating and board interlocks [J]. Review of Financial Studies, 2009, 22 (11): 4821-4847.

[108] BOESSO G, KUMAR K. Drivers of corporate voluntary disclosure: A framework and empirical evidence from Italy and the United States [J]. Accounting, Auditing and Accountability Journal, 2007, 20 (2): 269-296.

[109] BORODITSKY L. Metaphoric structuring: Understanding time through spatial metaphors [J]. Cognition, 2000, 75 (1): 1-28.

[110] BOTOSAN C A. Disclosure level and the cost of equity capital [J]. The Accounting Review, 1997, 72 (3): 323-349.

[111] BOWEN F E. Environmental visibility: A trigger of green organizational response? [J]. Business Strategy and the Environment, 2000, 9 (2): 92-107.

[112] BRAMMER S, PAVELIN S. Voluntary environmental disclosures by large UK companies [J]. Journal of Business Finance and Accounting, 2006, 33 (7-8): 1168-1188.

[113] BRAZEL J F, JONES K L, ZIMBELMAN M F. Using nonfinancial

measures to assess fraud risk [J]. Journal of Accounting Research, 2009, 47 (5): 1135-1166.

[114] BRICKLEY J A, LINCK J S, SMITHCWJ. Boundaries of the firm: Evidence from the banning industry [J]. Journal of Financial Economics, 2003, 70 (1): 351-383.

[115] BROWN N, DEEGAN C. The public disclosure of environmental performance information - A dual test of media agenda setting theory and legitimacy theory [J]. Accounting and Business Research, 1998, 29 (1): 21-42.

[116] BURSZTYN L, EDERER F, FERMAN B, et al. Understanding mechanisms underlying peer effects: Evidence from a field experiment on financial decisions [J]. Econometrica, 2014, 82 (4): 1273-1301.

[117] BUYSSE K, VERBEKE A. Proactive environmental strategies: A stakeholder management perspective [J]. Strategic Management Journal, 2003, 24 (5): 453-470.

[118] CAO J, LIANG H, ZHAN X. Peer effects of corporate social responsibility [J]. Management Science, 2019 (1): 1-17.

[119] CAPELLE-BLANCARD G, LAGUNA M A. How does the stock market respond to chemical disasters? [J]. Journal of Environmental Economics and Management, 2010, 59 (2): 192-205.

[120] CARLSSON B. Industrial subsidies in Sweden: Macro-economic effects and an international comparison [J]. The Journal of Industrial Economics, 1983, 32 (1): 1-23.

[121] CERULLI G, Poti B. Evaluating the robustness of the effect of public subsidies on firms' R&D: an application to Italy [J]. Journal of Applied Economics, 2012, 15 (2): 287-320.

[122] CHAN K C, FARRELL B, LEEP. Earnings management of firms reporting material internal control weaknesses under Section 404 of the Sarbanes-Oxley Act [J]. Auditing: A Journal of Practice and Theory, 2008, 27 (2): 161-179.

[123] CHARLES S L, GLOVER S M, SHARP N Y. The association between financial reporting risk and audit fees before and after the historic events surrounding

SOX [J]. Auditing: A Journal of Practice and Theory, 2010, 29 (1): 15-39.

[124] CHAU G K, GRAYS J. Ownership structure and corporate voluntary disclosure in Hong Kong and Singapore [J]. The International Journal of Accounting, 2002, 37 (2): 247-265.

[125] CHEN L, SRINIDHI B, TSANG A, et al. Audited financial reporting and voluntary disclosure of corporate social responsibility (CSR) reports [J]. Journal of Management Accounting Research, 2016, 28 (2): 53-76.

[126] CHEN S, MA H. Peer effects in decision-making: Evidence from corporate investment [J]. China Journal of Accounting Research, 2017, 10 (2): 167-188.

[127] CHEN Y W, CHANKCHANGY. Peer effects on corporate cash holdings [J]. International Review of Economics and Finance, 2019 (61): 213-227.

[128] CHO C H, PATTEND M. The role of environmental disclosures as tools of legitimacy: A research note [J]. Accounting, Organizations and Society, 2007, 32 (7-8): 639-647.

[129] CHO C H, MICHELON G, PATTEN D M. Impression management in sustainability reports: An empirical investigation of the use of graphs [J]. Accounting and the Public Interest, 2012, 12 (1): 16-37.

[130] CHO C H, ROBERTSRW, PATTEN D M. The language of US corporate environmental disclosure [J]. Accounting, Organizations and Society, 2010, 35 (4): 431-443.

[131] CHO M, KIE, KWON S Y. The effects of accruals quality on audit hours and audit fees [J]. Journal of Accounting, Auditing and Finance, 2017, 32 (3): 372-400.

[132] CHO S Y, Lee C, PFEIFFER R J. Corporate social responsibility performance and information asymmetry [J]. Journal of Accounting and Public Policy, 2013, 32 (1): 71-83.

[133] CLARKSON P M, Li Y, RICHARDSON G D, et al. Revisiting the relation between environmental performance and environmental disclosure: An empirical analysis [J]. Accounting, Organizations and Society, 2008, 33 (4-5): 303-327.

[134] CLARKSON P M, Li Y, RICHARDSON G D, et al. Does it really pay to be green? Determinants and consequences of proactive environmental strategies [J]. Journal of Accounting and Public Policy, 2011, 30 (2): 122-144.

[135] CLATWORTHY M, JONES M J. The effect of thematic structure on the variability of annual report reliability [J]. Accounting, Auditing and Accountability Journal, 2011, 14 (3): 311-326.

[136] CORMIER D, MAGNAN M. Corporate environmental disclosure strategies: determinants, costs and benefits [J]. Journal of Accounting, Auditing and Finance, 1999, 14 (4): 429-451.

[137] CORMIER D, GORDON I M. An examination of social and environmental reporting strategies [J]. Accounting, Auditing and Accountability Journal, 2001, 14 (5): 587-617.

[138] CORMIER, D, MAGNAN M. Environmental reporting management: a continental European perspective [J]. Journal of Accounting and public Policy, 2003, 22 (1), 43-62.

[139] CORMIER D, MAGNAN M. The economic relevance of environmental disclosure and its impact on corporate legitimacy: An empirical investigation [J]. Business Strategy and the Environment, 2015, 24 (6): 431-450.

[140] CORMIER D, LEDOUX M J, MAGNAN M. The informational contribution of social and environmental disclosures for investors [J]. Management Decision, 2011, 49 (8): 1276-1304.

[141] CORMIER D, MAGNAN M, VAN VELTHOVEN B. Environmental disclosure quality in large German companies: Economic incentives, public pressures or institutional conditions? [J]. European Accounting Review, 2005, 14 (1): 3-39.

[142] Coval J D, MOSKOWITZ T J. The geography of investment: Informed trading and asset prices [J]. Journal of Political Economy, 2001, 109 (4): 811-841.

[143] Coval J, MOSKOWITZ T. Home bias at home: Local equity preference in domestic portfolios [J]. Journal of Finance, 1999, 54 (6): 2045-2073.

[144] CULL R, XU C. Institutions, ownership, and finance: the determinants

of profit reinvestment among Chinese firms [J]. Journal of Financial Economics, 2005, 77 (1): 117-146.

[145] CUMMING D, DAI N. Local bias in venture capital investments [J]. Journal of Empirical Finance, 2010, 17 (3): 362-380.

[146] DARRELL W, SCHWARTZ B N. Environmental disclosures and public policy pressure [J]. Journal of Accounting and Public Policy, 1997, 16 (2): 125-154.

[147] DASS N, MASSA M. The impact of a strong bank-firm relationship on the borrowing firm [J]. Review of Financial Studies, 2011, 24 (4): 1204-1260.

[148] Davis A K, TAMA-SWEET I. Managers' use of language across alternative disclosure outlets: Earnings press releases versus MD&A [J]. Contemporary Accounting Research, 2012, 29 (3): 804-837.

[149] DAWKINS C, FRAAS J W. Coming clean: The impact of environmental performance and visibility on corporate climate change disclosure [J]. Journal of Business Ethic, 2011, 100 (2): 303-322.

[150] DEEGAN C, RANKIN M. An analysis of environmental disclosures by firms prosecuted successfully by the Environmental Protection Authority [J]. Accounting, Auditing and Accountability Journal, 1996, 9 (2): 52-69.

[151] DEEGAN C, RANKIN M, VOGHT P. Firms' disclosure reactions to major social incidents: Australian evidence [J]. Accounting Forum, 2000, 24 (1): 101-130.

[152] DEFOND M, ZHANG J. A review of archival auditing research [J]. Journal of Accounting and Economics, 2014, 58 (2-3): 275-326.

[153] DEFOND M L, LIMC Y, ZANG Y. Client conservatism and auditor-client contracting [J]. The Accounting Review, 2016, 91 (1): 69-98.

[154] DEGRYSE H, ONGENA S. Distance, lending relationships, and competition [J]. Journal of Finance, 2005, 60 (1): 231-266.

[155] DESSAINT O, FOUCAUL T T, FRéSARD L, et al. Noisy stock prices and corporate investment [J]. The Review of Financial Studies, 2018, 32 (7): 2625-2672.

[156] Devereux M P, GRIFFITH R, SIMPSON H. Firm location decisions, regional grants and agglomeration externalities [J]. Journal of Public Economics, 2007, 91 (3-4): 413-435.

[157] De VILLIERS C, NAIKER V, VAN STADENC J. The effect of board characteristics on firm environmental performance [J]. Journal of Management, 2011, 37 (6): 1636-1663.

[158] DHALIWAL D S, LiO Z, TSANG A, et al. Corporate social responsibility disclosure and the cost of equity capital: The roles of stakeholder orientation and financial transparency [J]. Journal of Accounting and Public Policy, 2014, 33 (4): 328-355.

[159] DHALIWAL D S, LIO Z, TSANG A, et al. Voluntary nonfinancial disclosure and the cost of equity capital: The initiation of corporate social responsibility reporting [J]. The Accounting Review, 2011, 86 (1): 59-100.

[160] DIAMOND D W, VERRECCHIAR E. Disclosure, liquidity, and the cost of capital [J]. The Journal of Finance, 1991, 46 (4): 1325-1359.

[161] DIERKES M, COPPOCK R. Europe tries the corporate social report [J]. Business and Society Review, 1978 (16): 21-24.

[162] DIMAGGIO P J, POWELL W W. The iron cage revisited: institutional isomorphism and collective rationality in organizational fields [J]. American Sociological Review, 1983, 48 (2): 147-160.

[163] DOWLING J, PFEFFER J. Organizational legitimacy: social values and organizational behavior [J]. Pacific Sociological Review, 1975, 18 (1): 122-136.

[164] DYCK A, VOLCHKOVA N, Zingales L. The corporate governance role of the media: Evidence from Russia [J]. The Journal of Finance, 2008, 63 (3): 1093-1135.

[165] DYRENG S D, HOOPES J L, WILDE J H. Public pressure and corporate tax behavior [J]. Journal of Accounting Research, 2016, 54 (1): 147-186.

[166] EARNHART D H, KHANNA M, LYON T P. Corporate environmental strategies in emerging economies [J]. Review of Environmental Economics and Pol-

icy, 2014, 8 (2): 164-185.

[167] EASTON P D. PE ratios, PEG ratios, and estimating the implied expected rate of return on equity capital [J]. The Accounting Review, 2004, 79 (1): 73-95.

[168] ECKAUS R S. China's exports, subsidies to state-owned enterprises and the WTO [J]. China Economic Review, 2006, 17 (1), 1-13.

[169] ELLISON G, GLAESER E L. The geographic concentration of industry: does natural advantage explain agglomeration? [J]. The American Economic Review, 1999, 89 (2): 311-316.

[170] EREL I, JANG Y, Weisbach M S. Do acquisitions relieve target firms' financial constraints? [J]. The Journal of Finance, 2015, 70 (1): 289-328.

[171] FACCIO M, MASULIS R W, McConnell J J. Political connections and corporate bailouts [J]. The Journal of Finance, 2006, 61 (6): 2597-2635.

[172] FAZZARI S M, HUBBAR D G, PETERSEN B C, et al. Financing constraints and corporate investment [J]. Brookings Papers on Economic Activity, 1988, 33 (4): 657-657.

[173] Field L, LOWRY M, SHU S. Does Disclosure Deter or Trigger litigation [J]. Journal of Accounting and Economics, 2005, 39 (3): 487-507.

[174] FIRTH M, MO P, WONG R. Auditors' organizational form, legal liability, and reporting conservatism: Evidence from China [J]. Contemporary Accounting Research, 2012, 29 (1): 57-93.

[175] FLAMMER C. Does corporate social responsibility lead to superior financial performance? A regression discontinuity approach [J]. Management Science, 2015, 61 (11): 2549-2568.

[176] FOUCAULT T, FRESARD L. Learning from peers' stock prices and corporate investment [J]. Journal of Financial Economics, 2014, 111 (3): 554-577.

[177] FRANCIS J, LAFOND R, OLSSON P, et al. The market pricing of accruals quality [J]. Journal of Accounting and Economics, 2005, 39 (2): 295-327.

[178] FREEDMAN M, JAGGI B. Pollution disclosures pollution performance

and economic performance [J]. Omega, 1982, 10 (2): 167-176.

[179] FREEDMAN M, STAGLIANO A J. European unification, accounting harmonization, and social disclosure [J]. International Journal of Accounting, 1992, 27 (2): 112-122.

[180] FRIEDL B, GETZNER M. Determinants of CO_2 emissions in a small open economy [J]. Ecological Economics, 203, 45 (1): 133-148.

[181] FROST G. The introduction of mandatory environmental reporting guidelines: Australian evidence [J]. Abacus, 2007, 43 (2): 190-216.

[182] FROST G, JONES S, LOFTUS J, et al. A survey of sustainability reporting practices of Australian reporting entities [J]. Australian Accounting Review, 2005, 15 (35): 89-96.

[183] GAMBLE G O, HSU K, KITE D, et al. Environmental disclosures in annual reports and 10Ks: An examination [J]. Accounting Horizons, 1995, 9 (3): 34-54.

[184] GAO S, HERAVI S, XIAO J. Determinants of corporate social and environmental reporting in Hong Kong: A research note [J]. Accounting Forum, 2005 (29): 233-242.

[185] GEORGARAKOS D, Haliassos M, Pasini. Household debt and social interactions [J]. The Review of Financial Studies, 2014, 27 (5): 1404-1433.

[186] GILVOLY D, PALMON D. Timeliness of annual earnings announcements: Some empirical evidence [J]. The Accounting Review, 1982, 57 (3): 486-528.

[187] GOFFMAN E. The presentation of self in everyday life [M]. New York: Doubleday Anchor. 1959.

[188] GOH B W, LI D. Internal controls and conditional conservatism [J]. The Accounting Review, 2011, 86 (3): 975-1005.

[189] GOSS A, ROBERTS G S. The impact of corporate social responsibility on the cost of bank loans [J]. Journal of Banking and Finance, 2011, 35 (7): 1794-1810.

[190] GRAHAM J R, HARVEY C R. The theory and practice of corporate fi-

nance: Evidence from the field [J]. Journal of Financial Economics, 20001, 60 (2-3): 187-243.

[191] Gray R, JAVA D M, POWER D M, et al. Social and environmental disclosure and corporate characteristics: A research note and extension [J]. Journal of Business Finance and Accounting, 2001, 28 (3-4): 327-356.

[192] GRENNAN J. Dividend payments as a response to peer influence [J]. Journal of Financial Economics, 2019, 131 (3): 549-570.

[193] GROENING C J, Kanuri V, Sridhars. Incongruency between corporate social responsibility and stakeholder outcomes: A study of immediate investor reaction to news of both positive and negative CSR activities [D] Missouri:. University of Missouri, 2011.

[194] GUILDING C. Competitor - focused accounting: An exploratory note [J]. Accounting, Organizations and Society, 1999, 24 (7): 583-595.

[195] GUIMARAES P, FIGUEIREDO O, WOODWARD D. Industrial location modeling: Extending the random utility framework [J]. Journal of Regional Science, 2004, 44 (1): 1-20.

[196] GUIRAL A, GUILLAMONS E, BLANCO B. Are auditor opinions on internal control effectiveness influenced by corporate social responsibility? [EB/OL]. Available at SSRN 2485733, 2014.

[197] GUPTA K. Environmental sustainability and implied cost of equity: international evidence [J]. Journal of Business Ethics, 2014, 147 (2): 343-365.

[198] Hackston D, MILNEM J. Some determinants of social and environmental disclosures in New Zealand companies [J]. Accounting, Auditing and Accountability Journal, 1996, 9 (1): 77-108.

[199] HADLOCK C J, PIERCE J R. New evidence on measuring financial constraints: Moving beyond the KZ index [J]. Review of Financial Studies, 2010, 23 (5): 1909-1940.

[200] HAMILTON J T. Pollution as news: media and stock market reactions to the toxics release inventory data [J]. Journal of Environmental Economics and Management, 1996, 28 (1): 98-113.

[201] HASSAN O A. The impact of voluntary environmental disclosure on firm value: Does organizational visibility play a mediation role? [J]. Business Strategy and the Environment, 2018, 27 (8): 1569-1582.

[202] HAUNSCHILD P R, MINER A S. Modes of inter-organizational imitation: The effect of outcome salience and uncertainty [J]. Administrative Science Quarterly, 1997 (41): 472-500.

[203] HAUSWALD R, MARQUEZ R. Competition and strategic information acquisition in credit markets [J]. Review of Financial Studies, 2006, 19 (3): 967-1000.

[204] HEALY P M, PALEPU K G. Information asymmetry, corporate disclosure, and the capital markets: A review of the empirical disclosure literature [J]. Journal of Accounting and Economics, 2001, 31 (1-3): 405-440.

[205] HEALY P M, HUTTON A P, Palepu K G. Stock performance and intermediation changes surrounding sustained increases in disclosure [J]. Contemporary Accounting Research, 1999, 16 (3): 485-520.

[206] HERBOHN K, RAGUNATHAN V. Auditor reporting and earnings management: Some additional evidence [J]. Accounting and Finance, 2008, 48 (4): 575-601.

[207] HIGGINS C, JUDGE T. The effect of applicant influence tactics on recruiter perceptions of fit and hiring recommendations: A field study. Journal of Applied Psychology, 2004, 89 (4): 622-632.

[208] HO S S, WONG K S. A study of the relationship between corporate governance structures and the extent of voluntary disclosure [J]. Journal of International Accounting, Auditing and Taxation, 2001, 10 (2): 139-156.

[209] HOFFMAN A J. Institutional evolution and change: Environmentalism and the US chemical industry [J]. Academy of Management Journal, 1999, 42 (4): 351-371.

[210] HOOGHIEMSTRA R. Corporate communication and impression management-new perspectives why companies engage in corporate social reporting [J]. Journal of Business Ethics, 2000, 27 (1-2): 55-68.

[211] HOUSTON R W, PETERS M F, PRATT J H. The audit risk model, business risk and audit-planning decisions [J]. The Accounting Review, 1999, 74 (3): 281-298.

[212] HOWARD J L, FERRIS G R. The employment interview context: Social and situational influence on interviewer decisions [J]. Journal of Applied Social Psychology, 1996, 26 (2): 112-136.

[213] Htay S N N, RASHID H M A, ADNAN M A, et al. Impact of corporate governance on social and environmental information disclosure of Malaysian listed banks: Panel data analysis [J]. Asian Journal of Finance and Accounting, 2012, 4 (1): 1-24.

[214] HUBERMAN G. Familiarity breeds investment [J]. The Review of Financial Studies, 2001, 14 (3): 659-680.

[215] IATRIDIS G E. Environmental disclosure quality: Evidence on environmental performance, corporate governance and value relevance [J]. Emerging Markets Review, 2013, 14 (1): 55-75.

[216] IRELAND J C. An empirical investigation of determinants of audit reports in the UK [J]. Journal of Business Finance and Accounting, 2003, 30 (7-8): 975-1016.

[217] ISLAM M A, DEEGAN C. Media pressures and corporate disclosure of social responsibility performance information: a study of two global clothing and sports retail companies [J]. Accounting and Business Research, 2010, 40 (2): 131-148.

[218] IVKOVIC Z, WEISBENNER S. Local does as local is: information content of the geography of individual investors' common stock investments [J]. Journal of Finance, 2005, 60 (1): 267-306.

[219] JAGGI B, LOW P. 2000. Impact of culture, market forces, and legal system on financial disclosures [J]. The International Journal of Accounting, 2000, 35 (4): 495-519.

[220] JHA R. WHALLEY J. The environmental regime in developing countries, in Distributional and Behavioural Effects of Environmental Policy: Evidence and Con-

troversies, edited by C. Carraro and G. Metcalf, Chicago [M]. IL: Chicago University Press, 2001.

[221] JIANG W, SON M. Do audit fees reflect risk premiums for control risk? [J]. Journal of Accounting, Auditing and Finance, 2015, 30 (3): 318-340.

[222] JOHN K, KNYAZEVA A, Knyazeva D. Does geography matter? Firm location and corporate payout policy [J]. Journal of Financial Economics, 2011, 101 (3): 533-551.

[223] JOHN K, WILLIAMS J. Dividends, dilution, and taxes: a signaling equilibrium [J]. The Journal of Finance. 1985, 40 (4): 1053-1070.

[224] JOHNSTONE K, BEDARD J C. Engagement planning, bid pricing, and client response in the market for initial attest engagements [J]. The Accounting Review. 2011, 76 (2): 199-220.

[225] JONES M J. The nature, use and impression management of graphs in social and environmental accounting [J]. Accounting Forum. 2011, 35 (2): 75-89.

[226] JONES S, FROST G, LoftusJ, et al. An empirical examination of the market returns and financial performance of entities engaged in sustainability reporting [J]. Australian Accounting Review. 2007, 17 (41): 78-87.

[227] JORGENSEN B N, Soderstrom N S. Environmental disclosure within legal and accounting contexts: An international perspective [M]. New York: Columbia Business School /Chazen Web Journal, 2007.

[228] KAHNEMAN D, TVERSKY A. Choices, values, and frames [M]. Cambridge: Cambridge University Press, 2000.

[229] KAUFMANN R K, DAVIDSDOTTIR B, Garnham S, et al . The determinants of atmospheric SO_2 concentrations: reconsidering the environmental Kuznets curve [J]. Ecological Economics. 1998, 25 (2): 209-220.

[230] KAUSTIA M, KNüPFER S. Peer performance and stock market entry [J]. Journal of Financial Economics. 2012, 104 (2): 321-338.

[231] KAUSTIA M, RANTALA V. Social learning and corporate peer effects [J]. Journal of Financial Economics. 2015, 117 (3): 653-669.

［232］ KHAN A， AZIM M I. Corporate social responsibility disclosures and earnings quality ［J］. Managerial Auditing Journal. 2015， 30 （3）： 277-298.

［233］ KIJIMA M， NISHIDE K， OHYAMA A. EKC-type transitions and environmental policy under pollutant uncertainty and cost irreversibility ［J］. Journal of Economic Dynamics and Control. 2011， 35 （5）： 746-763.

［234］ KIM Y， LIH， LIS. Corporate social responsibility and stock price crash risk ［J］. Journal of Banking and Finance， 2014 （43）： 1-13.

［235］ KIM Y， PARK M S， Wier B. Is earnings quality associated with corporate social responsibility? ［J］. The Accounting Review， 2012， 87 （3）： 761-796.

［236］ KRISHNAN J， KRISHNAN J. The role of economic trade-offs in the audit opinion decision： An empirical analysis" ［J］. Journal of Accounting， Auditing and Finance， 1996， 11 （4）： 565-586.

［237］ LAIDROO L. Association between ownership structure and public announcements' disclosures ［J］. Corporate Governance： An International Review， 2009， 17 （1）： 13-34.

［238］ LAMONT O， POLK C， SAAά-REQUEJO J. Financial constraints and stock returns ［J］. The Review of Financial Studies， 2001， 14 （2）： 529-554.

［239］ LANOIE P， ROY M. Can capital markets create incentives for pollution control? ［Z］. The World Bank， 1997.

［240］ Leary M R， KOWALSKI R M. Impression management： A literature review and two-component model ［J］. Psychological Bulletin， 1990， 107 （1）： 34-47.

［241］ LEARY M T， ROBERTS M R. Do peer firms affect corporate financial policy? ［J］. The Journal of Finance， 2014， 69 （1）： 139-178.

［242］ LEE E， WALKER M， ZENG C C. Do Chinese state subsidies affect voluntary corporate social responsibility disclosure? ［J］. Journal of Accounting and Public Policy， 2017， 36 （3）： 179-200.

［243］ LERNER J. Venture capitalists and the oversight of private firms. ［J］. he Journal of Finance， 1995， 50 （1）： 301-318.

［244］ LERNER J. Assessing the contribution of venture capital ［J］. The RAND

Journal of Economics, 2000, 31 (4): 674-692.

[245] Lewis B W, WALL S J, Dowell G W. Difference in degrees: CEO characteristics and firm environmental disclosure [J]. Strategic Management Journal, 2014, 35 (5): 712-722.

[246] LI L, WINKELMAN K A, D'AMICO J R. Peer pressure on tax avoidance: A special perspective from firms' fiscal year-ends [J]. Journal of Accounting and Finance, 2014, 14 (6): 171-188.

[247] LI S, LIU C. Quality of corporate social responsibility disclosure and cost of equity capital: Lessons from China [J]. Emerging Markets Finance and Trade, 2018, 54 (11): 2472-2494.

[248] LI Y, RICHARDSON G D, Thornton D B. Corporate disclosure of environmental liability information: Theory and evidence [J]. Contemporary Accounting Research, 1997, 14 (3): 435-474.

[249] LI Y, GONG M, ZHANG Y, et al. The impact of environmental, social, and governance disclosure on firm value: The role of CEO power [J]. The British Accounting Review, 2018, 50 (1): 60-75.

[250] LIBERMAN N, TROPE Y. The role of feasibility and desirability considerations in near and distant future decisions: A test of temporal construal theory [J]. Journal of Personality and Social Psychology, 1998, 75 (1): 5-18.

[251] LIBERMAN N, SAGRISTANO M, Trope Y. The effect of temporal distance on level of construal [J]. Journal of Experimental Social Psychology, 2002 (38): 523-535.

[252] LIEBERMAN M B, ASABA S. Why do firms imitate each other? [J]. Academy of Management Review, 2006, 31 (2): 366-395.

[253] LINDBLOM C K. The implications of organizational legitimacy for corporate social performance and disclosure [J]. The Critical Perspectives on Accounting Conference, New York, 1994.

[254] LIU X, ANBUMOZHI V. Determinant factors of corporate environmental information disclosure: an empirical study of Chinese listed companies [J]. Journal of Cleaner Production, 2009, 17 (6): 593-600.

[255] LONGHOFER W, SCHOFER E. National and global origins of environmental association [J]. American Sociological Review, 2010, 75 (4): 505-533.

[256] LOPEZ R, MITRA S. Corruption, pollution, and the Kuznets environment curve [J]. Journal of Environmental Economics and Management, 2000, 40 (2): 137-150.

[257] LOUGHRAN T. The impact of firm location on equity issuance [J]. Financial Management, 2008, 37 (1): 1-21.

[258] LOUGHRAN T, MCDONALD B. When is a liability not a liability? Textual analysis, dictionaries, and 10-Ks [J]. TheJournal of Finance, 2011, 66 (1): 35-65.

[259] LOUGHRAN T, SCHULT P, Liquidity: Urban versus rural firms [J]. Journal of Financial Economics, 2005, 78 (2): 341-374.

[260] Lu C W, CHUEH T S. Corporate social responsibility and information asymmetry [J]. Journal of Applied Finance and Banking, 2015, 5 (3): 105-122.

[261] LYON J D, MAHER M. The importance of business risk in setting audit fees: Evidence from cases of client misconduct [J]. Journal of Accounting Research, 2005, 43 (1): 133-151.

[262] MAGNESS V. Strategic posture, financial performance and environmental disclosure: An empirical test of legitimacy theory [J]. Accounting, Auditing and Accountability Journal, 2006, 19 (4): 540-563.

[263] MARQUIS C, QIAN C. Corporate social responsibility reporting in China: Symbol or substance? [J]. Organization Science, 2013, 25 (1): 127-148.

[264] MATHEWS M R. Socially responsible accounting. Chapman Hall, London, 1993.

[265] MERKL-DAVIES D M, BRENNAN N. Discretionary disclosure strategies in corporate narratives: incremental information or impression management? [J]. Journal of Accounting Literature, 2007 (26): 116-196.

[266] MEYER A L, VAN KOOTEN G C, WANG S. Institutional, social and economic roots of deforestation: a cross-country comparison [J]. International Forestry Review, 2003, 5 (1): 29-37.

[267] MILLER M, ROCK K. Dividend policy under asymmetric information [J]. TheJournal of Finance, 1985, 40 (4): 1031-1051.

[268] Milne M J, PATTEN D M. Securing organizational legitimacy: An experimental decision case examining the impact of environmental disclosures [J]. Accounting, Auditing and Accountability Journal, 2002, 15 (3): 372-405.

[269] Mohan S. Disclosure quality and its effect on litigation risk [N]. University of Texas at Austin Working Paper, 2007.

[270] MOHR L A, WEBB D J. The effects of corporate social responsibility and price on consumer responses [J]. Journal of Consumer Affairs, 2005, 39 (1): 121-147.

[271] MOON P, BATES K. Core analysis in strategic performance appraisal. Management Accounting Research, 1993, 4 (2): 139-152.

[272] MUNSIF V, RAGHUNANDAN K, RamaD, et al. Audit fees after remediation of internal control weaknesses [J]. Accounting Horizons, 2011, 25 (1): 87-105.

[273] MYERS S C, MAJLUF N S. Corporate financing and investment decisions when firms have information that investors do not have [J]. Journal of Financial Economics. 1984, 13 (2): 187-221.

[274] NEU D, WARSAME H, PEDWELL K. Managing public impressions: environmental disclosures in annual reports [J]. Accounting, Organizations and Society, 1998, 23 (2): 265-282.

[275] ORLITZKY M, SCHMIDT F L, RYNES S L. Corporate social and financial performance: A meta-analysis [J]. Organization Studies, 2003, 24 (3): 403-441.

[276] PARK K, YANG I, YANG T. The peer-firm effect on firm's investment decisions [J]. The North American Journal of Economics and Finance, 2017, 40 (4): 178-199.

[277] Patten D M. Intra-industry environmental disclosures in response to the Alaskan oil spill: A note on legitimacy theory [J]. Accounting Organizations and Society, 1992, 17 (5): 471-475.

[278] PATTEN D M. Media exposure, public policy pressure, and environmental disclosure: an examination of the impact of tri data availability [J]. Accounting Forum, 2002, 26 (2): 152-171.

[279] PCAOB. Observations on auditors' implementation of PCAOB standards relating to auditors' responsibilities with respect to fraud [EB/OL]. http: //pcaob. org/inspections/other/01-22_release_2007-001. pdf.

[280] PETERSEN M A, RAJAN R G. Does distance still matter? the information revolution in small business lending [J]. TheJournal of Finance, 2002, 57 (6): 2533-2570.

[281] PFEFFER J, SALANCIK G R. The external control of organizations: A resource dependence perspective [M]. California: Stanford University Press, 2003.

[282] PLUMLEE M, BROWN D, Hayes R M, et al. Voluntary environmental disclosure quality and firm value: Further evidence [J]. Journal of Accounting and Public Policy, 2015, 34 (4): 336-361.

[283] PORTER M E, VAN DER LINDE C. Toward a new conception of the environment-competitiveness relationship [J]. Journal of Economic Perspectives, 1995, 9 (4): 97-118.

[284] PORTER M E, KRAMER M R. The link between competitive advantage and corporate social responsibility [J]. Harvard Business Review, 2006, 84 (12): 78-92.

[285] PRATT J, STICE J D. The effects of client characteristics on auditor litigation risk judgments, required audit evidence, and recommended audit fees [J]. The Accounting Review, 1994, 69 (10): 639-656.

[286] RAUTERKUS A, MUNCHUS G. 2014. Geographical location: does distance matter or what is the value status of soft information? [J]. Journal of Small Business and Enterprise Development, 2014, 21 (1): 87-99.

[287] RICHARDSON A J, WELKER M. Social disclosure, financial disclosure and the cost of equity capital [J]. Accounting, Organizations and Society, 2001, 26 (7-8): 597-616.

[288] RICHARDSON A J, WELKER M, HUTCHINSON I R. Managing capital

market reactions to corporate social responsibility [J]. International Journal of Management Reviews, 1999, 1 (1): 17-43.

[289] ROBERTS R W. Determinants of corporate social responsibility disclosure: An application of stakeholder theory [J]. Accounting, Organizations and Society, 1992, 17 (6), 595-612.

[290] ROMLAH J, TAKIAH M, NORDIN M. 2002. An investigation on environmental disclosures: Evidence from selected industries in Malaysia [J]. International Journal of Business and Society, 2002, 3 (2): 55-68.

[291] ROSENFELD P. Impression management, fairness, and the employment interview [J]. Journal of Business Ethics, 1997, 16 (8): 801-808.

[292] RUPLEY K H, BROWN D, Marshall R S. Governance, media and the quality of environmental disclosure [J]. Journal of Accounting and Public Policy, 2012, 31 (6): 610-640.

[293] SAVAGE A A. Corporate social disclosure practices in South Africa: A research note [J]. Social and Environmental Accountability Journal, 1994, 14 (1): 2-4.

[294] SENGUPTA P, SHEN M. Can accruals quality explain auditors' decision making? The impact of accruals quality on audit fees, going concern opinions and auditor change [EB/DL]. https://ssrn.com/abstract=1178282 or http://dx.doi.org/10.2139/ssrn.1178282, 2007.

[295] SETHI D, JUDGE W Q, SUN Q. FDI distribution within China: An integrative conceptual framework for analyzing intra-country FDI variations [J]. Asia Pacific Journal of Management, 2011, 28 (2): 325-352.

[296] SHLEIFER A, VISHNY R W. Politicians and firms [J]. The Quarterly Journal of Economics, 1994, 109 (4): 995-1025.

[297] Simunic D A. The pricing of audit services: Theory and evidence [J]. Journal of Accounting Research, 1980, 18 (1): 161-190.

[298] SJAASTAD L A. The costs and returns of human migration [J]. Journal of Political Economy, 1962, 70 (5): 80-93.

[299] SMITH J C W, WATTS R L. The investment opportunity set and corporate

financing, dividend, and compensation policies [J]. Journal of Financial Economics, 1992, 32 (3): 263-292.

[300] SPATHIS C T. Audit qualification, firm litigation, and financial information: An empirical analysis in Greece [J]. International Journal of Auditing, 2003, 7 (1): 71-85.

[301] STANLEY J D. Is the audit fee disclosure a leading indicator of clients' business risk? [J]. Auditing: A Journal of Practice and Theory, 2001, 30 (3): 157-179.

[302] SUCHMAN M C. Managing legitimacy: Strategic and institutional approaches [J]. Academy of Management Review, 1995, 20 (3): 571-610.

[303] SURMEN Y, KAYA U. Environmental accounting and reporting applications in Turkish companies which have ISO 14001 certificate [J]. Social and Environmental Accountability Journal, 2003, 23 (1): 6-8.

[304] TAN Y. Transparency without democracy: The unexpected effects of China's environmental disclosure policy [J]. Governance: An International Journal of Policy, Administration, and Institutions, 2014, 27 (1): 37-62.

[305] TAYLOR M H, SIMON D T. Determinants of audit fees: the importance of litigation, disclosure, and regulatory burdens in audit engagements in 20 countries [J]. The International Journal of Accounting, 1999, 34 (3): 375-388.

[306] TIETENBERG T. Disclosure strategies for pollution control [J]. Environmental and Resource Economics, 1998 (11): 587-602.

[307] TROTMAN K T, BRADLEY G W. associations between social responsibility disclosure and characteristics of companies [J]. Accounting Organizations and Society, 1981, 6 (4): 355-362.

[308] TSIPOURIDOU M, SPATHIS C. Audit opinion and earnings management: Evidence from Greece [J]. Accounting Forum, 2014, 38 (1): 38-54.

[309] VENKATARAMAN R, WEBER J, Willenborg M. Litigation risk, audit quality, and audit fees: Evidence from initial public offerings [J]. The Accounting Review, 2008, 83 (5): 1315-1345.

[310] WALKER J, HOWARD S. Voluntary codes of conduct in the mining

industry [J]. Journal of Accounting Research., 2002 (15): 88-92.

[311] WANG F, XU L, Guo F, et al. Loan guarantees, corporate social responsibility disclosure and audit fees: Evidence from China [J/OL]. Journal of Business Ethics, 2019-1-17, https://doi.org/10.1007/s10551-019-04135-6.

[312] WANG H, BERNELL D. Environmental disclosure in China: An examination of the Green securities policy [J]. Journal of Environment and Development, 2013, 22 (4): 339-369.

[313] WANZENBÖCK I, SCHERNGELL T, FISCHER M M. How do firm characteristics affect behavioural additionalities of public R&D subsidies? Evidence for the Austrian transport sector [J]. Technovation, 2013, 33 (2): 66-77.

[314] WHITED T M, WU G. Financial constraints risk [J]. Review of Financial Studies, 2006, 19 (2): 531-559.

[315] WILMSHURST T D, FROST G R. Corporate environmental reporting: a test of legitimacy theory [J]. Accounting, Auditing and Accountability Journal, 2000, 13 (1): 10-26.

[316] WISEMAN J. An evaluation of environmental disclosures made in corporate annual reports [J]. Accounting, Organizations and Society, 1982, 7 (1): 53-63.

[317] WREN C, WATERSON M. The direct employment effects of financial assistance to industry [J]. Oxford Economic Papers, 1991, 43 (1): 116-138.

[318] XIAO H, YUAN J. Ownership structure, board composition and corporate voluntary disclosure: Evidence from Listed companies in China [J]. Managerial Audit Journal, 2007, 22 (6): 604-619.

[319] YAMAGUCHI K. Reexamination of stock price reaction to environmental performance: A GARCH application [J]. Ecological Economics, 2008, 68 (1-2): 345-352.

[320] YANG R, YU Y, LIU M, et al. Corporate risk disclosure and audit fee: A text mining approach [J]. European Accounting Review, 2018, 27 (3): 583-594.

[321] Yao S, LIANG H. Firm location, political geography and environmental

information disclosure [J]. Applied Economics, 2017, 49 (3): 251-262.

[322] YAO S, LI S. Soft or hard information? A trade-off selection of environmental disclosures by way of peer imitation and geographical distance [J]. Applied Economics, 2018, 50 (30): 3315-3330.

[323] YAO S, LI S. Distance and government resource allocation: from the perspective of environmental information disclosure policy change [J]. Applied Economics, 2018, 50 (54): 5893-5902.

[324] YUTHAS K, ROGERS R, DILLARD J. Communicative action and corporate annual reports [J]. Journal of Business Ethics, 2002, 41 (1-2): 141-157.

[325] ZENG S X, XU X, YIN H T, et al. Factors that drive Chinese listed companies in voluntary disclosure of environmental information [J]. Journal of Business Ethic, 2012, 109 (3): 309-321.

[326] ZENG S X, Xu X D, Dong Z Y, et al. Towards corporate environmental information disclosure: An empirical study in China [J]. Journal of Cleaner Production, 2010, 18 (12): 1142-1148.

[327] ZHANG M, WANG J. 2009. Psychological distance asymmetry: The spatial dimension vs. other dimensions [J]. Journal of Consumer Psychology, 2009, 19 (3): 497-507.